JN046199

近代家庭機器のデザイン史

イギリス・アメリカ・日本

面矢 慎介

Design History of Modern Household Objects in Britain, the United States and Japan

Omoya Shinsuke

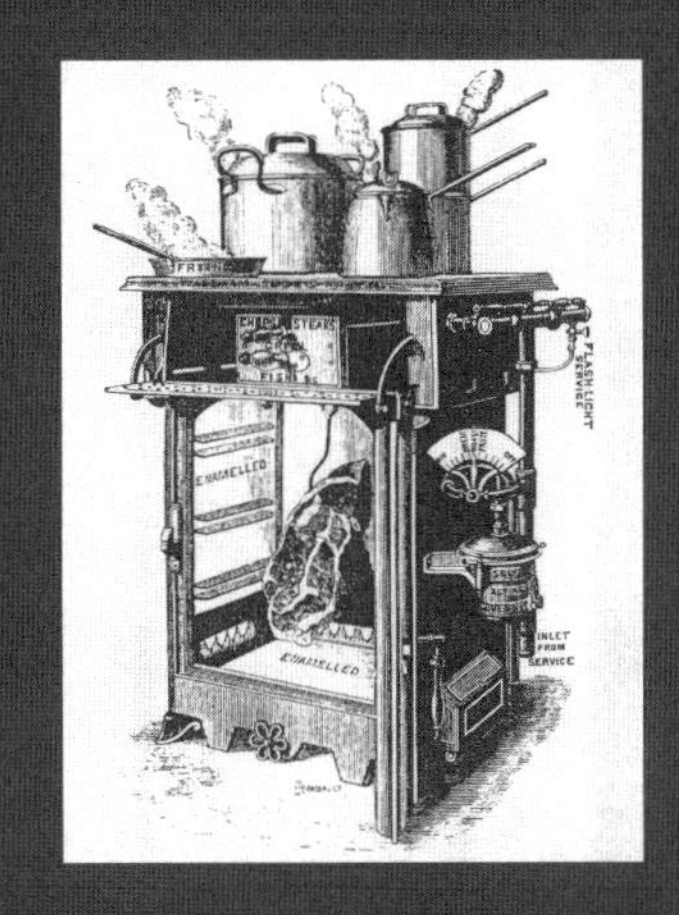

美学出版

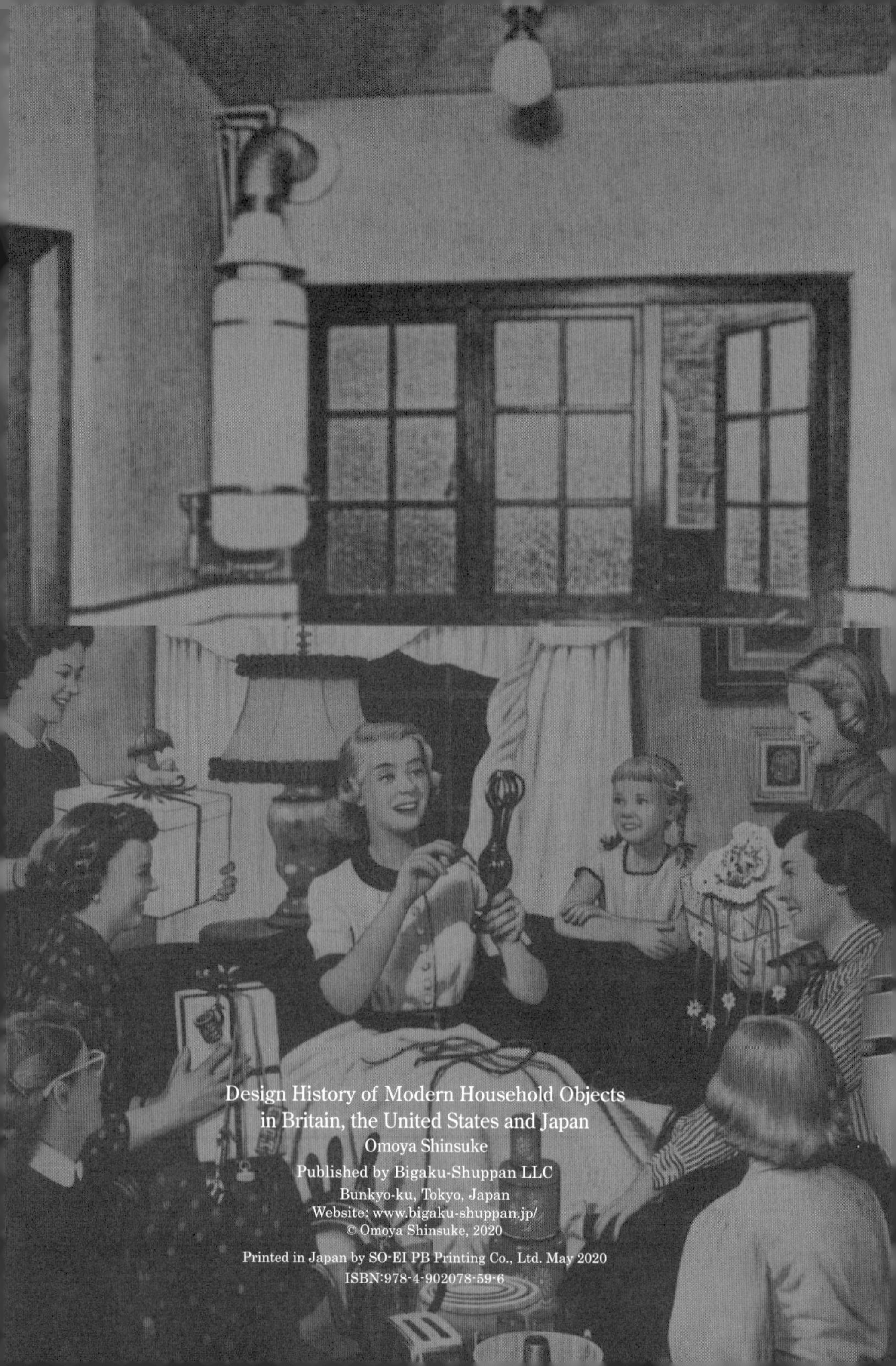

Design History of Modern Household Objects
in Britain, the United States and Japan
Omoya Shinsuke

Published by Bigaku-Shuppan LLC
Bunkyo-ku, Tokyo, Japan
Website: www.bigaku-shuppan.jp/

Printed in Japan by SO-EI PB Printing Co., Ltd. May 2020
ISBN:978-4-902078-59-6

近代家庭機器のデザイン史

イギリス・アメリカ・日本

序
モノのデザイン史の試み

Intoroduction
An attempt at design history of things

プロローグ　お茶をいれる目覚まし時計

海外派遣研究員としてロンドンに住んでいた頃、毎朝のミルクティーが習慣になった。イギリスの冬の朝は憂鬱である。陽射しは弱々しく、空はどんより曇っている。そんな朝は、ともかくベッドから起き出し、キッチンに行って湯を沸かす。ねぼけまなこで紅茶をいれて、たっぷりとミルクを加えて何杯か飲んでいるうち、ようやく一日をスタートする気になってくる。

映画の中では、召使いがトレーにのせたティーセットをうやうやしくベッドまで運んでくる朝の光景を目にするが、庶民にとっては夢物語。しかし、ベッドに入ったままで目覚めのお茶を飲む贅沢は、イギリス人にとって今も変わらぬ憧れである。夫婦だったら、どちらが先に湯を沸かしにベッドを抜け出すか、が口論のネタにもなる。

この「朝の紅茶問題」を解決する道具が、イギリスにはすでに百年前からある。それが、自動お茶いれ機（automatic tea maker）。初めてロンドンの科学博物館（Science Museum）で目にしたときは、かつての発明狂時代に現れては消えていった珍発明の一つだろうと思った。最初の機種（発売は一九〇四年）は、ゼンマイ式の目覚まし時計と、アルコールランプ、ケトル、マッチの点火装置などを組み合わせた機構で［図1］、設定した時刻がくると自動的に湯を沸かし、傍のティーポットに熱湯を注ぐ。目覚ましの音で起こされると、枕元にポット一杯の紅茶が用意されている、という仕掛けである。

この道具は、単なる珍発明どころか、その後も進化をとげ、今日まで実際に使われ続けている。一九三〇年代以降には、小型の電気ケトルで湯を沸かし、蒸気の圧力で熱湯をティーポットに注ぎ込むものが主流となった。装飾的なシェードのついたランプと組み合わせたキッチュな外観のものが代表的［図2］。現在ではラジオ付きの機種もある。代表的なブランドの「ティーズメイド（Teasmade）」は一九三七年に発売され、一九八〇年頃までには累積で三〇〇万台が販売された。一九八四年の調査によると七割以上がプレゼントとして買われるという。親元を離れた子供や孫たちが、朝、お茶を淹れに起き出すのが辛そうなおじいちゃん、おばあちゃんたちへのクリスマスプレゼントにしているのだろう。

ベッドの中で目覚めの紅茶を飲む、そのためにわざわざ専用の仕掛けを用意するとは。日本人には理解に苦しむが、「紅茶中毒」

［図1］Science Museum展示。左側が1904年発売の初号器

GOBLIN TEASMADES

INTRODUCTION
Presenting the superb range of attractively finished teamakers which can be pre-set to make tea, coffee or any other instant drink at any chosen time.

RADIO TEASMADE
This luxurious teamaker incorporates all the superb features of the 860 Teasmade but with the added benefit of built-in automatic MW/FM clock radio alarm.

860 TEASMADE
This attractive, fully automatic teasmade features: stainless steel kettle, ceramic teapot, analogue clock and easy to use keyboard switches.

850/854/855
These teamakers can be pre-set to operate fully automatically (except 850 which operates at the flick of a switch). All models have four cup capacity, and feature attractively finished kettles and teapots. Additionally the 855 model features removable tray.

Fig.39 Automatic tea makers (Goblin's 'Teasmade'). Goblin put the first Teasmade on the market in 1937 (above: an early models, the late 1930s). They are still in the market today (below: from a catalogue of BSR Housewares Ltd. c.1983)

［図2］自動式ティーメーカー（左上：Goblin社「Teasmade」1930年代。右下：1983年頃のTeasmade）

のイギリス人にとっては重大な関心事。魔法瓶で代用しないのも、おいしい紅茶は沸騰したての熱湯でないと、というイギリス人ならではのこだわりのためである。

思えばこの、自動お茶いれ機（オートマチック・ティー・メーカー）との出会いから、私の興味は膨らんでいった。日常身の回りの、特に家庭用のさまざまな機器（プロダクト）には、その国の生活文化が反映されているのではないか。さらには、その機器を生み出したその時々の経済や社会の状況が、それらの機器の「デザイン」にも色濃く反映されているのではないか、との問いである。

生活の要請が新しい道具（機器）を生み出す一方で、新しい道具（機器）が生活を形作っていく。このあたりまえのことが文化を異にする外国に行くとよくわかる。ならば、イギリスと日本で比べ直してみたい。そしてこれらの新しい機器を早くから多く生み出し使ってきた国、アメリカではどうだったのか。いくつかの事例を通してこれらの問いに答えようとした試みが本書である。

「モノのデザイン史」

本書は、近代以降に量産されてきた道具（製品・プロダクト）の歴史（「モノの歴史」）、中でも特にそのデザインの変容過程に着目した「モノのデザイン史」を、一九世紀後半から二〇世紀にかけてのアメリカとイギリス、日本におけるいくつかの家庭用機器の発展を事例としてたどる。

ここで言う「モノの歴史」とは、現在の我々の生活環境を形成している種々の人工物＝Artifact（特に工業的手段によって生産される製品）の発展・変化の過程を考察する研究領域（「道具学」）の中で試みられてきた。これらの工業製品の多くは当然インダストリアルデザインの対象領域であるから、「モノのデザイン史」は、従来とは別の視点から見たインダストリアルデザイン史の試みでもある。

二〇世紀に入ってから工業的に生産されるようになったプロダクトのデザインは、特定のデザイナー個人・グループの造形思想からだけでは説明できない。モノのデザインは、利用可能な技術、製品化した企業の活動、流通・販売のシステム、購買し使用した生活者の行動・心理など、さまざまな分野にわたる諸要因の総和として成立するものだろう。個々の道具には、デザイナーたちの思想を超えた、これら社会全体のダイナミズム（個々の道具をめぐる諸要因のはたらき）が反映されているはずである。

個々の道具は、それぞれ固有の発展・進化のプロセスをたどっている。「モノのデザイン史」では、この発展・進化のプロセスを、個々の道具に即して、探り、合理的な説明を試みる。生物進化の多くが、環境への適応によって説明が可能なように、道具・製品の進化も、その道具にとってのいわば生存環境（つまり社会背景や技術背景）との相互関係によって説明可能であろう。そして、この道具・製品の進化は、従来の（デザイナー個人の造形思想に重きを置く）デザイン史よりも、いっそうモノそれ自体に即した考察、すなわちモノが発案され、生産、販売、購買、使用される現実の過程からの考察によって初めて正しく理解できるだろう。

日英米の事例で比べる

「モノのデザイン史」は、特に機械製品を考察の対象とするとき、従来の産業技術史（メカニズムの技術革新など）とデザイン史（外観と機能の変化など）とで、別々に進められてきた研究の間を埋めることになる。このとき、個々の製品をめぐる社会・経済的要因（「ソーシャルコンテクスト」）によって説明を試みることになるが、その場合、従来の社会・経済史の一般的記述では、個々の製品をめぐるミクロな条件が明らかになりにくいことが一つの問題点である（例えば、イギリス経済史の一般的記述では、イギリスの金属工業全体の推移・生産高などは扱われても、「鍋」の製品史のような細部は見過ごされてしまっている）。

そこで本書においては、社会・経済要因が製品進化に及ぼした影響関係をいっそう明らかにするために、各ケーススタディにおいて日英米比較の視点を導入する。同種の道具が、アメリカ・イギリスと日本とで異なった発展過程をたどっているとすれば、その多くは、各国の文化的差異ばかりでなく、その道具をめぐる社会・経済的条件の違いによっても説明が可能なはずである。

近代工業の成立において、欧米からの強い影響のもとに出発した日本は、今日、欧米諸国と一見よく似た高度工業社会・消費社会を形成している。本研究のカバーする一九世紀末から二〇世紀において欧米に登場した近代的プロダクトのほとんどは、すぐさま日本に導入され、初期の模倣期を経て、今では現代日本人の生活に不可欠な物質的設備として定着している。特に大量生産による家庭機器の分野で、アメリカの強い影響を受けていることは、日英で共通している。

当然のことながら、二〇世紀の日本とアメリカ・イギリスでは、その工業力・技術力の推移において大きな違いがある。アメリカは一九世紀末から世界最大の工業国であり大量生産技術の母国である。イギリスは二〇世紀初頭においてすでに帝国の衰退期にあり、その世界経済においてもかつてのような独占的地位を失った後の凋落期にあった。しかし、二〇世紀中頃（一九五〇年前後）においても、いまだにイギリスはアメリカ、ソ連に次ぐ工業生産力があった。これに対して二〇世紀初頭の日本は新興の一工業国にすぎず、第二次世界大戦の敗戦後の復興に続く急速な経済成長によって初めて（一九六〇年代以降）、イギリスと拮抗するような工業国へと成長した。本書で目論む日英米比較においても、特に二〇世紀半ばまで、家庭用機器を生み出す背景としての工業生産力と技術水準に厳然たる差があったことには留意しておきたい。

今日、日英米の市場にあるプロダクト、特に家庭用の機器は、そのデザインにおいても、その製品種においても、互いによく相似している。しかし、互いの製品の発展・普及の過程、およびそれらの製品を使って営まれてきた生活をよく比較してみると、いくつかの細かな違い（時には決定的な違い）が浮かび上がってくる。これらの製品の差異は、それが成立・発展してきた過去の社会・経済・文化条件の違いに帰因する、というのが本書の基本的な認識である。

従来、この種の比較文化論においては、文化的差異の大きさに着目されることがあまりに多く、経済・社会条件の相同性が軽視されやすかった。文化的差異を強調する説明の場合、日本をいたずらに神秘化することになったり（'Zen and the Japanese management'など、日本産業の成功の理由を禅思想と関連づけようとする議論などが一九八〇年代以降の英米でよく見受けられた）、しばしば抽象的論議に陥りやすい欠点がある。そこで本書では、いきなりこのやや抽象的な「文化的差異」から出発することはせず、戦略的方法として、各製品の発展過程の違いを、経済・社会条件の違いから、できる限り説明することを試みる（もちろん、経済・社会条件の違いからでは説明しきれない初期条件の違いは存在する。それを文化的差異の名で呼んでもよい）。

この日英米比較を通して、互いの国の製品がたどってきた近代化の過程に、いくつかの相似点と相違点があることを明らかにできるだろう。日英米比較の視点による事例研究は、あまりに一般化されすぎた「ソーシャルコンテクスト」の記述よりも、個々の製品の発展をめぐる社会・経済・文化条件をくっきりと浮かび上がらせる手法として有効なはずである。まずは個々の製品事例をじっくり探ってみる。そこからその製品を生み出し使いこなしてきた社会や経済、そして文化が見えてくるはずだ。その成果は以下の各章でご覧いただきたい。

近代家庭機器のデザイン史　イギリス・アメリカ・日本　◎目次

第五章　風呂　183

［凡例］

一．本文中の人名、会社名、ブランド名のカタカナ表記はイギリス英語の読み方を基本とし、初出時に綴り（原語）を記した。

一．作品・製品の年代表記は、生産開始年、発売年を基本とするが、事例として示す図版のモデルの年代を記したものもある。正確な年代が特定できないものは「〇〇年頃」と記した。

一．文献のタイトルは、英語文献・雑誌はイタリック体で、日本語文献・雑誌は二重鍵括弧（『・・・』）で記した。論文・記事は英文は“・・・”で、日本文の場合は「・・・」で記した。

第一章
電気ケトルと魔法瓶

Chapter 1
Electric Kettles and Thermos Bottles

第一節
イギリスの電気ケトル

Section 1
Electric Kettles in Britain

最初に、イギリスの電気ケトルを事例として取り上げてみたい。

電気ケトルは、イギリス人のライフスタイルにおける独特の一面を反映した器具であり、その発達はこの国の人々の紅茶を楽しむ習慣と密接に結びついている。

一般的には、イギリス市場にあるほとんどの現代的電化製品は日本のそれとよく似ているにもかかわらず、電気ケトルは最近まで（ティファール社のケトルが国内市場に現れるまで）日本市場にはほとんど存在していなかった。これはなぜだろうか。ここではイギリスでこの器具が出現し普及した理由や背景についても検討してみたい(1)。

電気ケトルはイギリス独特の器具であり、イギリスの全家庭の約八割が保有している。これはヨーロッパ大陸諸国でも、アメリカでも見られない現象である。この器具は、今日の近代製品とその文化的背景の関係について考察する上で実に好適な事例なのだ。

1　一九世紀末における小型電気調理器具の登場

最初期の電気ケトルの一つが、一八九三年のシカゴ万国博覧会で展示されている。この会場には、電化製品の将来的可能性を見せる目的で「近代的電化キッチン」が設置され、小型の電気レンジ、電気式の鍋、肉焼き器（broiler）、給湯器、ケトルなど、多数の器具が展示された(2)。

一九世紀末になると、フライパンから壁付けの暖房器具まで、多様な器具に電気式発熱体が取り付けられるようになった。小型の電気調理器具もさまざまなものがあり、電気ケトルはその一つにすぎなかった。この背景として、当時成長しつつあった初期の電気機器産業において新製品開発が活発であったことに加え、電力供給産業側も新しい市場を求めており、その筆頭が電化キッチンだった。

一九一四年以前のイギリスでは、ほとんどの電気器具は主として電力供給会社によって販売されていた。一八九四年にロンドン市電灯会社（City of London Electric Lighting Company Ltd.）が出した広告(3)には、次のようにある。「電力には、熱源および調理の目的に用いられた場合、非常に大きな利点があります。例えば、電力はガスよりも安全で、簡単に使え、より経済的であり、あらゆる点でガスよりもすぐれています」。そしてさらに、「(電気は) 唯一の衛生的な調理方法です。炎はまったくありません。煙も、臭いも、汚れもありません。そして何より、調理中の食物に有毒なガスが接することもありません。レストラン、ランチョンバー、ビュッフェには必須です」と続く。

初期の電気調理器具は、当時すでに大部分のキッチンに定着しつつあったガス器具と競合しなければならなかった。この文面からは、初期の電気器具が、家庭用よりもレストランやビュッフェといった業務用での使用を想定していた可能性もうかがわれる。

上記広告にはさまざまな器具が掲載されており[図1]、オーブン、保温プレート（hot plate）、食器温め器（plate warmer）、深鍋、コーヒー沸かし、ラジエーター、アイロン、葉巻用ライター、そしてケトルなどが見られる。こうした器具は販売されるか、あるいは貸し出された。これらの中にはアメリカからの輸入品も含まれていた。これらの器具の中で、後年最も成功し普及したのが電気ケトルであり、その他の器具の中には珍奇な発明品から脱皮できなかったものも含まれている(4)。

電力会社の普及活動もむなしく、調理用エネルギー源において電力が優位を占めることはなく、その後もガスがその安価さゆえに、主役の座を保った。しかしケトルやトースターといった小型の機器において、電気式には移動の容易さという利点があった。このためこれらの機器はキッチンを出て、食堂や居間でも使われるようになった。ごく初歩的なレベルであるにしても、キッチンをダイニングテーブルに乗せることが可能になったのである。この、まさに

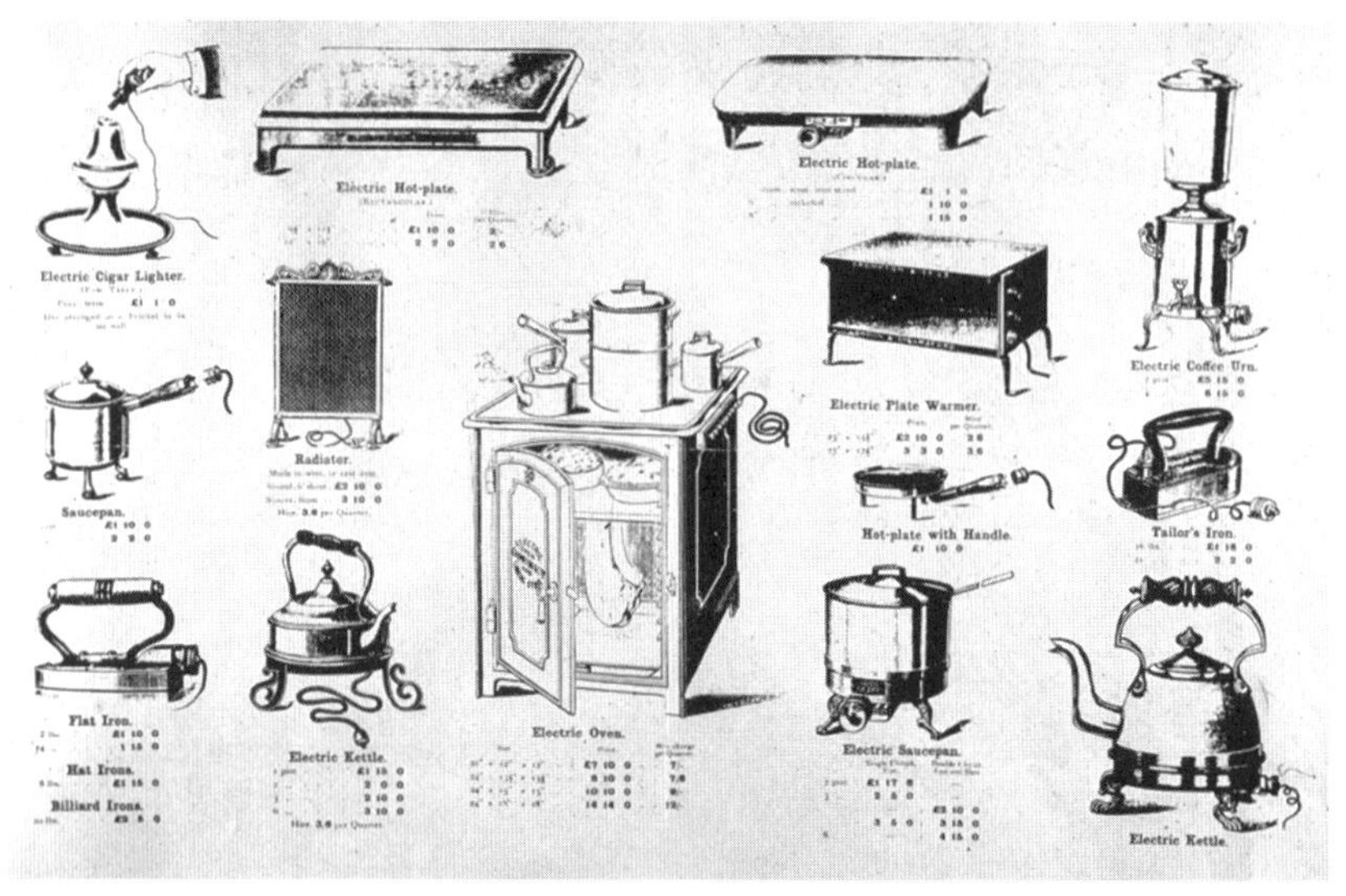

［図1］ロンドン市電灯会社の広告（1894年）

小型電気調理器具特有の性格が、調理や食事にまつわる行動様式に、さらには部屋の機能にまで影響を与えたと考えられる。これらの器具を使うことで、キッチンを使わずに朝食を用意することが可能になった。これは当時増えつつあった召使いを置かない家庭にとって（少なくとも彼らの思い描く理想の生活において）、ことさら魅力的な機能であったに違いない。しかし、実際に多くの家庭で購入できるところまで値段が下がるには、一九五〇年代まで待たねばならなかった[5]。

食堂や、さらにダイニングテーブルの上に置いて使われるようになると、こうした小型電気調理器具には、見栄えのよさや作りの丁寧さが求められるようになった。電源のないふつうのケトルがたいてい琺瑯（ほうろう）びきであったのに対し、初期の電気ケトルは表面を銅メッキで仕上げたものが多く、一九二〇年代末になるとクロムメッキが施される。しかしこの電源の有無による明らかな表面仕上げの区別[6]は、アルミ製のケトルが一般化した時点でいったん姿を消した。

2　電気ケトルの技術的進歩

技術的進歩という面から見ると、電気ケトルは、電気発熱体を応用しただけの無骨な発明品から出発して、今日の自動式の湯沸かし器に至るまで、直線的に進歩してきたと言える。

加熱装置には時代を追ってさまざまな改良が施されてきた。初期の製品では熱源は底面に埋め込まれ、交換ができなかった。こうした初期の機種は、沸騰にも非常に時間がかかった。ある一九〇二年の製品は、一パイント（〇・五七リットル）の水を沸騰させるのに一二分かかった。ガスこんろなら五分で三パイントの湯を沸かせるところである。当時の電気ケトルは実用品と言うよりも、電気マニアの趣味的なオブジェのようなものであったようだ［図2］。

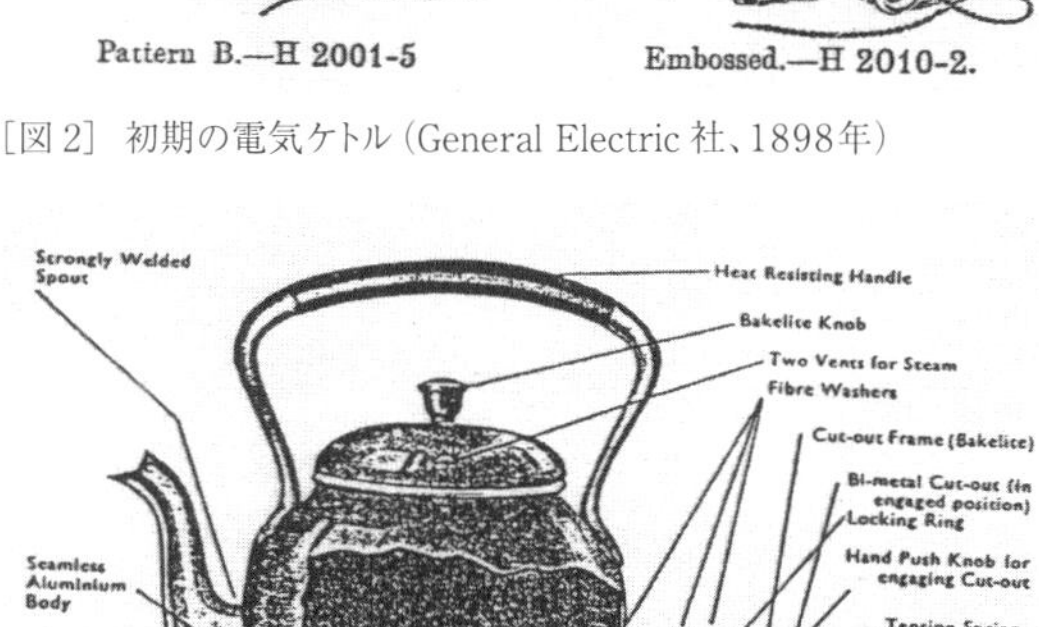

［図2］ 初期の電気ケトル（General Electric 社、1898年）

［図3］ 浸水式ケトルの構造（Efesca Surves 社、1938年頃）

時代が下って一九一一年頃には、熱源はケトルの底面に取り付けられるようになり、交換も可能になった（外部加熱式 external heating element type と呼ばれた）。そして一九一二年以降、熱源は金属製の円筒に封じ込められて、水に直接入れるようになった（浸水式 immersion type）［図3］。この方式は一九二二年に特許を取得したが、熱源と水が直に接するため沸騰時間も短縮され、経済性も向上した。バーミンガムのスワン（Swan）

ブランドのメーカー・ブルピッツ&サンズ社（Bulpitts and Sons Ltd.）は、自社がこの浸水式ケトルを最初に製造したと主張している。また一九四〇年頃からはケトルの消費電力も大きくなり、これによって沸騰時間はさらに短縮され(7)、ついにガスこんろと肩を並べるまでになった。

もう一つの技術的進歩は、過熱したとき電源を自動的に切る、安全装置の導入である。ケトルを沸騰するままに放置し水分が蒸発し切ると、熱源が焼きついてしまう。この種の事故を防ぐために各種の装置が使われてきた。一九三〇年代の商品カタログを見ると、さまざまな安全装置が電気ケトルの主なセールスポイントとなっている。例えばヒューズ式の自動切断装置や、浮力を利用したスイッチ、バネを内蔵した自動切断機能のある電源装置などである。一九三〇年代の電化製品に関する総合ガイドブックには「電気ケトルで最も多い部品故障の原因は、電源を切らずに中を空にしてしまうケースでしょう」とあり、異常な過熱によって融けてしまったヒューズを取り替える手順について解説がなされている(8)。

こうした安全装置の研究・開発活動は、後に電源の自動切断機能につながり、今日のケトルではあたりまえの機能となっている。一九五五年には、ラッセル・ホブス社（Russel Hobbs）が蒸気コントロール式の機種を発売した。これは蒸気の噴出によって、バイメタル片が熱せられ、伸長して電源の供給を遮断するというもので、これによってケトルは湯を沸かし、沸いたことによって自ら電源を切ることができるようになった。それまでの通常のケトルにこうした機能はなく、これは大きな魅力となった。

イギリスにおいて電気ケトルが普及したのは、第二次世界大戦後のことである。一九三五年になっても、電気ケトルを保有する家庭はわずか八パーセントにとどまっていた。これはアイロンの三三パーセント、真空掃除機の二四パーセント、ラジオの一二パーセントよりも少ない数字で、五四パーセントの家庭に電気が引かれていた時代のことである。電気ケトルはまだまだ、新しもの好きの裕福な家庭にしかなかった。ところが一九五〇年代以降になると電気ケトルの人気は急速に広がり、普及率は一九五五年の二七パーセントから一九七八年には七六パーャントにまで伸びた(9)。この急速な普及には自動切断機能の利便性が大きな牽引力になっていたことは間違いないと思われる。

3 紅茶を淹れる器具の試行

イギリスにおける電気ケトルの発達は当然ながら、紅茶を飲む習慣と結びついている(10)。もともと把手と注ぎ口のある一般的な形のケトルは、一八世紀の紅茶の流行をきっかけにさかんに使われるようになったが、当時はケトルを下からアルコールバーナーで加熱するものが一般的で、主に客間(drawing room)で使われた。ティーケトルとティーポットは、以後、イギリスの日常生活を彩る品物としてほとんど象徴的なものとなっている。

一方、大陸ヨーロッパでは、紅茶がこれほど人気が博すことはなかった。一つには、彼らには主としてコーヒーを飲む習慣があったからかもしれない。例外はオランダで、この国にはイギリスと同様、紅茶原産地域との歴史的関係があったためか、紅茶を飲む習慣が広く見うけられる。

ヨーロッパ諸国のほとんどの家庭では、ティーポットやティーケトルといった紅茶を淹れるためだけの専用道具はあまり馴染みがなかった。ティーバッグを直接カップに入れるのが最も普通で、これ以外に紅茶を淹れる手段がない場合さえある(11)。アメリカについても同様のことが言える。

これらの国では、コーヒーを淹れるためのさまざまな道具(パーコレーター、サイフォン、エスプレッソマシン、紙フィルターのコーヒーメーカー等々)が発達していった。イギリスにおける電気ケトルの発展は、こうした他国におけるコーヒー用器具の発展と同等のものと見なすこともできる。

イギリスで紅茶を淹れる器具については、新しい手法やそのための新製品などもこれまでたびたび開発されてきたが、ティーバッグを別格とすると、結局ティーポットと(電気)ケトルの組合せを超えるものは今日まで現れていない。

失敗に終わった試みの一つに、一九二〇年代にホットポイント社(Hotpoint)が開発した電気式の紅茶淹れ器(electric tea infuser）がある。これは蓋の下に、茶葉を入れる容器が取り付けられたものである。本体のデザインはコーヒーパーコレーターと同一である。このようなアイデアや特許は数多くあるが、商業的に見るべき成功に至ったものはごく一部にとどまる(12)。

最も興味深いアイデアは、本書冒頭でも紹介した自動お茶いれ機、いわゆるベッドサイド・ティーメーカーだろう。ある初期の製品例には、目覚まし時計、ティーケトル、そして照明器具がついている。一九三七年には、当時掃除機メーカーとして有名だったゴブリン社（Goblin, BVC）が、小さな四角いケトルがついた全電気式のタイプを「ティーズメイド（Teasmade）」として売り出した。

主な顧客は医師をはじめとする朝が早い職業の人であったといわれる。一九五〇年代末になるとプラスチックへの素材転換が起き、時代ごとの流行にあわせてデザインも変わっていった(13)。ゴブリン社は一九七四年にＢＳＲハウスウェア社（BSR Housewares）に買収され、自動ティーメーカー事業はスワン社（Swan）の一部となった。スワン社発売の「ティーズメイド」は、一九八〇年代末に自動お茶いれ機市場の七〇パーセントを占めた［序図1・2］。

購入目的のほとんどがギフト用であるが(14)、このような製品がそれなりの市場を持っている国はほかにない。これはイギリス人が「紅茶中毒」であることの証明と言えるかもしれない。

4 電気ケトルの外観デザイン変化

電気ケトルのデザインはきわめて保守的であった。長期にわたって、ほとんどのデザインは電源のないケトルの流行にただ追随してきたものと思われる［図4］。

初期の電化機器において製品のデザインは、その器具が開発される直前の、前代にあたる製品にならうのが一般的であった。電気レンジ（electric cookers）はガスレンジに似せて作られ、電気式の暖炉は石炭や薪の暖炉のように見せかける等の例があった。これは、見慣れた姿をとることで電気に対する抵抗感や偏見を取り除くことができると考えられたためかもしれない(15)。

最初に現れた一九〇〇年頃の電気ケトルは、伝統的なティーケトルの形にならい、湾曲した脚がついていた。熱源が底部に埋め込まれていたため、この脚がないと下のテーブルが焦げてしまうからである。後になると浸水式熱源の実用化とともに、脚は短くなり、より目立たなくなっていった。電気ケトルのデザインはさらに電源のない普通のケトルに近づいていった。電気ケトルはほかの電気機器と違い、電気機構を内蔵したり隠したりするための新しい形態を作る必要はなかった。従来のケトルの内側に、浸水式の発熱体を取り付けるだけでよかったのである。

[図4] Swanの電気ケトル(Bulpitt & Sons社。後中央1922年、後左1924年、後右1930年、前左右1940年代、前中央1953年)

こうして成立した電気ケトルは、もはやこんろや炎の上に置く必要はなかったにもかかわらず、ほとんどの製品が旧来の丸い形態を保ったままだった。別の形態を取り入れる例外的な試みとして、木製の把手がある調理用の鍋のような形をした湯沸器(16)などもあったが、これはイギリスで商業的成功を収めるには至らなかった。

一九三〇年代になって、メーカーが電気の現代的なイメージを意識するようになると、ようやく新しいデザインの試みが行われた。電気ケトルの新しい形態を作り出すために、流線型が取り入れられた。HMV社(蓄音機で有名)は当時の先端的なカーデザインから借りた流線型スタイリングを頻繁に使うメーカーだったが、やはりこのタイプの製品を出しており、その把手は独特の有機的な曲線を描

［図6］自動式ケトル（Russel Hobbs 社「K2」1955年）

［図5］HMV社の流線型ケトル（1930年代）

いている［図5］。

有機的造型や流線型の把手は、一九五五年にラッセル・ホブスが作った最初の自動ケトルにも採用されている。把手の後ろ側には入切表示スイッチがついていた。この彫刻的な形状の把手は、電気ケトルにふさわしい新しい形態を作ろうとする試みでもあったが、それは自動機構とあいまって大きな成功を収め、その後長らく影響力をもった［図6］。

しかしほかの機器に比べると、電気ケトルのデザインは保守的なものにとどまった。スワン（Swan：Bulpitt and Sons社）などの大手メーカーが一九三〇年代から五〇年代にかけて発売した製品を見ると、電気製品という性質にあわせてデザインを変えることは行われなかったようだ。事実、電源のないケトルと電気ケトルに同一のデザインが使われる例もあった。大きな変化がほとんど起きなかったことについて、必ずしもメーカーの想像力の欠如を責めるわけにはいかない。丸いケトルにまつわる伝統的なイメージの人気もまた、その一因だったと思われる。このイメージは明らかに、丸い形をしたイギリス式ティーポットに、そしていささか保守的な喫茶の儀式につながっている。

この状況が変わったのは一九八〇年代、新しくプラスチック製で直立形の「ジャグ（水差し）型ケトル」［図7］が発売されたときである。プラスチック製の「ジャグケトル」は、一九七七年にレッドリング社（Redring）が発売したのが最初とされるが、一般化したのは一九八〇年代になって、多数の競合メーカーが一斉に参入してからだった。八〇年代前半、イギリス家庭のほとんどの電気ケトルが自動式のものに買い換えられたが、そのうちかなりの部分をこの「ジャグケトル」が占めていたと思われる(17)。

しかし直立形の形態は、電気ケトルのデザインにおいてまったく新しいアイデアというわけではなかった。一九四七年に革新的な試みを行うＨＭＶ社が作ったラスチックのものが作られる前にも、何度か同様の試みがあった。実際プた直立形のケトル・水差しは、銅にクロムメッキでベークライトの把手がついており、その外観はケトルと言うよりコーヒーポットに近いものだった。メーカーはこの製品は「ケトルおよび湯の容器としてデザインされたもの」と主張したが、これは今日の「ジャグケトル」とまったく同じコンセプトである。しかし当時、これが見るべき成功を収めることはなかった。スワン社もまた、同社が一九六〇年にステンレス製の「ジャグケトル」を作ったと主張している(18)。

［図７］ジャグケトル（Swan、1983年頃）

一九八〇年代の「ジャグケトル」の特徴は、直立形の形状だけでなく、その素材にもあった。すなわち耐熱プラスチックだが、これが開発されたのは一九七〇年代末のことだった。

もはやこんろの火に乗せなくてよい電気ケトルの素材にプラスチックが使われるようになるのは、当然のなりゆきだろう。しかし冷水から熱湯までの温度変化に耐えうることはそう簡単ではなかった。ラッセル・ホブス社は一九七三年に、本体が総プラスチック製で、ダイナミックで未来的なデザインのケトル「フューチュラ（Futura）」を発売したが、この製品は失敗だった。プラスチックが熱に耐えることができず、製品は間もなく市場から撤退を余儀なくされた。その後、「ケマテル（Kematel）」というアセタル・コポリマー（acetal copolymer）の新素材が開発され、「ジャグケトル」に使われるようになった[19]。

メーカーの主張によれば、「ジャグケトル」の大きな利点の一つは、少ない量の水でも沸かせ、したがってより経済的という点である。しかし使い勝手のよさに関しては、例えばカップに熱湯を注ぐにしろ、水道に当てがって水を入れるにしろ、この変化が伝統的なケトル型からの進歩であるとは言い難い。

この変化を説明する最大の理由は、少なくとも生産者側の事情から言えば、「ジャグケトル」の本体が一回の射出成形で作れるので、生産コストの削減になるという点である。またこのデザイン変更は、イギリスのように紅茶を飲む伝統をもたない国の市場を開拓しようとする、生産者側の挑戦でもあった。一九八五年にイギリス国内で生産された電気ケトルの一二パーセントは輸出されたが、主な海外市場は依然としてアイルランドやオーストラリアといった、紅茶を飲む国に限られていた[20]からである。

しかしこれらの理由はいずれも、この新しい造型が消費者心理を刺激したことの説明にはならない。このデザインの大きな変化を説明するには、紅茶消費にまつわる行動やイメージの変遷を見てみる必要がある。

5　紅茶を飲むことにまつわる行動とイメージ

「イギリスをイギリスたらしめているもの（温かいビール、反対側を走る道路、荒っぽいサッカーファンなどいろいろあるが）、その中でも紅茶を飲む習慣はトップに近いだろう」[21]。

イギリスにおけるいささか過剰な紅茶消費について、同様の記述は枚挙にいとまがない。しかし日常生活の中で紅茶を飲む行動の実態は、外国の人間が抱く、貴族的な雰囲気での優雅なアフタヌーンティーのイメージとはかなり違っているようだ。現実には、このような儀式的な風習は今まさに消え失せたといったところで、現存の紅茶を飲む習慣において重要なのは、人々が儀式的な作法は一切ぬきで紅茶を飲むということ、すなわちいつでも、どこでも、自宅でも、オフィスでも、レストランでも、カフェでも、社員食堂でも、移動中でも飲むということである（平均的なイギリス人は一日に四杯半の紅茶を飲む）。このように気軽にいたるところで紅茶を飲むようになったのには、イギリスにおける電気ケトルの発達と普及が関わっていると考えられる。

電気ケトルの利点の一つは、誰でも自分で紅茶を淹れることができ、わざわざ台所へ行ったり、あるいはほかの人（召使いか、あるいは配偶者か）に頼む手間がいらないという点である。したがって、第二次世界大戦後に電気ケトルが広く普及したおかげで、紅茶を淹れることがずいぶん気軽な行為になったことは確かだと思われる。

同じ理由により、電気ケトルはオフィスやホテルにも進出した。現在のベッド&ブレックファストはほとんどの部屋に、ケトル、ティーカップ、ティーポット、ティーバッグといった紅茶を淹れるための用意が整えてある。オフィスでも同様の用意があるところが多く、業界に大きな市場を提供している。コーヒー・紅茶関係の仕事をしていたビジネスマンの回想によれば、「最初の頃（一九六〇年代）には、お茶がいるときは秘書が長い廊下を歩いて電気ケトルに水をくみにいき、沸騰するのを待って、ティーポットを温めて、茶葉を入れて、浸出を待たなくてはなりませんでした。一日中働いて、ふと気付くと午後のお茶の時間をすっかり逃してしまったこともよくありました。コーヒーと紅茶を扱っている会社としては、あまり宣伝になることじゃありませんね。秘書が電話に出ている時や、タイプしている時などは、自分でお茶を淹れなくてはならないこともよくありました」(22)。

量的に見ると、イギリスの人口一人当たりの紅茶消費量は、（第二次世界大戦中およびその直後を除けば）安定した成長を続けて一九五〇年代末から六〇年代初頭にかけてピークに達し、その後は徐々に下がり続けている(23)。

この減少傾向の理由はいくつか考えられる。最も明白なのは、コーヒーの人気上昇と、それに続いた一九五〇年代末のインスタントコーヒーの登場である。また、ティーバッグの使用も消費量の減少につながる。と言うのはティーバッグは（通常ポットに入れる茶葉の量に比べ）およそ一五パーセントほど茶葉を節約するからだ。これはもちろん、その手軽さによってより頻繁に紅茶を飲むようになる分は別としてである。いずれにせよ、インスタントコーヒーとティーバッグの登場によって紅茶を飲む習慣は変質し(24)、六〇～七〇年代には紅茶を飲む行為に、より気軽な要素が入ってきたのである。

一九六五年に、紅茶の総合的振興の目的で、イギリス紅茶協会（UK Tea Council）が設立された。同協会の六〇年代の調査では、紅茶が最も苦戦している市場は若年層であること、また終戦後、紅茶は広告活動においても他の飲料に大きく遅れを取ってきたことが示された。また、インスタントコーヒーをはじめとする利便性の高い飲料の流行、そしてより「若々しく」「古くさくない」コーヒーに流れるという消費者の傾向が指摘された(25)。

この減少傾向には社会的背景も関係していた。一九六〇年代以降、女性が仕事に就くことが増え、彼女らが午後の時間帯に家で紅茶を飲むことはできなくなった。男性の就業時間はむしろ短くなり、夕食に間に合うように帰宅するために、お茶の時間は省略された。子供たちが帰宅後に紅茶を飲むことも並行して少なくなったが、これは主にソフトドリンクの人気上昇と、牛乳マーケティング委員会（Milk Marketing Board）による牛乳の宣伝によるところが大きいともいわれる(26)。

総じてイギリス紅茶のイメージは、少なくとも六〇～七〇年代の若者にとっては、色あせた古くさいものだった。若い世代にはコーヒーの人気が高まっていった。年配者が好むものであればあるほど、若者に人気がなくなるのはほとんど避けることができなかった(27)。

こうして、一九六〇年代以降、電気ケトルは紅茶だけでなくインスタントコーヒーにも使われるようになった。その後の電気ケトルの普及は、インスタントコーヒーのおかげで加速された可能性もある。もしそうであるとするなら、「ジャグケトル」へのデザインの変化は当然のなりゆきなのかもしれない。

今日の電気ケトルは、もはや伝統的なイギリス紅茶のイメージを脱ぎ捨ててしまったかのように見える。現在のプラスチック製「ジャグケトル」はメジャーカップのようにも見え（本体の側面に水位表示や窓がついている例も多い）、より合理的で科学的な、中立的なイメージをもっている。

最後に、伝統的タイプの電気ケトルに見られるその後の傾向に触れておきたい。一九八〇年代には、「ジャグケトル」人気の一方で、旧来の丸い形をしたケトルにハーブや麦の穂といったノスタルジックな装飾柄が現れ始めた。例えばメラー・ウェア社（Meller Ware）から発売された鍋・トースター・電気ケトルのシリーズには「ファームハウス（Farmhouse：農家）」という商品名がつけられ、カタログには「伝統的なスタイルと品質のための伝統的テーマ」「ベストセラーのデザイン」とある［図8］(28)。

［図8］装飾柄のあるケトルと鍋（Mellerware 社「Farmhouse」シリーズ、1983年頃）

これは現代的な「ジャグケトル」の対極にある製品と言える。おそらくこれは、一九八〇年代のイギリスに特徴的な、文化的アイデンティティと「伝統的遺産」産業を開拓しようとする戦略だったのだろう［図9］(29)。

6　製品進化の様相

この節でみてきた電気ケトルのイギリスでの発展・普及は、予想していたとおりこの国の紅茶愛飲の習慣（初期条件）と不可分の密接な関係にあった。電気ケトルをはじめとする小型電気調理器具は、ダイニングテーブル上で簡単な食事の準備ができるという食事習慣の簡略化・カジュアル化に沿うものであった。中でも電気ケトルは、いつでも、どこでも、紅茶を飲むという、今日みられるような非儀式的でカジュアルな

［図9］対照的な2つのモデル（1990年頃、デザイン・ミュージアム展示）

飲茶習慣の成立を促進した。一般への普及が本格化する一九五〇年代には、沸騰した時点で発熱を止める自動機構が完成してより利便性が高まるとともに、それまで長らく普通型ケトルでの流行に追随するだけだった外形デザインでも、普通型ケトルとの差別化がはっきりしてきた。一九八〇年代になっての、耐熱プラスチックボディのジャグ型の出現は、素材転換による製造の効率化と紅茶をあまり飲まない大陸各国への市場拡大が意図されていたが、この形状が国内市場で急速に受け入れられた背景には、コーヒーの飲用が増えて紅茶愛飲の習慣がもはや絶対的なものでなくなっていたことが指摘できる。

その一方で、この頃電気ケトルをはじめとする小型電気調理器具にノスタルジックな装飾柄が流行した。紅茶愛飲への文化的連想を含まないジャグ型と、田園的ノスタルジーを込めた従来型が店頭に同時に並ぶ光景は、現代の家庭用機器の進化が単線的なものでないことをよく示唆している。

現在、イギリスの電気ケトルは日本の電気ポットとよく似た機能・形態（自動的に湯を沸かし保温する縦長の器具）に行き着いている。しかし、その進化のコースおよびそれを促した要因には多くの違いが見られた。

一般にモダンデザインの論理においては、機器の機能・形態は地域や文化の差を越えて一つの合理的な姿（ユニバーサルフォーム）に収束していく（べき）との思考が支配的であった。しかし、現実の機器は、その機器が成立・発展する技術・社会・経済条件の中にあって、また初期条件としての生活・文化条件の違いによって、さまざまな「進化」のコースをたどっている。この現実の製品進化のありようを具体的な事例に基づいて考察することは、製品デザインへの理解を深めるための歴史研究に欠かすことができないだろう。

注

（1）本節の記述では、主として、ミルン博物館（Milne Museum。設置者South Eastern Electricity Board。ケント州トンブリッジ。現在は閉館）の展示・収蔵品および同館所蔵文献を利用。代表的な電気業界誌 *Electrical Review* のうち一九〇八〜一九五三年の 'kettle' 関連記事（同館データベースにより検索）を参照。このほか過去の製品カタログ・メールオーダーカタログとして *Brown Brothers Catalogue*, 1931–32, 1937. *General Electric Co. catalogue*, 1898, 1911, 1923. *Falk, Stadelman & Co. catalogue*, 1938. *A.W. Gamage, Ltd. Catalogue*, 1926. *General Price List of Army & Navy Stores Ltd*, 1935–36を参照した。また歴代の製品写真については旧工業デザインカウンシル（CoID）の写真コレクションのうちBox31を利用した。

（2）Giedion, S., *Mechanization Takes Command*, Oxford University Press, 1948.（S・ギーディオン『機械化の文化史』鹿島出版会、一九七七年、五二一―五二四頁）

（3）The City of London Electric Lighting Co. Ltd., Heating and Cooking by Electricity（広告）, Jul. 1884.（複写。ミルン博物館資料）

（4）一九三〇年に出版された家庭用電気器具の総覧ガイドブックには「電気式テーブルウェア」がいくつか紹介されている。そこには電気ケトル、コーヒーパーコレーター、牛乳殺菌器、深鍋、トースター、卓上保温プレート（table heaters / hot plates）、長方形の大型保温プレート、そして浸水式加熱器（グラスの水などに直接入れて使う）などが見られる。（Hobbs, E., *Domestic Electrical Appliances*, Cassel & Co., 1930, pp. 73–80.）

（5）小型電気調理器具が食卓に及ぼした影響については、Forty, A., "The Electric Home", in *British Design*, Open University, 1975, p. 56を参照。

（6）デザイン史上最も有名な電気ケトルは、間違いなく、一九〇九年にペーター・ベーレンス（Peter Behrens）がドイツのＡＥＧ社のためにデザインしたものだろう。彼のデザインしたケトルは手工芸風の表面仕上げを施してあり、ダイニングテーブル上での使用を想定しているようだが、実際にこのケトルの市場がどうであったかはよくわからない。業務用が多かったのか家庭用としても多く使われたのか等の詳細は未確認だが、イギリスにも輸出されたであろうことは現在の遺留品から推測できる。大家ではもう一人、金属工芸家のW・A・S・ベンソン（Benson, 1854–1924）も真鍮製の美しい電気ケトルをデザインしている。かなり珍しい特殊なものではあるが、ダイニングテーブルにはよく似合ったであろう。

（7）一九三〇年代の三パイント用の製品の多くは六五〇〜一〇〇〇ワットの電力を使ったが、一九四〇〜五〇年代には同じ容量の機種の消費電力は一五〇〇〜二〇〇〇ワットだった。また例えば一九一〇年の三パイント用機種（'MAGNET'）が沸騰に要した時間は一四分間、一九三八年の同容量機種（'SURVES'）では七分間、一九五三年の機種（'GEC'）では五・五分間だった（さまざまなメーカーの製品カタログの比較による）。

（8）Hobbs、前掲書（4）、七五頁。

（9）普及率の推移はミルン博物館のまとめた資料による。

（10）紅茶を飲む習慣が、電気ケトルがイギリスで発展した最も大きな理由であることは確かである。しかしこのほか、調理行動の習慣にも一因があると考えられる。イギリスの料理では、こんろの火口をいくつも同時に使うことが多く、電気ケトルを使用すればレンジの火口を一つ空けることができるから、という説である。

（11）大陸ヨーロッパに紅茶道具が普及していなかったという説については、Bramah, E., *Tea and Coffee*, Hutchinson & Co., 1972, pp. 135–136を参照。しかし例えばドイツには、カップの口にぴったりはまるように作られた陶器製の茶漉がある。ドイツなどハーブティーを飲む習慣がある国もあり、ヨーロッパにおいて、お茶のための道具がまったく存在しなかったわけではない。

（12）一九八〇年代に開発された、Mellerware Houseware社による「Toppot」という製品は、電気温水器とティーポットがぴったりくっついて並んでいる。湯が沸騰すると、自動的に熱湯がティーポットに注がれ、あらかじめ入れておいた茶葉で紅茶ができるという仕組みである。これはアイデアといい、外見といい、コーヒーメーカーに非常によく似ている。しかしこの製品は一九八七年に製造中止になった。

（13）Alflatt, F.E., "Tea Makers", in *Antique Machines and Curiosities*, vol.1, 1979, pp. 9–11.

（14）自動お茶いれ機の製品市場はきわめてギフトに偏っている。販売台数のおよそ七五パーセントが贈り物として購入されていると思われ、その大部分はクリスマスを含む四半期に集中している。（Industry and Product Group Report Services, *228 Food Preparation Equipment*, 1986, pp. 29–37.）

（15）初期の電化製品におけるこのような「伝統的」デザインの傾向については、Forty, A., *Object of Desire*, Thames and Hudson, 1986, pp. 196–197 参照。

（16）Calor あるいは Degea という名前のドイツのメーカーが、この種の製品を一九二〇年頃に開発している。これと似たタイプの、水差し風の把手がついた製品を、一九六〇年に Siemens & Halske 社（同じくドイツのメーカー）が作っている。これらの例から、ケトルの形態から出発したイギリスのものとはまた別に、ドイツにも小型湯沸器の開発の系譜があったとも考えられる。

（17）電気ケトルにおける自動式と非自動式の売上比は、一九七八年には自動六三対旧式三七だったが、一九八三年にはこれが八六対一四、一九八五年には九三対七となった（Business Monitor PQ 3460）。一九八五年には「ジャグケトル」が販売数の六五パーセントを占めた（Trade Estimates, 1985.）。数値はともに前掲書（14）より引用。

（18）この製品は、今日のケトルとはいささか異なる機能を有していた。「これで湯を沸かすだけでなく、牛乳を温め、吹きこぼれる心配なしに保温しておくことができた。また缶詰や冷凍の食品を加熱したり、卵を茹でたり、スープを温めることもできた」（Swan, Bulpitt and Sons Limited, *60 Years of Electric Kettles*, c.1985による）。この製品は、ケトルと見なすには少々多機能すぎるかもしれない。

（19）*Industry and Product Group Report Services*、前掲書（14）。

（20）*Swan Kettles catalogue*, c.1983、および Swan、前掲書（18）。

（21）Peter Watson on tea pot sale（新聞記事）, *Observer*, October 23, 1988.

（22）Bramah、前掲書（11）、一一二頁。

（23）一人当たりの消費量は一九五一年には八・二一ポンド、一九六一年には九・九一ポンド、一九七一年には八・八一ポンドだった（International Tea Committee の統計。Forrest, D., *Tea for the British, Chatto and Winds*, 1973, p. 285 より引用）。

（24）一九七〇年のコーヒー消費量の五分の四はインスタントコーヒーだった。五〇年代に登場したティーバッグは、一九八〇年には紅茶消費量の約半分、一九八七年には四分の三以上を占めるに至った。紅茶消費量の推移および市場動向については、Forrest、前掲書（23）、二七一―二七二頁、および Bramah、前掲書（11）、一四二―一四八頁、Maitland, D., *5000Years of Tea, Cralley Books*, p. 57, 1982. Baxter J., *A Sainsbury Guide: Tea and Coffee*, MartinBooks, 1987, p. 11 を参照。

（25）Forrest、前掲書（23）、二七二頁。

（26）Bramah、前掲書（11）、一四〇頁。

（27）同前。

（28）Mellerware, *'Farmhouse' Kitchen Co-ordinates catalogue*, c.1987.

（29）現代製品におけるノスタルジックな装飾柄の採用は、興味深い問題である。これと同様の現象が日本でも起きた例として、魔法瓶などを挙げることができる。

第二節
日本の魔法瓶と電気ポット

Section 2
Thermos Bottles and Electric Pots in Japan

この節では、イギリスの電気ケトルの事例と対応する日本の事例として、今日の日本の家庭において一般的に馴染みの深い、魔法瓶（および電気ポット）を取り上げる。魔法瓶とその後の電気ポットは、日常的に茶を飲むために用いるというその主たる用途からみて、イギリスにおける電気ケトルとほぼ同等のものとみなすことができるだろう。

そこで以下では、魔法瓶および電気ポットの発展史をたどり、文化的・社会的・経済的背景とのつながりから、そのデザインの変遷を説明してみる。ここでは、従来のデザイン史のように個人の功績によって変化してきたデザインの流れではなく、あえて、匿名の人々によって支えられてきた進化の過程を扱う。この事例研究では、デザイン史における「モノに即したアプローチ」（objective approach）(1)の有効性を示してみたい。道具・製品の進化という視点から、個々のものに即してその発展過程を検討する研究は、現代社会の大量生産品におけるデザインの変化を支配する力学を説明する上で、特に有効だからである。

魔法瓶や電気ポットのような製品は今日、世界中の多くの国々で販売されており、そのデザインといい、品揃えといい、一見、ほとんど違いはないように見える。ところがその個々の製品が発展してきた経緯と、現在の使われ方をよくよく観察してみると、興味深い違いが発見される。これらの製品の相違点は、その製品の発展の土台となってきた社会的・経済的条件の違いから生まれたものである、というのが本書の基本的な考え方である。

1 電気ポット ——戦後の初期家電製品

日本初の電気ポットは東芝（当時の東京芝浦電気）によって、一九五〇年代末に生産された。時あたかも家庭電化ブームで、間もなく他社も後を追って類似製品を開発した。初期の製品は、本体がアルミ、把手と台座の部分がプラスチックでできていた［図1、2］。内側の底部には、浸水式のヒーターが組み込まれていた。外観はアメリカのコーヒーパーコレーターを小さくしたような形をしていたが、奇妙なことにコーヒーパーコレーターは日本ではさほど広まらず、当時はほとんど一般に知られてさえいなかった。単純で安価なこの種の電気ポットのデザインは、今日になってもほとんど変化していないと言ってよい。

［図1］ 戦後最初の電気ポット（東芝、1967年）

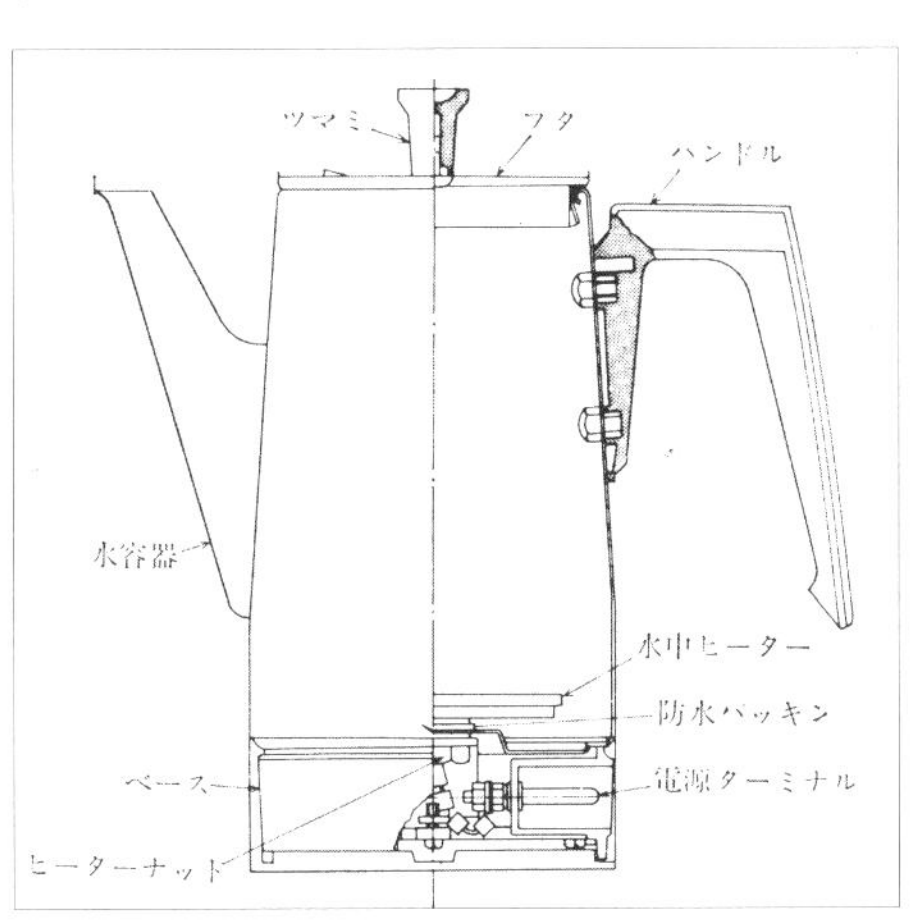

［図2］ 電気ポットの構造

しかし、初期の電気ポットの用途はごく限られていた。容量が小さかったこと（〇・七〜〇・八リットル）、沸騰時間が長くかかったことに加えて、沸騰時に大きな音を立てたためである。電気ポットは独身者や学生の間ではある程度まで広まったが、一般家庭の必需品にまではならなかった。

［図3］サンビーム社のコーヒーパーコレーター（1950年代）

電気ポットの外観デザインはどう見てもアメリカの電気式コーヒーポットやパーコレーターから来ている［図3］。この類似の原因は明白である。日本国内の家庭用電化製品産業は、戦争中は兵器工場に転換させられ（家庭用電化製品の生産は一九四一年に禁止された）、さらにこれらの生産設備は連合軍の空爆によって深刻な被害を被った。敗戦後、占領軍およびその家族のための電化製品の生産が発注されると、操業は再開されたが、顧客のほとんどはアメリカ人だった。製造業者への注文は、機能そしておそらくは外観においても、アメリカ人の需要に合う機器を作ることだった。その一つに電気式のコーヒーパーコレーター（およびコーヒーサイフォン）があった。占領軍が生産を発注したアイテムにはほかに、冷蔵庫、扇風機、電気ストーブ、調理器、アイロン、掃除機、洗濯機、トースター、ワッフル焼き機、ホットプレート、炊飯器、コーヒー沸かし器があった。これらを受注した製造業者の数は合計一〇九社、一九四八年までの累積受注数はおよそ二五万に上った(2)。

占領期（一九四五～五一年）が終わると、製造業者は自前の電気ポット生産に着手したが、その一つは、コーヒーパーコレーターとまったく同じデザインで、コーヒーを淹れるための部品を省いただけのものだった。一九六〇年代になってもまだ、電気ポットのデザインにはアメリカのコーヒーパーコレーターの影響が見られる。東芝は一九二〇年代から、松下電器（現在のパナソニック）は一九三五年から電気式コーヒーポットを生産していた(3)。しかし、その生産量はきわめて限られたものだったと思われる。一九六〇年代のインスタントコーヒーの導入まで、家庭でのコーヒー飲用は一般的でなく、またパーコレーター方式の人気も高くなかったためである。

小容量の電気ポットと並行して、メーカーは電気ケトルの導入も試みたが（例えば一九五八年の松下電器による製品など）、大きな成功にはつながらず、間もなく姿を消してしまった。それは一つには電気代の高さと、そして沸騰時間がかかりすぎたためと思われる。同じ理由で、電気による加熱器具および暖房器具はどれも一般的に不人気だった。電気ケトルもまた、ガスレンジで使う一般的なヤカンと比べると、沸騰時間もコストも不利だった。しかし、電気ケトルが日本で定着しなかった理由には、こうした技術的要因だけではなく、ほかにもある市場要因がからんでいた。魔法瓶の存在である。

2　日本における魔法瓶

電気ポットが登場する以前から、日本のお茶に適した真空断熱瓶（二重瓶）の入った魔法瓶(4)が開発され、市場にあまねく浸透していた［図4］。

冷水や熱湯を保温する真空断熱瓶は、一九世紀にイギリスで発明され、ヨーロッパでは二〇世紀初めからこの発明を商業化した生産が始まっていた。魔法瓶が日本に入ってきたのは第二次世界大戦の勃発よりもかなり前の時期で、その生産は主として、ガラス瓶製造の関連産業がさかんだった大阪を中心に発展した。大阪を中心とする魔法瓶工業は、大正時代から重要な輸出産業となり、国内需要が初めて輸出を上回るのは第二次世界大戦後の一九六一年であった(5)。

［図4］最初期のペリカン型魔法瓶（象印マホービン、1948年）

西洋諸国の魔法瓶が、現在に至るまでピクニックや屋外の昼食などに使われてきたのに対し、日本の魔法瓶は第二次世界大戦後、独自の進化を遂げ、主として屋内での使用を中心に発達してきた。こうした卓上使用の考え方は、電気ポットの登場よりも前の一九五〇年代初めに現れ(6)、急速に一般化した。この急速な普及は、魔法瓶という道具が、日常的な日本茶の淹れ方・飲み方の様式(熱い湯を身近な所に持って来て置いて、その場でお茶を淹れ、ときに何杯も飲む)にきわめてよく適した機能と存在様態を持っていたことを示している。一九六〇年代になると、魔法瓶はほとんどの家庭に一つや二つは見られるようになった。これほどまでに魔法瓶が普及している状況では、電化製品産業としても、一九五〇〜六〇年代の電化製品ブームの時期ですら、市場に電気ケトルを導入することは得策ではなかったのである。

3　魔法瓶の発展

魔法瓶がたどった進化の流れにおいて、卓上タイプの登場は一つの時代を画している。そこで以下では卓上型魔法瓶以降の発展過程を段階を追って検討してみる。

3―1　花柄期

一九六〇年代末頃から、熾烈なメーカー間競争の中で、外面に花柄を印刷した魔法瓶が現れた。最初に印刷された絵柄はおとなしい木目調だったが、後にそれはカラフルな花柄となり、間もなく花柄の魔法瓶が市場を席巻していった[図5]。

現代的な製品に施された花柄は、往々にして「悪趣味」とか「キッチュ」として片づけられてしまうが、現代社会における文化的アイデンティティに関わる、興味深い問題をはらんでいる。当時もやはり、魔法瓶の花柄はよく批判された。しかしこの時期には花柄のない魔法瓶を探すことさえ困難で、このカラフルな花柄が、日本家庭のインテリアを視覚的混沌に陥れていると一部では非難された(7)。

日本の一九六〇年代は豊かさを謳歌した時代といわれ、当時の花柄は消費者が抱く「豊かさ」のイメージと一致していたのかもしれない。また魔法瓶はすでに市場において飽和状態にあり（一九六五年の保有率は全世帯の九〇パーセントに達していた）、メーカーはやっきになって新しい需要を喚起する手だてを模索していた。花柄は、消費者に古い製品の買い換えを促すきっかけとして、それなりの成功を収めた。

さらに、魔法瓶はギフトとして購入されることも多かった。この場合は花柄がまさにぴったりだった。花柄が登場してから売上は急速に伸び、一九七三年には一九六五年の四・六倍に達した(8)。

昭和41年　1.3ℓ
円錐胴型第1号

昭和44年　1.0ℓ
枝管式ポット

昭和43年　1.9ℓ
回転式ポット第1号

昭和45年　1.9ℓ
ねじ式密栓第1号

昭和46年　1.9ℓ
据置型(電動)ポット第1号

昭和46年　1.9ℓ
花柄卓上ポット

昭和47年　1.9ℓ
エアーポットの第1号

昭和48年　2.2ℓ
ふたの中央部を押す第1号

［図5］花柄付き魔法瓶（各社、1967～1970年）

3—2 エアーポット——動かさない魔法瓶

一九七〇年代の初めにいわゆる「エアーポット」、つまり背が高くエアーポンプの機構を内蔵した魔法瓶が市場に登場し、その売上は間もなく通常の卓上型魔法瓶を抜き去った［前出・図5の下段右端］。これは魔法瓶を持ち上げたり傾けたりせずに、蓋の上部を押すことで湯を注ぐことができるように設計されている。ポンプ機構とともにこの種の魔法瓶の特徴は、その容量の大きさ（二・二～二・五リットル）である。この特徴によって、お茶をいれる作法に、小さいながら重要な変化が生じることとなった。

普通の卓上型のものと違い、「エアーポット」はその容量の大きさゆえに、何度も台所へ往復する必要がなくなった。急須の置かれた卓の上または横に置かれたままなので、いつでもお茶が欲しいときに淹れることができる。お茶の支度が台所ではなく居間でできるという点は、利便性において明らかな優位点である。来客の目の前でエアーポットの湯を使ってお茶を淹れることは、今でも、必ずしも正式の作法にかなったことと見なされているわけではないが、こうしたお茶の「カジュアル化」は、現在では非常に日常的な行為となっている。客に茶を供する、ということが総じて儀礼的な意味を失い、カジュアルで気軽な生活習慣となってきたことの一例である。

3―3 米飯保温ジャー

魔法瓶と並んで、魔法瓶業界には重要な製品がもう一つあった。それは真空断熱瓶を内蔵し、炊いた米飯を温かいまま保温しておく、米飯用の保温ジャーである。真空断熱瓶を使った製品は一九五一年に発売され、この業界の有力商品となった。

一九七〇年代になると業界は、保温に電気・電子機構を使った電気ジャーまたは電子ジャーと呼ばれる新製品を登場させた。その本体デザインは、戦後の電化製品業界で最も大きな成功を収めた製品、電気炊飯器のそれと非常によく似ていた[図6]。

魔法瓶業界はもともと一つの地方産業にすぎず、巨大な規模を誇る電化製品業界と比べてはるかに小さかったため、常に、いつの日か巨大な電化製品メーカーが自分たちの領域に踏み込んできて市場を取られるのではないかという危機感をもっていた(9)。しかし意外にも、電化製品の領域に隙間をみつけて自分たちの商品を出したのは、魔法瓶業界の方だった。電気ジャーは発売当初はかなりの成功を収めた。しかし、それに続いて保温機能を備えた電気炊飯器が登場し、電気ジャーを駆逐してしまったため、この製品は短命に終わった。とは言え、電気ジャーは業界にとって大きな意味を持っていた。この製品の開発によって、電気を使った保温関連の技術・ノウハウが開発・蓄積されたか

［図6］ 電気ジャー（タイガー、1973年）

らである。この技術は、間もなく別のところにも応用された。彼らのもともとの主力商品、つまり魔法瓶に取り入れられたのである。

3―4 電気魔法瓶（電気保温ポット）

電気保温ポットの原型が、果たして電気ポットだったのか、あるいは真空断熱瓶の魔法瓶だったのかは判然としない。電気ポットや電気ケトルのように湯を沸かし、魔法瓶のように保温する。この新製品は初め家電メーカーから発売されたが、一九八〇年には魔法瓶メーカーの大手二社、象印とタイガーから発売され、間もなく家電メーカー各社との競合になった(10)。

最初の製品の本体デザインは電源のない魔法瓶そのままだが、初期のモデルは真空断熱瓶を内蔵しておらず、また本体に水位線を示す窓がついていた［図7］。

ある意味では、一度は破れ去った電気ポットや電気ケトルが、魔法瓶の姿を借りて日本の市場に復活してきたとも言える。魔法瓶、中でもエアーポットの使用は、日本中のほとんど全家庭、全オフィスで日常の風景にすっかり溶け込んでいたので、その電化版はこの日用品に加えられた一つの新しい機能にすぎず、魔法瓶になじんでいた消費者はごく自然にこれを受け入れたのである。

電気保温ポットの一つの利点は、それ自身が湯を沸かすことができるので、ガス設備のない場所でも使えるということである（例えば高層アパートや、各戸が独立したゲストハウスは、いずれも一九八〇年代に急増した）。もう一つの利点は、湯を非常に高温（九〇度以上）に保つことができるので、紅茶やインスタントコーヒーを淹れるのにも適するという点である。しかしながら、この電気保温ポットの登場に至った大きな要因は、製造者側にあった。これまで見てきたように、業界は数年ごとに新製品を発売して、飽和状態に陥った市場を常に活性化させていなければならなかった。この魔法瓶業界の最後の挑戦は大きな成功を収めたが、それは同時に電化製品業界の巨人たちとの競争を招く結果となった。

技術的側面に着目するなら、電気保温ポットの登場は、いくつかの関連技術、特に電子技術部品と断熱材の進歩があって初めて可能になったものである。半導体などの電子技術部品なしでは、正確な温度コントロールは困難で過熱の危険があるが、在来の多くの断熱材料は熱に強くなかった。また、電気保温ポットは、旧来の電気ポットより熱効率も良い。電気保温ポットの断熱材は熱が逃げるのを防ぐが、電気ポット（旧来の、断熱材を使っていないアルミボディのポット）では、加熱途中の熱のロスが大きく沸騰までの時間が長くかかってしまっていた。

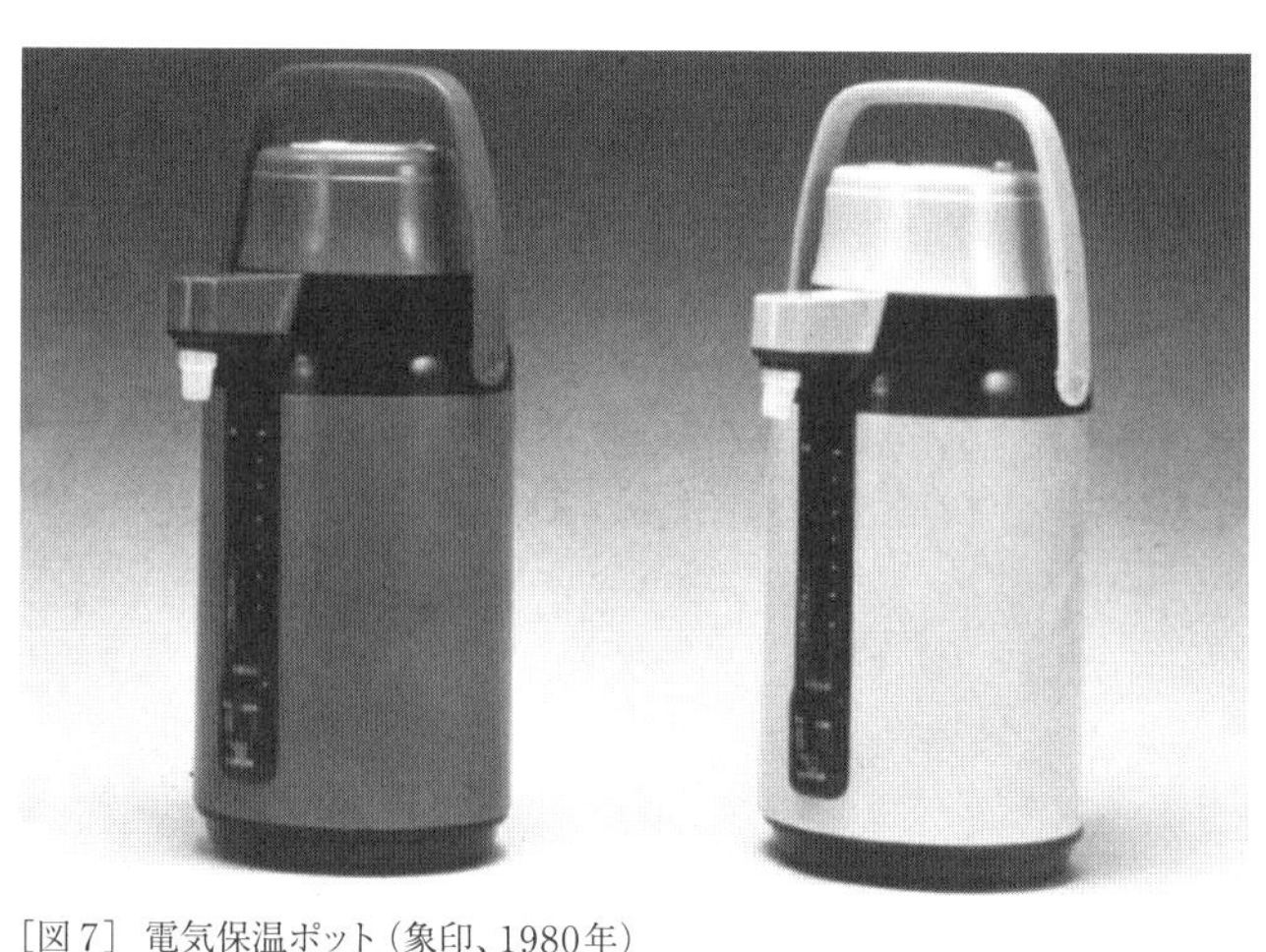
［図7］電気保温ポット（象印、1980年）

この電気保温ポットは、その機能においても外観においても、（イギリス式の）電気ケトルよりも（日本式の）魔法瓶の方に依然としてよく似ている。そして、イギリスの電気ケトルと日本の魔法瓶とは非常に異なる発展過程をたどってきたにもかかわらず、その機能が近づいている（ともに、湯をわかし、沸騰したところで加熱を停止する）ことが改めて注目される。

3―5 マイコンポット

一九九〇年頃の市場の最新商品は「マイコンポット」、つまりマイクロプロセッサ(日本流に「マイコン」と呼ばれた)と半導体を内蔵し、保温機能の制御などの機能をもたせた、電気保温ポットである(現在では「マイコン…」の呼称も古くなって、単に「ポット」などと呼ばれている)。その機能的な特徴としては、正確な温度コントロール、保温温度の選択、沸騰終了・水位不足・空焚きなどの表示、そしてタイマーがある。このような付加機能や、マイクロプロセッサの過剰な使用は、今や日本製品の流行となっているようだ。この流れは、メーカー間の熾烈な競争の直接的な結果であるかもしれないが、そこには製品をよりユーザーフレンドリーにしようとする意志も読み取れるかもしれない。

マイコンポットの外観について述べると、その多くはモダンなイメージを取り入れており、時には「未来的」ですらある[図8]。シンプルな形態、白または白っぽい色彩(花柄は姿を消している)、ハイテク的な雰囲気(スイッチや表示類)、そしてちょっとしたかわいらしさ(丸みをおびた形状)。これらのイメージは、技術的特徴の訴求力を強化するために用いられたものと思われる。このようなイメージやスタイリングの常套的表現は、炊飯器を初めその他の小型調理機器にも共通するものである。

[図8] マイコンポット
(各社、1989年頃)

3―6 電気ケトル

そして二〇〇〇年代、この分野の市場に大きな変化が起こった。「ティファール」の登場である。ティファール社(Tefal)はフランスのメーカーだが、その電気ケトル(おそらくイギリスに古くからある電気ケトルの進化型)が日本市場に入って急激に広がり、国内メーカーも追随した。茶を飲むとき、熱い湯が必要なときに、そのつど沸かす。

［図9］ティファール電気ケトル（日本セブ社、2001年）

常に保温しておかなくてもよい、という発想の転換だった。

　ティファール型電気ケトルの湯沸かし速度の速さ、操作性の良さ（コードレス、ベースへの着脱式通電）がその人気の理由だろう。熱い湯が常にたっぷり得られる電気保温ポットか、そのつど沸かす電気ケトルか、節約意識や使い方、つまりはライフスタイルに応じて選択できるようになった。これまでのポットのような大容量の湯を常に保温しておく必要が、日本の日常生活ではいつのまにか失われていた（習慣的にそれを続けていた人が大多数であったとしても）ことが背景として考えられる。ポットによる長時間の保温が意外に電気を使うことが省エネブームの中で指摘されていたことも大きい。国内の魔法瓶メーカー、家電メーカーは倒れても湯がもれない安全機能等を訴求しつつ、すぐに同様の製品で追随することになった。ティファールは当初白一色のボディだったが［図9］、国内各社はカラー化など個性化戦略で対抗している。

4　製品進化という現象

　ここまで見てきたように、戦後日本における電気ポットおよび魔法瓶は、イギリスの電気ケトルとは異なる発展の道筋をたどってきた。その用途は非常によく似ているが、それがくぐりぬけてきた経済的・社会的状況が異なっていたためであろう。また、近代化以前からあった飲茶の文化・習慣の違いも無視できない。この事例研究は、もとになるアイデアや製品がよく似たものであったとしても、それを受け入れた社会・文化が異なっていれば、その道具はきわめて異なる進化を遂げることを示している。

この節で取り上げた対象は、主に日本の家庭やオフィスにおいて、日常的にお茶を飲むという用途・目的を満たすために発展してきたものだが、その一方で、これらの製品の進化によって、日常生活におけるお茶の習慣自体も、その儀礼的な意味が失われるなど、微妙に変化してきた。また、この進化の過程を見ると、電化製品業界と魔法瓶業界という二つの産業界の相互関係・競合関係が大きな力となって牽引されて、きわめて独特の製品進化をもたらしたことも指摘できる。このように、戦後日本の電気ポットと魔法瓶のデザインにおける変遷あるいは進化は、今日に至る日本の文化と社会のありようを率直に表現している現象だったと言える。今日の日用品における、「無意識の」あるいはアノニマス（無名）なデザインの性質を理解するためには(11)、この節で行ったような製品進化の視点によるデザイン史が有効だろう。

5　魔法瓶や炊飯器に現れた花柄の理由

第二次戦後の日本製品には、装飾のないＭＵＪＩブランドに代表される現代の美意識とは大きく懸け離れた花柄全盛の時代があった。現代製品に施された花柄は、往々にして「悪趣味」とか「キッチュ」とされてきたが、現代社会における文化的アイデンティティに関わる興味深い問題をはらんでおり、ここで改めて振り返っておきたい。

すでに見たように、一九六〇年代後半、卓上型魔法瓶（真空二重瓶を内蔵した保温容器）の熾烈なメーカー間競争の中で、外面に花柄を印刷した製品が現れた。最初期に印刷された絵柄はおとなしい木目だったが、後にカラフルな花柄となり、間もなく花柄の魔法瓶が市場を席巻していった。当時の魔法瓶メーカーの全社が追随した。

5―1 電気炊飯器その他の花柄家電

魔法瓶メーカーは、真空二重瓶による保温技術の展開として、炊き上げた米飯を保温する容器・保温ジャーを製造していた。その分野の新製品として、半導体熱源により保温を行う電子ジャーを、主導的魔法瓶メーカー二社（象印とタイガー）が一九七〇年に相次いで発売。家電市場への参入であるが、このときの外装には魔法瓶と同様の花柄［前出・図6］を付けた。製品は大ヒットし、家電各社からも同様の花柄付きの製品が出された。電子ジャーは後に保温機能付きの炊飯器が登場して市場から消えるが、興味深いことに、花柄はその炊飯器にも付くようになった。もともと花柄を得意としていた魔法瓶メーカー二社と家電メーカー各社が花柄炊飯器（保温機能付き）を市場に出すという、まさに花柄全盛時代を呈した。

花柄は、一九六〇年代中頃から冷蔵庫や洗濯機、トースターなどの電気製品にも現れている。ファッションデザイナー・森英恵のデザインによる前面ドアの冷蔵庫等もこの頃登場している。しかしこれらの花柄は魔法瓶や炊飯器のように定着・普及することはなかった（冷蔵庫や洗濯機への花柄は魔法瓶とは異なり、成型後の外装平面へのシルクスクリーン印刷であったと思われるが、その工程増加がコスト高になったこともその一因だろう）。

5―2 識者たちの花柄批判

花柄魔法瓶全盛の時代にも、花柄はよく批判されていた。この時期には花柄のない魔法瓶を探すことさえ困難で、このカラフルな花柄が、日本のインテリアを視覚的混沌に陥れていると非難されていた。

例えば、社会学者の加藤秀俊はモダニズム的視点から社会批評を行う人気の論者であったが、花柄全盛の当時、魔法瓶の花柄を批判していた。メタボリズム運動の理論家でもあった建築評論家の川添登も、魔法瓶の花柄をモダニズムと相いれないものとして度々批判していた。影響力のあった婦人雑誌『暮らしの手帖』（編者・花森安治）も、同誌の魔法瓶商品テスト報告の中で「マホーびんばかりが目立つような妙な色や柄をつけられては困るのである」としてい

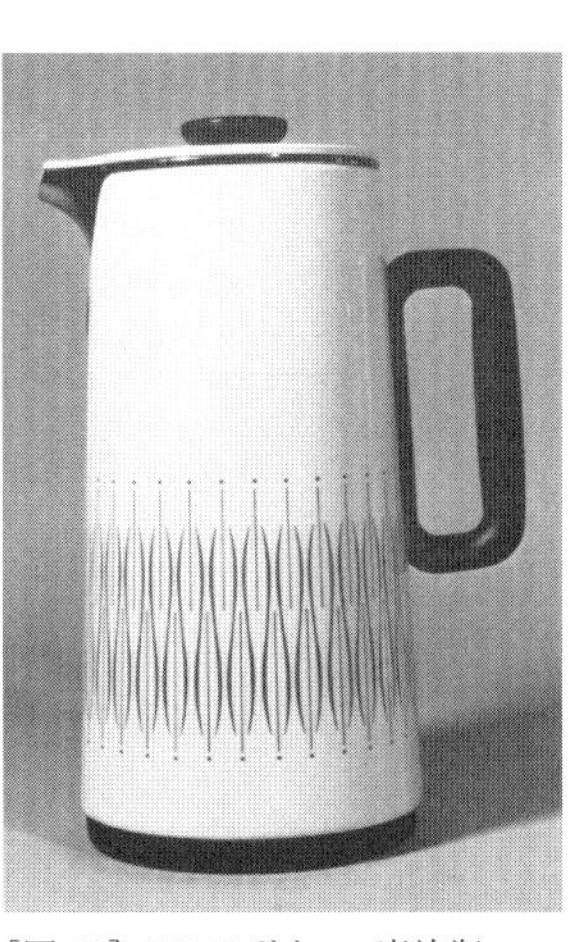

［図10］GKデザインの魔法瓶（タイガー、1970年）

る(12)。このような識者たちによる批判にはインダストリアルデザイナーたちも苦慮していた。GKインダストリアルデザイン研究所は、タイガー社向けのデザインで、花柄に代わる抽象柄（花を極端に抽象化したもの?）を提案している［図10］。またそれ以外のメーカーからの製品も、当初の写実的描法だった花柄から、抽象化されたシンプルな花柄へと変わっていった。

5—3 中国との比較・イギリスとの比較

魔法瓶に施された花柄は、日本だけの現象ではない。同様の製品は中国、韓国、そしておそらくはアジア全土で見られた。

中国でも魔法瓶は多く作られてきた。その外装も真空二重瓶も日本の製品と大差はない。しかし外装の柄は花柄ばかりではなかった。縁起の良い意味の漢字、歴史上の人物、山水風景、鳥など、多様なモチーフの柄が印刷されていた。その後、印刷鋼板による外装でなくプラスチックによる外装（単色、装飾なし）となった。このことからも、なぜ日本では花柄ばかりだったのか、という疑問は残る。

また、第一節で見たように、イギリスではジャグ型の電気ケトル登場の頃、従来型ケトルに麦の穂やハーブなどを描いた「ノスタルジック」パターンが現れた。イギリス紅茶文化との関連性の薄いジャグ型への対抗として、古き良きイギリス文化の伝統を連想させる柄を本体に施したものと考えることができる。それに比べて見ると、日本の魔法瓶などの花柄は特に日本の伝統を連想させるものではなく、また対抗すべき新機種（電子式ポット）もまだ現れていなかった。

5―4 花柄の理由

では、なぜ日本では花柄だったのか。花柄の理由について、これまでもさまざまな理由付けが試みられている。以下では花柄をもたらした背景について、いくつかの項目に分けて検討してみよう。

a 技術的背景

花柄登場の前提として、当時の金属印刷技術の発達がある。魔法瓶のケース（真空二重瓶を覆う外装）は鋼板製であったが、ここにカラフルな絵柄の印刷を可能にする技術が丁度この頃にできたのである。鋼板に大量印刷する技術、写真製版技術などによって、外装材に鮮やかな色・柄を大量印刷することができる。この技術に注目したメーカーが、鋼板色のまま、あるいは単色のケースでなく、そこに絵柄を、それもカラフルな花柄を付けることを始めたのである。ただし、これはカラフルな色彩表現を可能にした前提ではあるが、花柄を選んだ理由にはなっていない。

b 社会的背景

日本の一九六〇年代は豊かさを謳歌していた時代といわれ、当時の花柄は消費者が描く「豊かさ」のイメージと一致していたともいわれる。

一九六〇年代、高度成長期の日本では家電をはじめとする多くのプロダクト製品が、庶民の生活文化・大衆文化の一部として定着した。所得水準の上がった庶民の間には中流意識が芽生え、製品にはそれまでのシンプルな普及型より少し高級感のある「デラックス」なものが現れてきた。これは一九五〇年代からの耐久消費財の普及が一巡し、買い替え需要期に入ったためでもあった。この頃に現れた製品の装飾的外観の特徴として、テレビの豪華な木製キャビネット（「家具調テレビ」）、冷蔵庫ドアの絵模様、洗濯機等のクロームメッキ縁取り、テレビやステレオの金糸銀糸を織り込んだスピーカーカバーなどがあり、画一的ながらも大衆的な「デラックス」感の表現を挙げることができる。魔法瓶の花柄もこの「デラックス」化の流れに沿うものであった。

さらに、魔法瓶の花柄を好んだのは女性、家庭の主婦たちであったといわれる。戦後の社会の変化によって家庭における女性の位置が上がり、消費生活において女性の嗜好が強く反映されるようになった（戦前はそうでなかった）といわれる。また魔法瓶の置かれる場所は台所か茶の間、あるいはダイニングキッチンであり、女性がそれらの空間を管理するという意識が家族内で共有されるようになった。魔法瓶と炊飯器という二つの製品に花柄が定着したのは、それらがともに食卓上、あるいは食卓周りに置かれるものであり、その空間を管理する女性の趣味が表現されるべきものであったからではないだろうか。花柄嫌いの女性もいたであろうが、モダニスト論者たちによる花柄批判は、当時の多くの女性の花柄好きを無視・軽視したものであったことになる(13)。

c　文化的背景

花柄は古くから日本で好まれ、広く工芸の世界で多用されてきた。着物の花柄、食器の花柄などである。魔法瓶の花柄を描くときにも、これら伝統工芸の技法・描法が取り入れられたことはある。代表的メーカーである象印は京友禅の絵師に魔法瓶用の花柄を描かせたことがあった。しかし、魔法瓶の花柄と工芸の伝統の中の花柄を直接結びつけようとする説明には少し無理がある。

たしかに文化的背景として、食器などの日常道具に花の柄を施す伝統があり、特に高級品において花などの装飾柄が用いられることはあった。それら食器などが置かれる食卓周りの空間に、魔法瓶の花柄が大きな違和感なく受け入れられる素地はあったことになる。

しかし総じて、魔法瓶の初期の花柄は、描法および描かれた花の種類ともに日本の伝統意匠というより「西洋風」の絵柄だった。戦後復興を経て高度成長期にあった当時の時代相から推察すれば、大衆的な欧米への憧れ（想像上の異国としての欧米）を率直に表現したものだったと考えられる。

d 経済的背景

魔法瓶の保有率は一九六五年で全世帯の九〇パーセントに達し、市場は飽和状態にあった。メーカーは新しい需要を喚起する手立てを模索していた。花柄は、消費者に古い製品の買い替えを促すきっかけとして成功を収めた。さらに、魔法瓶はギフトとして購入されることも多かった。結婚式の引き出物や何かの記念品としての購入である。この場合、華やかさのある花柄製品がまさにぴったりだった。生花の花束を贈ることと花柄付き製品を贈ることが等価と見なされたとも言える（花柄はほぼ同時期の琺瑯鍋にも付けられ、花柄鍋のセットが贈答品として盛んに贈られていた）。また中国でも花柄魔法瓶は結婚式のときによく贈られていた。

5―5 花柄の衰退

現代製品の花柄は、一九八〇年代になって急速に姿を消す。消費者嗜好の変化＝「ＭＵＪＩ」的美意識への移行、白物家電化などがその背景にある。

大手魔法瓶メーカー二社の次なる新製品は、電気保温技術を応用した電気保温ポット（真空二重瓶なし）だった（3―4で既述）。湯を沸かして保温するこの製品は魔法瓶からの進化形ではあるが、製品の新奇性を表現するためであったのか、花柄は付けず、家電メーカーの主導する白物家電の一つとなった。家電各社からもほぼ同型の製品が発売されたが、白色で、花柄付きはほとんどなくなった。

炊飯器でも花柄は消え、控えめなストライプ柄、抽象柄などが一時あったもののそれも消えていった。家電市場は家電メーカーが時々の流行を支配し、花柄への特別なこだわりはなく、花柄は完全に過去のものとなった。

5—6 花柄製品の再評価

現在、花柄製品は日本市場ではほとんど見られない。花柄魔法瓶や花柄炊飯器はもっぱら「昭和レトロ」を代表するもの、すでに過ぎ去った時代の懐かしいものとして、好意的に評価されている。戦後昭和期（一九四五～一九八八年）を描く映画やテレビドラマの中で、当時の家庭風景の点景として現れることが多い。花柄製品の盛衰を研究した浅子理香によると、山田洋次監督の「男はつらいよ」では、主人公（寅次郎）が旅から帰ってくる柴又の団子屋の茶の間などで花柄魔法瓶が頻出するという(14)。花柄魔法瓶は現在インターネット上の中古市場でも人気がある。

そんな花柄再評価の機運の中で、魔法瓶の花柄について一つの事実が明らかになった。花柄魔法瓶を最初に出したメーカーであるエベレスト（ナショナル魔法瓶工業株式会社。現在は廃業）に、花柄を付けることをアドバイスしたのはインダストリアルデザイナーの坂下清だったという(15)。坂下は家電メーカー・シャープのデザイン部長を務め、同社の経営陣に参画、デザイン団体の会長等を歴任した著名人である。シャープ入社前からエベレストとの付き合いがあった同氏が、魔法瓶外装に花柄を付けることをアドバイスしたことを、近年のインタビューで自ら明らかにした。坂下の先見は魔法瓶業界に大きな経済的成功をもたらしたことになるが、花柄がモダニズムの論者から批判されていた時代には公にできなかったことであろう。

花柄製品の再評価は、モダニストの視点から語られてきた従来のデザイン史・デザイン批評の再考を迫るものであるかもしれない。

注

（1）モノに即したアプローチのデザイン史の代表的著作として、アドリアン・フォーティ『欲望のオブジェ』鹿島出版会、一九九二年（原著 Forty, A., *Objects of Desire*, Thames and Hudson, London, 1986）がある。

（2）山田正吾「台所が電化するまで」、『科学朝日』vol.11、一九六一年、一一五頁。

(3)東京芝浦電気株式会社『東京芝浦電気株式会社八五年史』、一九六三年、四九四・四九五頁、および松下電器産業株式会社『松下電器の技術五〇年史』、一九六八年、六一七・六一八頁。

(4)ここでは、「真空断熱瓶(vacuum flask)」という表現で二重壁のガラス瓶を、「魔法瓶(thermos bottle)」という表現で、真空断熱瓶その他の手段によって内容物の温度を保持する機能をもつ製品を指すものとする。

(5)日本硝子製品工業会『日本ガラス製品工業史』、一九八三年、一三一—一三三頁。

(6)タイガー魔法瓶株式会社『タイガー魔法瓶五〇年のあゆみ』、一九七三年、七三頁。同書によれば、最初の卓上式魔法瓶は、大手の魔法瓶メーカー、タイガー魔法瓶が一九五〇年に生産した、本体がベークライト製のものであったという。後にタイガーは一九五二年になってクロームメッキの銅製モデルを市場に出している。なお、最も初期の卓上式魔法瓶は注ぎ口の形がペリカン鳥のくちばしに似ていることから「ペリカン型」と呼ばれるが、このデザインは日本のオリジナルではなく、ヨーロッパに原型があると思われる。

(7)魔法瓶に施された花柄は、日本だけの現象ではない。同様の製品は中国、韓国、そしておそらくはアジア全土で見られる。日本製品の影響があったことも考えられるが、それがより幅広い消費者に受け入れられている点から見て、このような装飾への嗜好にはアジア諸国における伝統的背景があるものと考えられる。

(8)全国魔法瓶工業組合『日本の魔法瓶』、一九八三年、一三二—一三三頁。

(9)一九五九年、タイガー魔法瓶社長は代理店会のスピーチの中で「電気釜は炊くもの、ジャーは保温するもので、両者は本質的にちがう」、そしてまた「電気釜にしても、電気湯沸かしポットにしても、電気代が高くつくこと、コードがついていることなど多々不便な点がある。これに比して魔法瓶には何らそういう不便がなく、丈夫なこと、デザインのよいこと、どこにでも持ってゆけるという、まったく近代生活にマッチしたものである」と発言している(『タイガー魔法瓶五〇年のあゆみ』、前掲書(6)、八九頁)。また、電化製品メーカーの一つ、シャープ(当時の早川電機工業)は、一九六三年に魔法瓶を市場に出したが、間もなく販売をとりやめている。その撤退の原因ははっきりしていないが、大阪を中心とする魔法瓶業界の抵抗や、行政からの指導があった可能性もある。

(10)魔法瓶の売上において併せて約七〇パーセントのシェアを持つこの二社は、後に電気炊飯器、ホットプレート、コーヒーメーカー等の小型調理家電市場に進出していった。

(11)かつてウンベルト・エーコは、イタリアのデザインについて次のように述べている。「ある社会における、無意識のうちに現れるデザインの性質について理解する唯一の道は、その社会が表現するニーズを理解することである」。興味深いことに、彼がその例として選んだのは、イタリアのバール(コーヒーバー)での人々の行動様式とそこに置かれるエスプレッソマシンだった。Eco, U.,

Phenomena of this sort must also be included in any panorama of Italian design. Otherwise it is hard to grasp an idea of Italy itself or of design, Italian Re-evolution, La Jolla Museum of ContemporaryArt, 1982.

（12）『暮らしの手帖』四一号、一九七六年、一〇二―一〇六頁。

（13）花柄に限ったわけではないが、女性の視点からモダンデザイン史の再考を促した著作として、イギリスのデザイン史家ペニー・スパークの *As Long As It's Pink*, 1995（邦訳＝『パステルカラーの罠――ジェンダーのデザイン史』法政大学出版局、二〇〇四年）がある。

（14）浅子里香「一九六〇年代～一九八〇年代における台所の花柄模様」武蔵野美術大学造形学部通信教育課程卒業論文、二〇〇九年、四三―四五頁。

（15）まほうびん記念館『まほうびんの歴史』象印マホービン株式会社、二〇一五年、八頁。

コラム　イギリスの道具博物館事情 1

ミルン・ミュージアム

一九八七年から一九九〇年にかけて海外派遣研究員としてイギリスに駐在した。その間、イギリス国内の博物館、約五〇館を見学することができた。その中で、私にとって最も印象深い博物館と言えば、ここである。

ミルン・ミュージアム（The Milne Electrical Museum）のあるケント市トンブリッジを初めて訪れたのは一九八七年秋のこと。ロンドンから列車で約一時間ばかり、南イングランドののんびりした田園風景を車窓から眺めているうち、トンブリッジ駅に着く。こじんまりした商店街があり、川を見おろす小さな城跡の周囲が公園になっているほかは、これといって何もないような静かな町である。

ミュージアムは城跡の公園を越えた町はずれにあった。館内に入ると、小さな売店をかねた受付があったが、人影がない。おそらくは私が今日の最初の見学者なのだろう。しばらく待って、しかたなくそのまま展示室に入った。そこは天井の高い、倉庫のような空間で、そとから眺めたよりも意外に広いな、などと思いながら、天井から床に視線を落として、あっと息を呑んだ。目を凝らすと、その大きな展示場の床いっぱいに大小無数の電気機器たちが、ひしめきあって並んでいるではないか！

この博物館は、イングランド東南部地方を統括していた電力供給会社 SEEBOARD（South Eastern Electricity Board）によって設立され、一九世紀初頭からの電気機械・器具をコレクション

していることで知られる。しかし正直に言ってこれほどの充実したコレクションとは思わなかった。

とくに興味深いのは家庭電化製品のコレクションだった。各種の真空掃除機が年代順に並んでいる。電気レンジがあり、洗濯機がある。イギリス特有の電気やかんが並ぶ。アイロンが、トースターが、電気ストーブがある。家電ばかりではない。メーター類や配電盤などの発電・配電関係の道具も広くコレクションされている。変わったところでは、第二次世界大戦後まもなくの電気自動車の試作などもあった。あとで知ったことだが、この建物は、かつてこの地域一帯に電力を供給する発電所のものだったという。昔は発電機がうなりをあげていたであろう建物の中で、今は電気に関わる歴代の道具たちが、黙って一堂に会している。

これらの道具に見入っていると、どこからともなく上品な中年の紳士が現れて握手を求めてきた。あらかじめ電話で連絡しておいたここの学芸員、ジョン・ノリス氏だった。

ノリス氏の案内にしたがって、展示を見てまわった。ここには一九〇〇年代初頭から一九五〇年前後までの間、イギリス市場に現れた代表的製品が集められており、このコレクションがそのまま家電を中心とした生活史・企業史を映し出している。イギリスでは国内メーカーに加えて、フーバーやホットポイントなどのアメリカ家電メーカーがいちはやく進出し、製品に強い影響を与えた。その結果、コレクションの中には、アメリカのものを中心に、ドイツのＡＥＧ、スウェーデンのエレクトロラックスなど、外国メーカーの製品もかなり含まれている。イングランドの小さな町にあるこの博物館が、実はアメリカとヨーロッパ双方の代表的な家電製品のデザインとバラエティを、一通り眺めわたすことのできるまたとない場所なのである。

製品のバラエティとしては、家電の主要品目のほか、日本では馴染みのない電気やかん、電気ゆたんぽ（ゆたんぽの形状をまねた電熱式ベッドウォーマー）、はては電気式の靴乾燥機まで、比較文化の視点から興味深いものもあり、一つ一つが、どれも二〇世紀の道具史・生活史・デザイン史を語る上で、このうえなく貴重な歴史の生き証人である。

残念ながら、訪れた時の展示デザインは必ずしも美しいとは言い難かった。しかし、展示物一つ一つの持つ迫力・情報量によって「電化生活」をしている私たちだれにとっても見応えのある見事な博物館となっている。

学芸員ノリス氏のオフィスは館の資料室を兼ねている。そこには昔からの電気業界誌（*Electrical Review*）をはじめ、古いメールオーダーカタログなどが保管されているばかりか、パソコンを使ってそれら雑誌記事の検索ができるようデータベース化も進んでいた。

当時、館は週に一度だけ開館していたが、事前にアポイントメントをとればそれ以外の日でも開けてくれた。この日は私のほかに小学生の団体が見学にやって来た。物静かなノリス氏が、ちょっと失礼、と言って席を立ち行き、突然、名調子で館内のガイドを始めた。先生に引率されてやってきた小学生たちは真剣に聞き入っていた。

今、我々の生活になくてはならない家庭電化製品、その発展過程を、実物を見ながら楽しく教えてもらえるケント市の子供たちは幸せである。私は資料室での調べ物が終わったあと、子供たちからの手紙を見せてもらった。その中に「わたしがいままでにいったはくぶつかんのなかで、ここがいちばんすきです。なぜかというと、ノリスさんのせつめいのしかたがとってもすきだからです」というのがあった。同感。

（ＧＫ道具学研究所『DOGUOLOGY』七号、一九九一年五月発行より）

（後記：ミルン・ミュージアムはその後、廃館となった。同館のエレクトリカルコレクションはSEEBOADの管理を離れ、南イングランド地域の産業史を扱うアンバーレイ・ミュージアム〔Amberley Museum〕に移管された。未見だが、一部は展示・公開されている模様。）

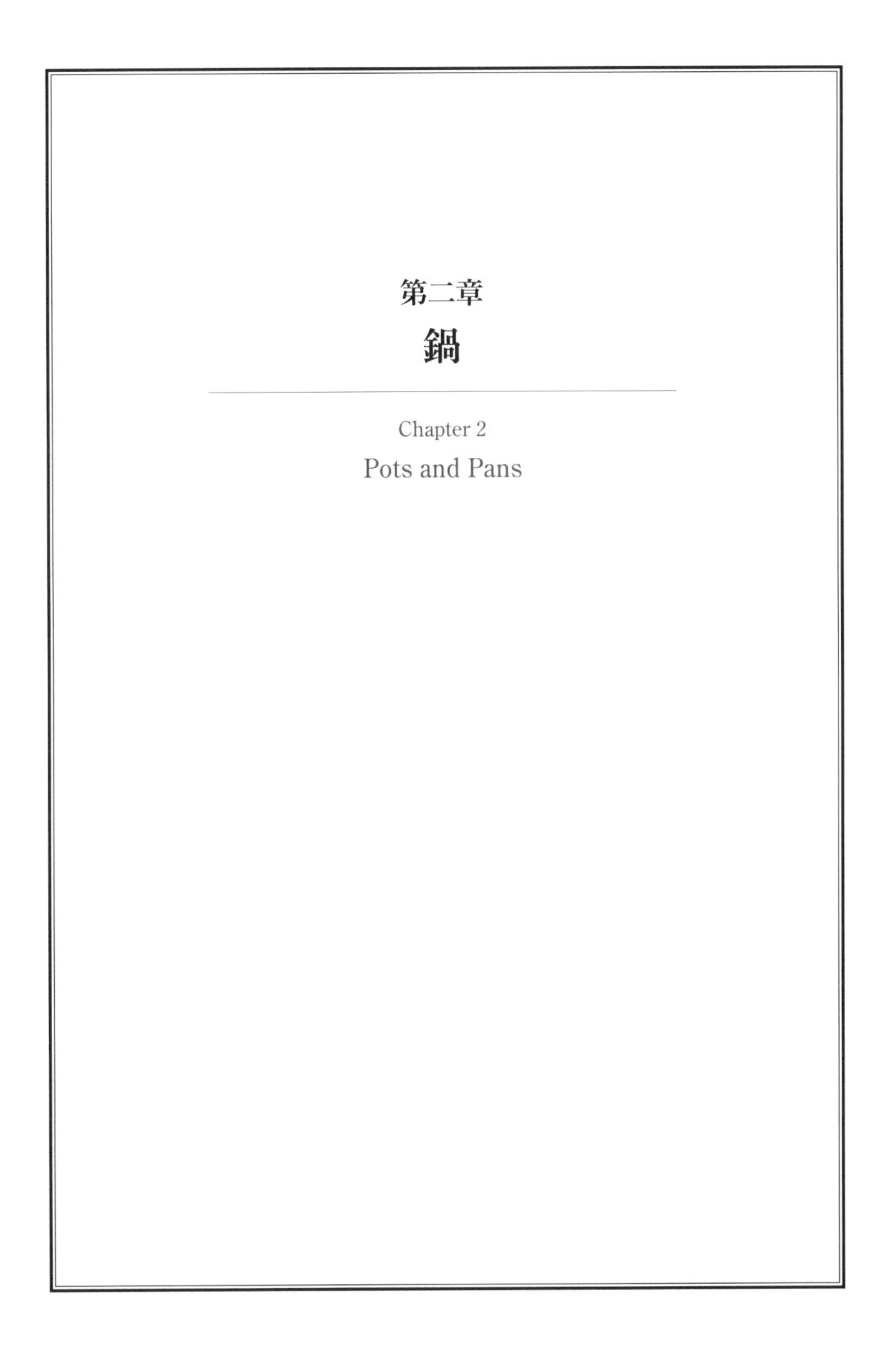

第二章
鍋

Chapter 2
Pots and Pans

第一節
イギリスの鍋

Section 1
Pots and Pans in Britain

この節で事例とする製品、鍋（pots and pans）は、前章で見てきた電気ケトルや魔法瓶のように過去一〇〇年の間に明確な進化を遂げてきたものとは、かなり性格が異なる製品群である。鍋の形にはここ一世紀で目に見える進化があったとは思われず、歴史家の目を引くこともほとんどない。

しかし、果たして本当に、何世紀にもわたって変化はまったくなかったのだろうか？　この、最も基本的な家庭用品を見直してみることに、歴史的な意味はないのだろうか？

筆者の考えでは、今日の鍋は前の時代のそれとはかなり異なっている。それは素材、外観、その他の物理的な状態だけではなく、文化的状況も含めた違いである。また、このような日常的な物品のほうが、歴史の浅い革新的な製品よりも、モノと社会背景との関係をあきらかに示すことができるかもしれない。

以下では一九世紀以降のイギリスにおける家庭用の鍋の歴史を通して、日常の「わき役」たる製品の進化過程を観察していくが、その中からこうしたものの変化を決定づける社会的、経済的、そして技術的要因をできるだけ発見してみたい。

1　イギリスの鍋の類型

開放型の炉にかけられていた時代のイギリスの鍋は、一九世紀のその末裔とははっきりと異なる形をしていた。大がま（cauldron）、スキレット（skillet：長柄付小型鍋）、ダッチオーブン（Dutch oven：密閉できる厚手の鍋）といった鍋には、脚と長い柄がついており、炎の上にかざしたり火の中に入れたりできるようになっていた。フライパンにも現在より長い柄があり、料理人が炎に接近しなくてすむようになっていた。これらの素材は鋳鉄や青銅で、非常に重かった［図1］。

［図1］ 18世紀アメリカの前近代的鍋。青銅のスキレット（左）と鋳鉄のダッチオーブン（右）

こうした前近代的な鍋の形態は、一八・一九世紀に起きた調理用レンジの発展によって一変した（調理用レンジの発展史についてはこの章の後半で触れる）。加熱台（hotplates）のあるレンジが使われるようになると、脚や長い柄は必要なくなり、閉鎖式レンジの上の加熱台にあわせて、平らな鍋底が必要になった。底が平たく脚のない、近代的な鍋の誕生は、調理用熱源供給方式の革命がもたらした直接的な結果だった［図2］。

［図2］ 閉鎖式レンジの広告（1813年）

一九世紀以降、近代的な鍋の基本タイプの形状は、ほとんど変化していない。歴史上最も影響力のあった料理本、ミセス・ビートン（Mrs. Beeton）の本の初期の版には、読者に勧める鍋類の総覧が掲載されている。想定される読者は主に中産階級の家庭だったと思われるが、そ

［図3］Mrs. Beeton の *The English Women's Cookery-Book* 掲載の鍋

の内容は以下のとおり。

　ソースパン（saucepan：深鍋）、ダイジェスター（digester：圧力鍋）、ストックポット（stock-pot）、ボイリングポット（boiling-pot）、シチューパン（stew pan）、ダブルソースパン（double saucepan：二重鍋。後には double boiler、ダブルボイラーと呼ばれる）、じゃがいも蒸し器（improved potato steamer：改良ポテトスチーマー）、ターボットケトル（turbot-kettle：ひらめ用鍋）、フィッシュケトル（fish kettle：魚用鍋）、フライパン（frying-pan）、オムレツパン（omelette-pan：オムレツ用フライパン）、プリザービングパン（preserving pan：ジャム用鍋）(1)［図3］。

　ミセス・ビートンの推奨する鍋は、明らかに多数派の家庭に向けられたものではない。同時代の、一八八〇年の雑誌に掲載された記事にその一例が出ている。地方出身の女性三人が同居する、あるロンドンの家にあった鍋は、以下のとおりだった(2)。

小型の琺瑯びきのソース鍋　二個
中型の琺瑯びきのソース鍋　二個
琺瑯びきのシチュー鍋　二個
琺瑯びきのオムレツパン　一個

鉄製の小さいフライパン　一個
ブリキのフィッシュケトル　一個

少し時代は下るが、また別な保有例には、労働者階級家庭の実態が現れている。「ケトル一個、フライパン一個、焦げついたソース鍋二個、これで装備はすべてということも珍しくない」、そして「少量なら（クェーカー・オーツを）琺瑯びきのブリキコップで調理することもできたので、家族のソース鍋を使わないですませることもできた」(3)という観察記録がある。庶民にはそんなにたくさんの鍋は要らなかったのだ。

2　素材転換と鍋製造業界の変化

鍋のデザイン史を見ていく上で、素材の転換はきわめて大きな意味を持つ。一つは鍋において形態の大きな変化は一度も起きなかったためだが、もう一つ、より重要なことは、素材の転換は業界全体の変化を反映しており、鍋をとりまく生活様式の変化をも示唆しているからだ。

この変化は、ほかの製品で普通考えられるような、直線的な進展ではなかった。一つの素材が新しい素材に代わり、また次の素材に代わっていく、といったことは起こらなかった。実際には、どの時代にも素材の選択肢には幅があり、素材の構成比の変化（ある素材の生産量が伸びるとともに別の素材が下降するというような変化）もあったが、鍋の素材は、過去一〇〇年間を通して大幅に多様化してきた。また、さまざまな素材は性質だけでなく価格も異なるため、どの時代でも常に、その時点で手に入る鍋の価格には素材ごとに大きな幅があった。例えば銅（高価）、ブリキ（錫メッキ鋼板）（安価）、ステンレス（高価）、アルミ（安価）といったように。

鍋の素材転換の経緯を以下に振り返ってみよう。

2—1 一九世紀末まで

ヴィクトリア時代半ばになると、鍋の主な素材は銅と真鍮から鋳鉄に代わり、錫メッキが施されるか、素地のまま(black)で使われた。鋳鉄製の鍋は安価で頑丈だったので、一八世紀末以降急速に普及し広く使われるようになった。その利点は、銅や真鍮に比べるとはるかに安価であるという点にあった。

鋳鉄でホローウェア(hollowware：鍋などの深もの容器の総称。ケトルやボールなども含むが、以下では単に「鍋」とする)を作る技術は、一九世紀前半に大幅な進歩を遂げた。それまで外側の仕上げに使われていた黒鉛(black lead)が、焼きかためたワニス(stove-dries varnish)に変わることで、錫メッキ鍋の見栄えが大幅に改善された。さらに重要な発明があった。鉛を含まない琺瑯仕上げである。これは鋳鉄に清潔感を与え、見栄えをよくするためと思われ、より洗練された家庭向けの市場で歓迎された。鋳鉄製鍋はさらに、原材料である鉄価格の低減によって手に入れやすくなっていった。

鋳鉄製鍋の製造業者の多くは、建具、調理用レンジ、格子、針金、ありとあらゆる厨房用品、農器具など、さまざまな物をこしらえる金物屋として出発している。そこに鍋の生産が加わったわけだが、多くの場合、生産領域は年月とともに、また企業の成長とともに伸び続けた。しかし一九二〇年代に入ると、金物商の多くは生産規模を縮小する傾向に転じ、そのぶん大量生産品が供給を肩代わりしていった(4)。

2—2 一九三〇年まで

この時期になると、鋳鉄にかわって鋼鉄型押しが勢力を増し、続いて新興勢力のアルミニウムに主役の座をゆずる。

鋳鉄製深もの容器(hollowware)の産業規模は一八九〇年代がピークだった。鋳鉄にかわって鋼鉄、鋳造にかわって型押し(stamp)とプレス(press)という変化は、一九一四年に至る四半世紀のイギリスの金属製品産業がたどった典型的な道筋だった。ベッセマー（Bessemer）法とシッケンス・マーティン（Sickens-Martin）法が登場し、鋼鉄の価格が劇的に下がった後に、業界にこのような構造的転換が訪れたのは当然のなりゆきと言える。また市場でも、重い鋳鉄製の鍋よりも軽量の鍋が好まれるようになり、これによってこの転換が加速された。

外観を見るかぎり、型押しで作られた鋼鉄製の鍋は、鋳鉄製のそれとそっくりだった。どちらの素材でもソース鍋には長めの筒状の柄があり、丸くふくらんだ胴があり、錫メッキまたは琺瑯が施されていた。明らかに違っていたのは、その重量だけであった。

鋳造した銑鉄から型押しした鋼鉄への素材転換とともに、業界にも構造転換が起こり、新しい企業グループが誕生した。鋳鉄製鍋を生産していた企業一二社の歴史を分析すると、鋼鉄型押しによる鍋生産に着手できたのはそのうちわずか三社で、見るべき成功を収めたところは一つもなかったという(5)。

これとよく似た、しかしより徹底的な転換が業界におとずれたのは、両大戦間の時期にアルミニウムが鍋の素材として鋼鉄型押しと肩を並べるまでに成長した時だった。このとき琺瑯製鍋の生産業者は激減し、生産量は六年間で四〇パーセントも下落した。この下落を招いたのは、新興のアルミニウム製鍋の追い上げである。そして今度は、鋳鉄製鍋生産者のうちアルミニウムで成功を収めたものは一つもなかった(6)。

2―3 アルミニウム

アルミニウムが鍋に使われるようになった歴史は比較的浅い。この新素材は鍋業界を一変させ、それとともに鍋のデザインにも影響を及ぼした。

アルミニウムの鍋は、第一次世界大戦以前から存在したが、これを保有する家庭はごく一部だった。その使用は両大戦間の時代に広がり、最終的には第二次世界大戦後になって、かつての琺瑯鍋を置き換えるまでになった。

アメリカと比べると、イギリス市場におけるアルミニウム製品の導入は、かなりゆっくりしていたようだ。一八九〇年代のアメリカの通信販売カタログ(7)には、すでにさまざまな種類のアルミニウム製鍋が掲載されている。イギリスでも一九三五年になると、生産額は鋳鉄を凌ぐまでになったが、錬鉄と鋼鉄(主に琺瑯製品)にはまだ及ばなかった。

アルミニウムの特性は、調理器具を作る素材としては理想的で、熱伝導率にすぐれ、軽量で、食物の酸による影響を受けないことだ。しかしその利点、「清潔さ」(食物の酸による影響を受けないこと)とすぐれた熱伝導率が消費者を動かすに至ったのは、アルミニウム素材とその製品の価格が下がってからのことだった。この金属がいかに調理器具に適しているかということは一九世紀後半から知られていたが、価格がそれを阻んでいた。一八九〇年代に電気分解法による精製技術が開発されると、アルミニウムの価格は劇的に下がった(8)。アルミニウム製鍋を生産する業者の数も、二〇世紀初頭から増え始め、大戦開始まで上昇し続けた。

ところがアルミニウム製鍋の使用が大幅に増加したのは、一九二〇年代と三〇年代の間である。非鉄金属の取引高は両大戦間の時代に大きく飛躍し、一九三八年のアルミニウム生産は一九二四年の二倍まで伸びた(9)。アルミニウムの成長は、両世界大戦によるところが大きかったのだ。第一次世界大戦は、あらゆる分野のアルミニウム製品における人工的な価格高騰を引き起こしたが、その一方で生産設備に大きな進歩をもたらし、産出量は上昇した。アルミニウム素材を鍋に使用することも、その「平時利用」の一つだった。第二次世界大戦の時にもこれと似たことが起き、アルミニウム素材生産者とその顧客、特に航空機産業の関連業者は、あり余る生産力を獲得したが、今度はその生産量があまりに大きすぎたため、主たる平時利用の用途は鍋では足りず、建設業界などほかの大規模産業に向くこととなった。

一九五〇年代の鍋取引が、アルミニウム産業の総生産量に占める割合はわずか五パーセントにも満たないが、戦後の鍋市場はアルミニウム製品にほとんど席巻されてしまった。

3　ソース鍋におけるデザインの変遷

二〇世紀、鍋のデザインにおいて微妙ではあるが一つの変化があった。今日のごくふつうのソース鍋の形は、一九世紀のそれとは大きく異なっている。現在ではソース鍋とシチュー鍋の区別は消失し（プロの調理人の間では現在もこの区別が生きているが）、今日のソース鍋の姿は、一九世紀ならソース鍋よりもむしろシチュー鍋に近いものである。

一九世紀の典型的なソース鍋の形状は、丸くふくらんだ深い胴部に、長い円筒状の柄がついていた。これに対して今日のソース鍋は、もっと浅く直線的な形をしており、柄は多くの場合耐熱性の樹脂などでできているが、一九世紀の「丸っこい鍋」に比べるとかなり短いものである。

これを説明する理由としては、一つには熱源が石炭からガスまたは電気に変わったことがある。すなわち、石炭の調理用レンジでは、料理する人の手が火傷しないように長い柄が必要だったが、ガスや電気のように容易に調節できる熱源になるとそれは不要になるからだ（調理用レンジの発展と、それが鍋に及ぼした影響については後で触れる）。

鍋が浅くなったもう一つの理由としては、調理法の変化がある。つまり「一括調理」方式から、よりデリケートな手法への移行、そして料理一品当たりの量が減ったことである。

しかし胴のふくらんだ鍋は、非常に長い間、最も一般的な鍋形状として残っていた。鋳鉄のかわりに型押しの鋼鉄が使われるようになっても、その形状とデザインにはまったく変化がなかった。ガス調理の導入もこの形状には影響を及ぼさず、ガスレンジの上でも、石炭レンジやファイアグレイト（fire grates：暖炉式のはだか火に設置する火格子）の頃と同じように、丸い胴のソース鍋が使われ続けた［図4］。

丸い胴の形状は市場に深く根をおろしており、重々しくふくらんだ黒い鍋が新しいガスレンジに不似合いであったとしても、それを変えることは困難だった。実際、鋳鉄製の鍋はきわめて頑丈にできていたため、非常に長もちした。それは、一九二〇～三〇年代になって軽いアルミニウム鍋が一般化するまでは、イギリスの台所においてある種の象

［図4］琺瑯を施された鋳鉄製鍋の広告（1910年代、Cannon Iron Foudries Ltd.）

［図5］ベークライトハンドル付きのアルミ鍋（Swan、1953年頃）

徴的な地位を獲得し、維持していたと言えるかもしれない。結局、胴がまっすぐの軽いアルミニウム鍋が市場を席巻するようになってやっと、丸い胴形状はその重苦しいイメージのために時代後れになったのではないかと思われる。鉄板プレスの場合と違い、アルミニウムには鋳鉄を代用するというような意図は見られず、むしろそれに対抗するものだった。それは外観にも反映され、伝統的な丸い胴の形が採用されることはなかった。

さらに、鍋の新しい外観を作りあげたもう一つの要因が、耐熱素材でできた柄の採用である。これは一九二〇年に始まったが、伝統的な鋳鉄製鍋メーカーはその採用にあまり熱心でなかった。両大戦間の時代、最も先端的なデザインの鍋は、平底で、ベークライトの柄のある、アルミニウム製の鍋だった。その後、第二次世界大戦後になると、ベークライトをはじめとする耐熱性樹脂の柄が一般的となり、しばしば「グリップ形状」をした柄のデザインは、鍋の重要なデザイン要素となっていった〔図5〕。

4 調理器の発展

鍋のデザインは、それが実際に置かれる場からも影響を受けてきたに違いない。この場合は、鍋が置かれ使われる調理器（cookers）、そしてそれを使い収納する空間、台所である。

調理に関わる数々の技術革新(10)のうち、特に重要なのが閉鎖式レンジ（closed range：密閉された多用途の調理用レンジ）である。これによって炎の上に加熱台（hotplate）が置かれ、吊り鍋や丸底鍋、あるいはコールドロン（cauldron）のような脚のある鍋が必要なくなったのである。閉鎖式レンジの商業生産は一八一〇年代に始まり、最初はイギリスの南部およびミッドランド地方を中心に普及していった。しかしこのレンジはまだ高価で、メンテナンスにも手間がかかったため、これを使うのは召使いのいる裕福な家庭に限られていたようだ。

閉鎖式レンジは、同時進行で多数の異なる調理作業をすることを可能にしたという点で重要な意味をもち、鍋の使われ方に変化をもたらした(11)。これによって、後年に起きたいくつかの根本的な変化が説明される。大型の鍋が徐々になくなり、小型で軽量の鍋、ガジェット的な鍋が人気を博した。ミセス・ビートンの本にあったように、一つの台所の中で多数のさまざまな鍋を保有することが可能となり、人々がそれを望むようになったのも、閉鎖式レンジが導入された後のことだった。

閉鎖式レンジが鍋に及ぼした影響には、また別の可能性もある。一八一三年の閉鎖式レンジの広告は、次のように述べている。「使われる器物の汚れも少なくなり、そしてもちろん、これまでの普通の火にかけるよりもはるかに長持ちするようになります」（ロンドンの内装用金物商 Henry Marriot の広告）［前出・図2］。閉鎖式レンジの上で使われた器が耐久性においてすぐれていたかどうかは疑わしいが、たしかに少なくとも、汚れの多い石炭の直火の中で使われるものより清潔ではあった。だからこそ一九世紀末にかけて、家庭用品市場で鋳鉄に琺瑯仕上げの鍋の人気が高まり、望まれる商品となっていったのである（その一方で、昔からの黒い、素地または黒ワニス仕上げ［black varrished］の鍋は、植民地への輸出のために生産され続けた）。

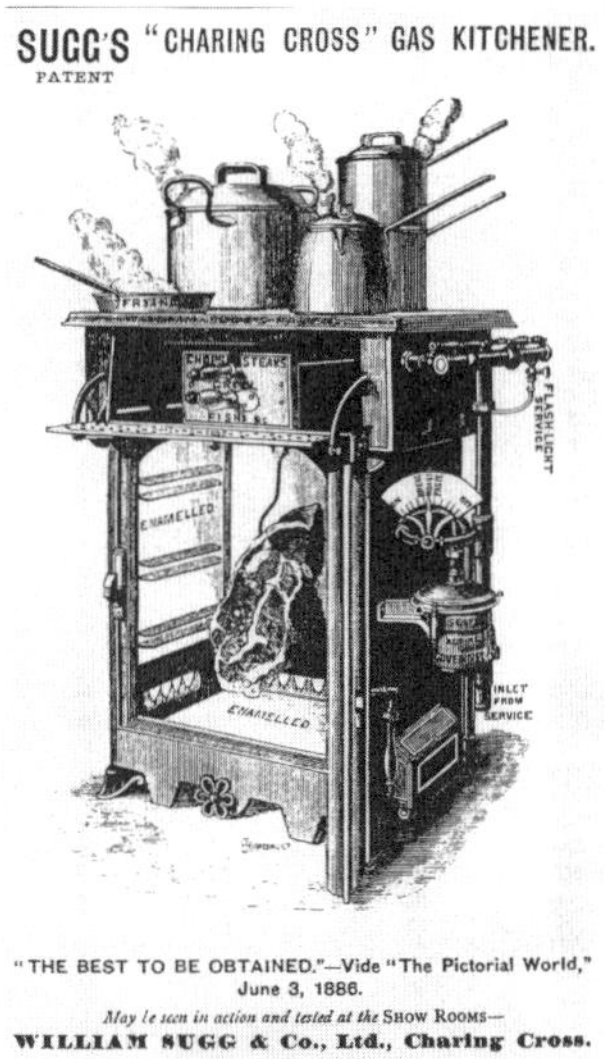

［図6］ガス調理器の広告（Sugg社、'Charing Cross Kitchener'、1866年）

ガスストーブ（ガスを使う調理用のストーブ。暖房用ではない）またはガス調理器［図6］は、一八二〇年代に初めて登場し、一八八〇年代末からは〝料金投入式（penny-in-the-slot）〟、および貸出式のガス調理器が、質素な家庭や賃貸住宅に導入された。ガス調理器は多くの場合、石炭レンジを補うものとして設置されたが（それは労働者階級の家庭では開放式の火格子と、中産階級や上流階級では閉鎖式レンジと共存していた）、ガスによる調理は特に都市部を中心として急速に広がった（これに対し田園地帯ではガスの供給が限られていた）。一九一四年には、ほとんどの労働者階級の家庭にガス調理器（gas stove）があり、一九三九年には普及率は全世帯の四分の三に及んだ。

ガスによる調理が鍋に及ぼした影響はあまり明らかになっていないが、一八八〇年代から一九三〇年代にかけてのガス調理の広がりと並行して、鋳鉄製鍋が衰退し、鋼鉄型押しおよびアルミニウム製品がこれを置き換えていった。この時期が一致していたことの説明として、ガス調理器では火力の調節が容易であったため、調理台の上での調理に適する軽量鍋への需要が拡大した、とも考えられる。また、当時の鋳鉄製琺瑯鍋は「鉄と琺瑯質の熱伝導率が異なり、互いにぶつかりあうので、ガス調理器での使用には適さない」との指摘があり、「イギリス内の製造業者たちは最終的には鋳鉄に琺瑯仕上げのソース鍋をあきらめ、鋼鉄とアルミニウムを採用するようになった」(12)といわれるが、この単純な技術的説明だけでは事態を説明するには不十分と思われる。鋳鉄から鋼鉄型押しへの変化は、当時の金属製品業界を巻き込んだ大きな転換であったことを忘れてはならない。

ガスは、煤や灰が出る石炭と比べると、はるかに「清潔な」燃料だった。したがってガス調理器を備えた台所は清潔な空間へと変貌し、その結果、調理台と鍋の両方に、清潔感のある外観が、より強く求められるようになったものと思われる。この要求は一九二〇年代に、ガス調理器のデザインの劇的な変貌によって出現した。初期のガス調理器のデザインおよび構造は、その多くが同じ製造業者の手によるものだったため、鋳鉄製の石炭レンジとそっくりにできていた。これに対して一九二〇年代の新しいデザインは、大部分が鋼鉄プレスの琺瑯仕上げだった［図7］。アルミニウム製鍋の使用が大きく伸びたのも、一九二〇年代からだった。これは推測の域を出ないが、新しいガス調理器のデザインが、同じように斬新で清潔な印象のあるアルミニウム製鍋の、市場への受け入れを後押しした可能性がある。

［図7］1950年代のガス調理器

一九二〇年代までは、ガス調理器は通常、ガス供給会社から使用者に貸与されていた。ガス会社にとっては、そのガス調理器をできるだけ長く使ってもらうことが利益につながったため、きわめて武骨な作りだった。また調理器の改良を促すことは会社にとって、その結果既存の設備が時代後れになり、貸し出しているすべての調理器を新しいものと取り替える費用を負担することにつながるので、きわ

［図8］1940年代の電気調理器

めて強い抵抗があった(13)。

ガス調理に比べると、電気調理器［図8］の導入は鍋に対して、より直接的な影響を及ぼした。つまり、加熱板(hotplates)や電熱リング(electric ring)とぴったり接触する、完全に平らな底をもつ調理器具の必要である。

電気調理器が一般化し始めたのは一九二〇年代だが、電気料金が高かったため、その普及には時間がかかった。平底鍋の導入も、電気のコストパフォーマンスの低さを改善しようとする試みだった。電気の普及拡大と機器の改善を目標とする、影響力のある圧力団体、電気婦人協会ＥＡＷ(The Electrical Association of Women)は一九三一年から、機械工作による完全に平らな底をもつ鍋のプロモーション活動を開始している。

通常、鍋は耐久性のある製品で、見た目が悪くなっても非常に長いあいだ使えるものである。結果的には家庭への電気レンジの導入が、製造業者にとっては消費者に古い鍋を買い換えるよう促す、好都合なきっかけとなったのである。

平底の鍋は、一九三〇年代の鍋商取引カタログにもしばしば取り上げられていたが、一九三六年に電気調理器を保有していた家庭は全世帯の六パーセントにすぎなかったことを考えると、その顧客はきわめて少数に限られていたものと思われる。電気調理器がさらに普及したのは第二次世界大戦後のことで、一九四八年に一八・六パーセント、一九六一年に三〇パーセント、そして一九八〇年に四六パーセントに達した。近年のその普及は、部品の改良や火力の向上によるところが大きい。

平底鍋の極端な例として、アルミニウムまたは鋳鉄製で、一九三五年頃に宣伝されていた「四角い」形の鍋がある［図9］。

通常の丸い鍋と違って、これらの鍋は互いにぴったりと隣接させて使うことができ、加熱板（hotplates）上の貴重なスペースを無駄にしない、というものだった。あるカタログによれば、それは「四角や長方形の加熱板には特に便利で具合がよい」ものだったという。シドンズ社（Siddon's）が作った鋳鉄製の四角い鍋のシリーズには、ケトル、蒸し器、ソース鍋、フライパンがあった。このような製品は短命であったと思われるが、その独特のデザインは、当時の電気調理器の上にある hot plate の小ささを、そしてそのコスト効率の悪さを反映するものだった。あるいはこれらの鍋が使われたのは、ベイビー・ベリング（Baby Belling、一九三三年以降に生産）やホットポイント（Hotpoint）のテーブルトップオーブン（Table Top Oven、一九三〇年代末）といった、小型タイプの電気調理器だったのかもしれない。この二つはいずれも短期間で商業的成功を収めた。このような、電気調理の経済性を追求する試みは、当時の特殊な経済状況、すなわち大恐慌の影響を受けたものでもあった。

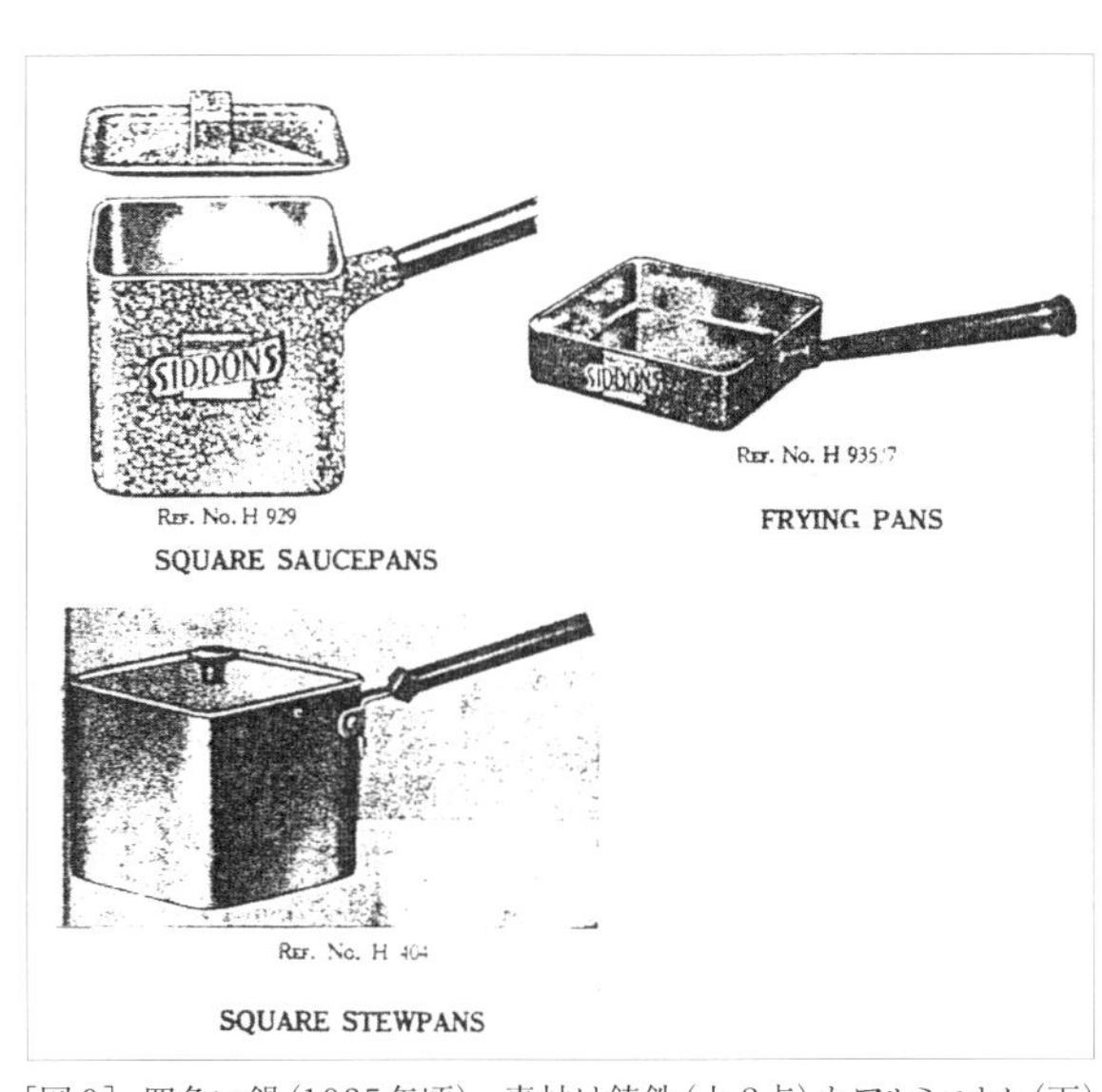

［図9］ 四角い鍋（1935年頃）。素材は鋳鉄（上2点）かアルミニウム（下）

5　台所デザインの変化

二〇世紀のイギリスの台所において、デザインに大きな変化が起きたのは、一九二〇年代頃（そして後には一九五〇年代）であった。この変化もまた、鍋にある程度の影響を及ぼしたと考えられる。

一九一四年以前の労働者階級の家庭で、伝統的な間取りでは台所と居間は一つの部屋で、そこに開放式の石炭レンジが置かれた。そしてそのほかに、水とシンクのある食器洗い場（scullery）があり、場合によってはそこに洗濯用の煮洗い釜（copper）が置かれた。一九二〇年代にガス調理が登場し、普及し始めると、この配置に変化が生じる。と言うのはガス調理器は通常、食器洗い場に置かれたからで、その結果、居間兼台所は台所よりも居間としての性格が強くなり、台所として機能するのはレンジに火が入っているときだけになった。この変化によって、居間兼台所はそれまでより清潔な空間となり、その部屋に置かれるレンジや器具も、より清潔に管理されるようになった。

住み込みの召使いがいる中産階級の家庭では、厨房は召使いたちの部屋であり、地下室や棟続きの先、屋敷の裏手など、家の中心から離れた場所に置かれるのが普通だった。こうした厨房は主婦の領域ではなく、召使いの負担を軽減する新しい機器が導入されることはあっても、厨房のデザインは元のままだった。これらの厨房では、鍋の見栄えはさほど重要視されなかったと思われるが、少なくとも黒仕上げ（black）や仕上げなしよりは、清潔に保ちやすい琺瑯が好まれたと考えられる。

当時、台所に最も目立った変化が見られたのは、新しく建設された郊外住宅だった。郊外住宅では一九一四年以前から、「召使いの不足と、全体的な部屋数と部屋面積の縮小とを反映して、厨房と食器洗い場をいっしょにする」という明らかな傾向が見られた(14)。

厨房と食器洗い場の組合せは、両大戦間の時期に建てられた住宅の大部分に導入された。このコンパクトな厨房はよくキチネット（kitchenette）、と呼ばれるが、一九一四年以前のそれに比べてかなり小さく、調理器、洗濯用ガスボイラー（gas washing boiler）、脱水機（wringer）、シンク、熱湯用ボイラー（hot water boiler）、そして収納戸棚がかろうじて収まる大きさだった。これは台所が、召使いの助けを借りずに主婦だけが働く空間になったということを意味する。アルミニウム製の軽い鍋を求めたのは、誰よりもこうした主婦たちであったと考えられる。こうした新しいスタイルの台所はたいていタイルが使われており、アルミニウムが好まれたのは、その明るい色がこれによく調和したという理由もあったかもしれない。

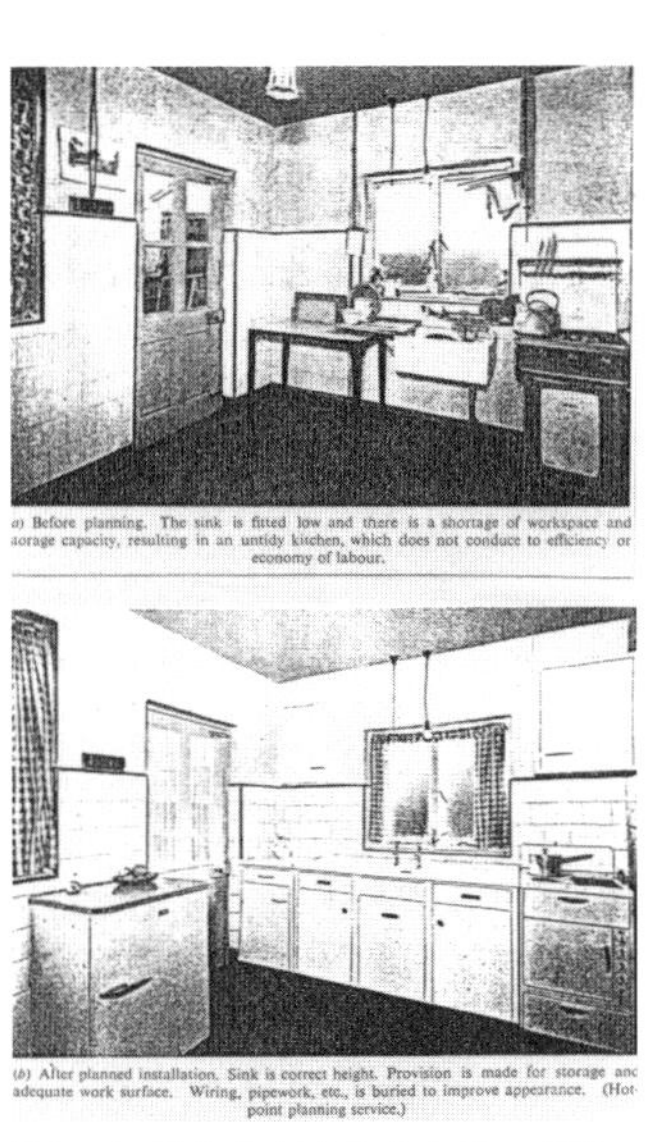

［図10］ 改修前（上）と後（下）の台所

第二次世界大戦後に調理器具の色が明るくなったことも、台所のデザインと鍋との関係によって説明できる。一九五〇年代以降のイギリスの台所は、標準化されたプレハブ式のキッチンユニットと、そして開放プラン（ダイニングキッチン）の導入によって、大きく変貌した。中産階級の家庭にとって、台所で食事をするということは今までにない習慣だったが、この流れによって、台所は徐々に家の中心的な存在となっていった。一九六〇年代になると、旧式の台所の多くが近代化されていった［図10］。一九七〇年代以降の、鮮やかな色の琺瑯鍋やステンレス製鍋の人気の高まりは、今日の新しい台所の性格を反映している。

6　第二次世界大戦後の展開

第二次世界大戦の間、鋳鉄製鍋の売上には一時的な伸長がみられた。これは戦地使用のための政府による調達があったこと、そして武器製造のために一般の人々が余分な鍋を供出しなければならなかったためと考えられる（このくず鉄とアルミニウムの回収はあまり広まらず、回収された材料の量という点では、戦力への貢献はごくわずかなものにとどまった）。この回収は実際的というよりも「思想的」な戦争協力であったといわれる。もっと明白な戦争の影響としては、先述したアルミニウム産業の成長があった。アルミニウムのトン当たり価格は、一九三九年の九四ポンドから、一九四六年には七四ポンドまで下落した。第二次世界大戦後になって価格は再上昇したが、その上昇幅は、銅などのほかの非鉄金属よりも小さいものだった(15)。こうしてアルミニウムは鍋産業において有利な立場を維持してきたのである。

鋳鉄製鍋は、戦時中に一時人気が出たあとは下落が続き、一九五五年にはその売上高は一九二〇年の一〇分の一まで下がった。一九五〇年頃の市場を支配していたのはアルミニウムだった。その当時の製品を集めたコレクション(16)を見ると、アルミニウムの鍋は非常に多様で、電気ソース鍋（electric saucepans）や無水クッカー（waterless cooker）、圧力鍋（pressure cooker）等々ガジェット的なものも見られ、こうした鍋はほとんどアルミニウム製だった。このコレクションの中で鋳鉄製の鍋は一点、イゾンズ社（Izon's）製のキャセロールがあるだけだった。

ステンレススチール製の鍋が市場に登場したのは一九三〇年代だが、量的に大規模な生産が始まるのは第二次世界大戦後になってからである。ステンレススチールは熱伝導率が悪かったため、性能を改善するにはほかの金属と貼り合わせる必要があった。この展開は、アメリカの動きに続いたものであったようだ。アメリカでは、リビアーウェア（Revere Ware）という名の銅とステンレスを貼り合わせた鍋が、最初一九三八年のシカゴ・ハウスウェア・ショウに出品され、戦後になって大きな成功を収めていた。リビアー社（Revere）は、調理器具に適した金属重層素材を開発する研究開発（R&D）とマーケティング努力（印象的な企業イメージを打ち立てる企業広報計画）によって、この成功を勝ち取った。同じ頃に、アルミニウムを貼りあわせたステンレススチールも登場している(17)。

ステンレススチール製品は高価だが、その光沢のある外観は魅力的で、一九世紀までの裕福な家の台所で銅製の鍋がそうであったように、高価格帯の鍋の中で人気が上昇し、銅を凌ぐようになった。一九八七年の産業統計では、ステンレススチール製品は、調理用品全体の売上の一七パーセントを占め、アルミニウムの四五パーセント、琺瑯の二二パーセントに続いている。

このほかに鍋にかかわる領域で見られた主な新機軸としては、耐熱性ガラス（〝パイレックス＝Pyrex〟）と、こげつかない表面加工（〝テフロン＝Teflon〟）がある。いずれも初めはアメリカで広く売り出され、その後、イギリス市場に持ち込まれたものである。二つの新素材は、それぞれコーニング社（Corning：Pyrex と Pyroceram）とデュポン社（Du Pont：Teflon と Silverstone）で、現代的な研究開発手法によって開発されたという点でも共通している。この二社がその後の鍋業界に及ぼした影響ははかりしれない。一九八七年における調理用品の売上のうち非金属製品は一六パーセントを占めたが、その大部分は耐熱ガラス製品だった。もっと目立つところでは、あらゆる金属製鍋の六四パーセントにこげつき防止表面加工が施されているが、その七〇パーセントは一つの企業、デュポン社によって供給されているのだ(18)。パイレックスは一九二〇年代からイギリス市場に登場していたが、広く一般化したのは戦後になってからと見られる。テフロンは一九六七年にイギリスに入ってきた。

こげつき防止の表面加工は、その耐久性があやしいという点で、何かと議論を呼んできた。にもかかわらず、こげつき防止の表面加工は、一般大衆の間では非常に人気があるようだ。一九九〇年頃に売られていた鍋一〇個のうち六個以上がこげつき防止仕上げのものであった。こげつき防止鍋の実演スタンドは、近年のアイデアルホーム展（Ideal Home Exhibitions）でも、あいかわらず最も人気のあるコーナーの一つだった。

高価格帯の方で一九六〇年代以降最も目につく変化は、いったんは市場からほとんど姿を消していた鋳鉄琺瑯鍋の復活である。その祖先と違い、新しいものは色鮮やかで、その商業的成功はグルメ料理（gourmet cooking）の流行によるところが大きかった。この分野を切りひらいたのは、フランスから入ってきたル・クルーゼ社（Le Creuset）のオーブン用製品と小型だが重いソース鍋で、グルメ向け料理用品店（これもまた新しい現象）やデパートで販売された［図11］。

有名な料理研究家のエリザベス・デイビッド（Elizabeth David）は、地中海やヨーロッパ大陸の料理を紹介した本を出してイギリスでのグルメ流行に大きな影響を及ぼしたが、彼女が自分の名前を冠した料理用品店（現在は彼女の手を離れている）でも、ル・クルーゼは最大の商品群だった。彼女は戦前に、ル・クルーゼ社が琺瑯仕上げの調理用品群を発売した頃、旅行先のマルセイユでこの朱色の鋳鉄製キャセロールを見つけた。鋳鉄製調理用品の人気の高まりを説明する理由として彼女は、調理台の上からテーブルへ、オーブンからテーブルへとそのまま持って行ける点を強調する(19)。

ル・クルーゼの鮮やかな色彩と綺麗な外観は、テーブルに出して使うのに十分適している。今日それは、調理器具の中でもかなり特別な地位を獲得しているようだ。それは「アーガ（Aga：独自の構造をもつ蓄熱式調理用レンジとして有名）に特に似つかわしい」といわれるが、これもまたグルメ料理をする人のステータスシンボルである。

アーガ社もまた、ル・クルーゼのそれに似た、鋳鉄製でオーブンからそのままテーブルに出せる独自商品を発売している。自社の調理用レンジと同じカラーバリエーションが揃っており、「完璧な組合せ」と称しているが、その市場は限られていると思われる。

［図11］レンジの上の鍋たち。右がル・クルーゼ

7　現在の鍋をめぐるイメージ

一九九〇年代以後の台所のデザインには、議論を呼んだトレンド（あるいはイメージ）が二つある。一つはいわゆるカントリースタイルで、もう一つは、現在多く見られるよりモダンなスタイルである。しかしここで忘れてはならないのは、

これはいかなる意味でも新旧の競争などではないということだ。昔の台所や調理用品には、何の「イメージ」も付与されていなかった。現代的な設備をもったカントリースタイルの台所は、主に一九六〇・七〇年代に作られた新しい発明品であり、モダンスタイルの台所はそれよりもかなり前からあったものである。あるいはカントリースタイルは、モダンな（国際的）スタイルの台所に対する、イギリスの反発なのかもしれない。ここで注意しておくべきは、現在の鍋の色や図柄には、両方のスタイルが見られるということである。（興味深いことに、スワン（Swan）の一九八三年頃の商品ラインアップの中には、二つの流れを反映した「デザイナー」と「ハーブ」の名前がある）[20]。

［図12］カントリースタイル柄の鍋広告（Towerブランド、1980年代後半）

カントリースタイルの台所に対して、正統的な鍋の選択は、銅鍋ということになるだろう。しかし製造業者らはカントリーキッチンのノスタルジックなイメージを巧妙に利用して、温かく豊かなイメージの色彩や、自然物の図柄を彼らの（さまざまな素材でできた）製品に施した。鍋製造業者の一つ、タワー（Tower）では、この手法にのっとって自社製品に「ノスタルジア」「カントリースタイル」といった名前までつけている［図12］。カントリースタイルの台所セット（松材の戸棚、農家風の装飾等々）とともに紹介されることの多い伝統的な調理器、アーガ（Aga）［図13］のイメージづくりにも、同様の戦略が見られる[21]。アーガにもまた、さまざまな色の品揃えがある。

アーガは一般的な製品とは言えないかもしれないが、この種のノスタルジックなイメージ（または「正統性」のイメージ）を利用して現代の製品に当てはめるという手法は、今日の台所および調理用品のデザインの特徴である。

8　鍋デザインの変容を促したもの

ここまで見てきたように、イギリスにおいては、一九世紀からの閉鎖型レンジの導入によって、それまでの開放型の炉で用いられていた丸底鍋や足付き鍋は姿を消し、代わって閉鎖型レンジのホットプレート上の調理に適した平底鍋が以降の鍋の基本形となった。閉鎖型レンジの導入は同時に料理法の変化をもたらし、後の小型で軽い鍋のバリエーションを生むもととなった。

一九世紀末から一九三〇年代にかけて、大容量の鍋が徐々に減少する一方、鍋タイプの細分化が進んだ。一九一〇年代までのイギリスにおいて、鍋のデザインは非常に保守的・固定的であった。特に胴の中央部が膨らんだベリードタイプの鍋は、長年にわたって鍋デザインの定型となり、家庭の台所のシンボルとなっていた。一九世紀から一九一〇年代までのベリードタイプに代表される鋳物鍋から、一九二〇年代以降のアルミ鍋への転換（主たる鍋材質および鍋デザインの典型の交代）は、各素材に特化した鍋メーカーの盛衰、ひいては金属加工工業の構造的変革と深く関わっていた。

鍋デザインの変化（典型の交代）を促したのは、調理器の熱源の変化に加えて、日常の料理法の変化、調理器のデザインの変化、家庭生活における台所の位置づけ、台所空間のデザイン変化であり、これらが、互いに関連しつつ鍋デ

［図13］アーガ（Aga）蓄熱型調理器（1980年代後半）

ザインに影響していた。外形デザインの顕著な時代的変化に乏しい鍋のような手道具も、各時代の産業・社会・生活の様相を反映しつつ独特の変遷のプロセスをたどってきたことが、この事例研究を通じて観察することができた。

注

（1）Mrs. Beeton, *The English Woman's Cookery-Book*, Bickers & Bush, 1863, pp. 20–24. 同書は一八六一年の原本から抜粋したレシピ集。

（2）Hartley, D., *Food in England*, Macdonald, 1954 より引用。このキッチンには〝penny-in-the-slot〟（ペニー・イン・ザ・スロット、料金投入）式の調理用ガスストーブが設置されていた。

（3）Reeves, M.P., *Round About a Pound a Week*, Bell, 1979 より。同書は一九〇九〜一三年にかけてロンドンの Lambeth 地区に住んでいた労働者階級家庭の日常生活の記録。

（4）Kenrick, W., "Cast Iron Holloware, Tinned and Enameled", and "Cast Ironmongery", i n Timmins, S.ed., *Birmingham and the Midland Hardware District*, Robert Hardwicke, 1866, p. 107 および Meadows, C.A., *The Victorian Ironmonger*, Shire Publications, 1978, p. 7.

（5）Church, R.A., *Kenricks in Hardware: a family business*, 1791–1966, David & Charles, 1969, p. 311.

（6）Mortimer, G., *Aluminium: Its Manufacture, Manipulation and Marketing*, Sir I. pitman & Sons, 1919, p. 314.

（7）Montgomery Ward & Co. 一八九五年のカタログによる。

（8）Mortimer、前掲書（6）、四〇頁。

（9）Dunng, J. and Thomas, C., *British Industry*, Hutchinson, 1961, p. 30.

（10）一七世紀以降のイギリスにおける調理の方法は、互いに重なりつつ進行した五つの段階に分けて説明される。これらの五つの主な段階は次のとおりである。①ゆでもの・煮ものは炎の上から吊るした鍋で行われ、焼きものは地域や焼くものにより異なる方法、そして spit-roasting つまり裸火の上での串焼き、②開放式のレンジ、③コンビネーションレンジおよび閉鎖式のレンジ、④ガス、⑤電気（Davidson, C., *A Woman's Work is Never Done*, 1982, pp. 44–72 による）。また同書によれば、ロンドンの共同住宅では、一八九〇年代にはまだ炎の上の grates（焼き格子）で調理していた。イングランド北部では一九二〇年代になっても閉鎖式レンジはなかなか普及しなかった。

（11）Black, M., *Food and Cooking in 19th Century Britain*, Historic Building and Monuments Commission for England, 1985, pp. 14–15.

（12）Field, R., *Irons in the Fire*, The Crowood Press, 1984, p. 103.

（13）Forty, A., “The Electric Home”, in Newman, G. and Forty, A. ed., *British Design*, The Open University, 1975, pp. 48–54.

（14）Jackson, A., *Semi-Detached London*, Allen & Unwin, 1973.

（15）銅は長らく価格競争力を保っていたが、第二次世界大戦後になってその価格は急騰し、日用品への使用はほとんど不可能になってしまった。Alexander, M., and Street, A., *Metals in the Service of Man*, Pelican, 1968, p. 289.

（16）一九五一年にCoID（Council of Industrial Design）が編纂し、その後The National Archive of Art & Designに収蔵されていた写真コレクション。ほとんどの製品は一九四〇年代末から一九五一年にかけてデザインされ生産されている。このコレクションには鋳鉄製の鍋がほとんど見られない。当時の鋳鉄製鍋製造者は目立った新製品を開発しておらず、アルミニウム製品の製造者たちが市場を率いていたと考えられる。

（17）Lifshey, E., *The Housewares Story: A History of the American Housewares Industry,* National Housewares Manufacturers Association, 1973, pp. 149–177.

（18）Market Sector Reports, *Housewares*, Market Assessment Publications, 1988, p. 73.

（19）David, E., *Cooking with Le Creuset and Cousances*, Putnam, 1969.

（20）Swanは一九八〇年代末には市場最大手とされ、調理器具では最大のシェア（一七パーセント）を誇っていた。その後にはTower（一五パーセント）、Tefal（一五パーセント）、Miller（一〇パーセント）、Prestige（一二パーセント）、Corning（八パーセント）、等のブランドが続く。（Market Sector Reports、前掲書（18）による）

（21）Aga,（カタログ）*The Legend of Living Color*, late 1980s.

第二節
日本の鍋

Section 2
Pots and Pans in Japan

日本の家庭で使われる鍋は、この約一〇〇年の間に大きく様変わりした。ほかの多くの日用品と同様、鍋もまた近代化・西洋化され、今では西洋諸国の鍋との大きな違いはないかのように見える。しかし、より詳細に観察すると、その発展プロセスには明らかな違いがいくつか見られる。本節では、前節のイギリスでの鍋（pots and pans）の発展と比較するために、日本の鍋の近代化のプロセスをたどり、そのデザインにおける変化をもたらした背景から説明を試みる(1)。

1 日本の伝統的な鍋タイプ

この発展と変化の道筋に入る前に、まず最初に伝統的な鍋のタイプについて確認しておこう。一九世紀末、西洋化の時代が始まった頃に広く使われていたのは、さまざまな大きさの汎用の鉄鍋（「弦付き鍋」）［図1］だった。これは伝統的な鍋の中で最も一般的なもので、直火の上に吊るして使われ、素材は鋳造の鉄（まれに銅）で、蓋は木製だった。大型のものは直径約九〇センチに達することも珍しくなく、主に大家族で使われた。それは、かつての村社会の重要な集まりや行事を象徴する存在でもあった。小型の鉄鍋は、小家族や単身者が使ったもので、江戸後期（〜一八六七年）の都市部で発達した。

ほかにも鋳鉄製の鍋類としては、羽釜（土の竈にのせて使う、中央部に縁のある釜）、湯釜（土の竈で湯を沸かすための釜）、鉄瓶（火の上に吊るして使う湯沸かし）等があった。これらの基本的な鍋類を補うものとして、素焼きの鍋や皿も使われた(2)。

［図1］弦付鍋（岩手県の旧・水沢市の一家庭が所蔵していた鍋）

これらの鍋類はみな、火の上に載せたり、炉の上に吊るして使うために、底が丸かった。西洋化が始まるまでは、日本では平底の鍋が発達することはなかった。その理由は、調理に使われる熱源にある。調理は部屋の中央の囲炉裏か、または厨房の土の竈で行われ、ヨーロッパの調理用レンジのような閉鎖型加熱具が発達することがなかったからである。

2　西洋化の始まり

明治時代（一八六七年〜）から現在までの間に、日本で使われる鍋には大きな変化が起き、伝統的な鍋の中にはほとんど姿を消してしまったものもある。この、鍋の近代化あるいは西洋化とともに、土の鍋はすたれ、鍋の素材は変化し、そして中華鍋や西洋のフライパンといった外国起源の鍋が登場してきた。

明治時代の大きな出来事の一つは、「すき焼き鍋」の登場である［図2左上］。これは牛肉を調理するための浅い鍋で、当時の西洋化を象徴するものといわれる。牛肉を食べることはほとんどの日本人にとって新しい体験で、牛肉を出す店に食べに行くことが「文明開化の」新しい社会に期待する市民たちの間で流行した。牛肉は、鋳造の鉄または銅製の、小さな浅い鍋で調理され、移動式の炭火こんろに載せてそのまま供された。これは食べるその場で調理される鍋料理で、客は自分で調理し、直

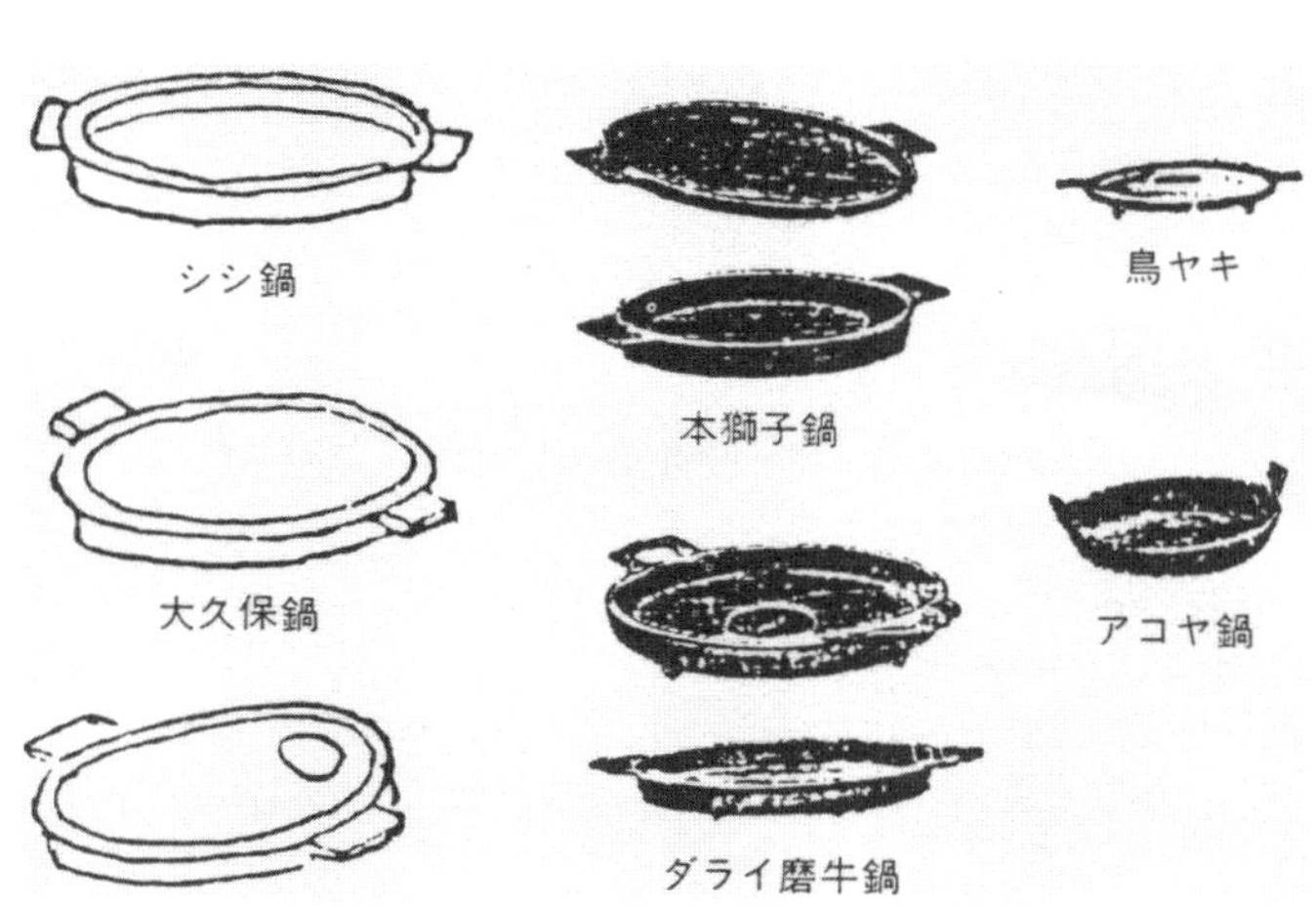

［図2］埼玉県川口市で製造されていた鋳物鍋（鍋屋平五郎商店、1894・1923年）

接鍋から食べる。今日でも、「すき焼き」をはじめとする多くの鍋料理は同じようにして食べるが、これら食卓上の鍋料理は近代以降の習慣である(3)。より直接的な西洋の影響としては、フライパンの登場がある。これは一八六〇年代頃に初めて日本に紹介され、一九二〇年代までには広く一般化した。フライパンの普及は同時に、伝統的な料理にはほとんどなかった油を使う調理が一般に普及したことを意味する。海外の食文化の影響は、以降も日本の鍋のデザインが多様化してくる一要因となる。

3　鍋の素材転換

近代以降の鍋素材はまず、鋳鉄からアルミを中心とする板金材へと変わった。これは都市部にとくに顕著に見られた変化である。一八六〇年代以降、ブリキ材を使って雑多な安手の鍋が作られた。琺瑯仕上げもまた、ブリキとほぼ同時期の一八七〇年代に導入されている。琺瑯引きの鍋の登場によって、日本の台所に初めて色彩が現れ、これが西洋化の象徴となった。しかし琺瑯引きの鍋が一般家庭の台所にまで広まったのは、大正時代（一九一二～一九二五年）になってからのことである。当時の琺瑯鍋に使われた色は、黒、濃紺、濃い緑などが多かったが、中には空色もあり、当時の台所では際立ってモダンな印象を与えたと思われる。一九三〇年代になると、もはや鋳鉄製の鍋は市場の主流ではなくなっていた(4)。

［図3］大阪砲兵工廠の技術者が作ったとされるアルミ鍋（1900年頃）

調理器具の究極の素材といわれたアルミニウムは、西洋の場合と同じく、登場して間もなく市場を席巻した［図3］。注目すべきは、日本のアルミニウム産業が軍と政府の強力な支援のもとに発展したという点である。軍部は、高度に戦略的な武器製造素材としてのアルミニウムの重要性に気付き、アルミニウム産業の育成は産業政策の中でも最重要課題の一つとされた。この介入によって、アルミニウム産業は急速に成長した。日本で最も早いアルミニウムの使用例は、一八九四年に大阪砲兵工廠がドイツから輸入した機械を使って生産した歩兵用の水筒や飯盒で、生産は日露戦争（一九〇四～一九〇五年）の時期に急成長した。日本でのアルミニウム精錬は一九三五年に始まり、航空機産業とともに軍部当局の支援を得て急成長した。

日本におけるアルミニウム製品産業のもう一つの特色は、電解皮膜加工の多用である。アルミニウムの電解皮膜の一種で、表面を硬くする「アルマイト」と呼ばれる加工法は一九三二年に日本で開発され、一九三七年からは本格的な生産が始まった。第二次世界大戦後の時期には、ほとんどすべてのアルミニウム製品がアルマイト加工を施されていた。初期のアルミニウム鍋は紙のように薄い板材を使い、粗雑なプレス加工で作られていたので、おそらくその貧弱な品質を少しでも補うために、アルマイト加工が採用されたのではないかと思われる。またアルマイトに着色する技術も開発され、戦後の調理器具には広範にわたって使われた。

戦後期には琺瑯鍋も鮮やかな色彩をまとって復活し、またステンレススチールも鍋の市場に登場して、ともに一九七〇年代以降に急速に成長していった。

4　戦中期の鍋

第二次世界大戦中、日本の鍋メーカーは軍需産業に変わり、戦後になると、多くの鋳物鍋メーカーは機械部品製造などに転身していった。結果的には、戦争によって鍋産業の構造的変化が促進されることになった。

戦中には特筆すべき出来事が一つあった。兵器生産のための、金属製品の回収である。金属製の鍋も回収され、土の鍋が復活した。ほとんどあらゆるタイプの鍋が陶器で作られたが、その耐久性には限界があり、短命なものに終わった。

戦中および戦後の数年間は、鍋の生産は政府の統制下にあり、その流通は配給制によった時期があった。多くの都市が爆撃を受けた後では、鍋類の欠乏は深刻な状態となり、当時の闇市で売られることも多かった。闇市で売られた鍋は、兵器生産のために確保されていた素材を使って生産され、ジュラルミンなど航空機用の軽量素材までが使われた。航空機部品等の製品を作っていた工場が、突然鍋や薬罐、弁当箱といった家庭用品を作るようになった。アルミニウム製品の製造業者は戦前のわずか一〇〇社から二〇〇〇社へと急増したが、その多くは劣悪な品質の製品を作る小規模の工場だった。

5　鍋業界の変化

伝統的な鋳鉄製の鍋を作っていた業者の多くは、工芸的技術を基盤とする地場産業だった。彼らは急激な「西洋化」の流れによって苦境に立たされ、アルミニウム製品製造業者など新素材を扱う企業が導入したような、大量生産技術の発展についていくことはできずじまいだった。アルミ鍋メーカーが、日本全体の都市化を背景とした台所の変化、加熱器具の変化に対応したデザインの鍋を作り出していったのに比べ、従来の鉄鋳物鍋のメーカーは市場の変化に対応することが遅れたと言える。その状況を少しかいま見ておくために、ここで二つの製造業者（鉄鋳物とアルミ）の歴史を対比しながら簡単にたどってみる。

5―1「水沢」鉄鋳物鍋

水沢は東北地方の小都市だが、ここには中世から続く鋳鉄産業があった。江戸時代には、この地方を支配していた伊達藩が、鉄器産業を振興する目的で、田茂山（現在の岩手県奥州市水沢羽田町）に株仲間を設置した。その製品には武具、仏壇の金具、鐘、農機具、家庭用品などがあった。江戸時代後期になると、鍋の生産量は増加し、この地域に二十以上の工場が現れた(5)。

鉄道の運行開始によって市場はさらに広がり、明治時代中期になると、この地域は東北地方全体で最大規模の、鋳鉄製品生産の中心地となった。この地域の製品は東北地方でよく売れた。しかしそれも、大正時代になって、東京周辺の大規模な鋳鉄製品産業の中心地、川口から、琺瑯引きの鍋が出てくるまでのことだった。川口で生産された初期の琺瑯引きの鍋は、鋳鉄製で、内面に白い琺瑯がかけてあった。後になると鋼板プレスに琺瑯を施した鍋（外面が青で内面が白いもの）が主流となった。これらの鍋のほとんどは平均的な鋳鉄鍋よりも小型で、当時増えつつあった少人数世帯に適しており、また鋳鉄に比べて沸騰時間が短いという利点もあった。

戦争中、水沢にあった一〇箇所の工場は、砲弾や手榴弾を生産する兵器生産設備に転換された。第二次世界大戦が終わるとこの地域の製造業者は、ジュラルミンを含む備蓄素材を使って、鍋の生産を再開した。生産品はすべて飛ぶように売れたが、間もなく市場はアルミニウム鍋一色になっていった。製造業者たちは二つの方向への転換を余儀なくされた。一つは工業生産による装飾品、茶道具や、鉄瓶、灰皿、花瓶、風鈴等々である。しかし今日では、機械部品生産のほうが量産装飾品よりも優位を占めている(6)。

水沢の製造業者たちはあきらかに、家庭用器物の市場の変化についていくことができなかった。この地域の主要企

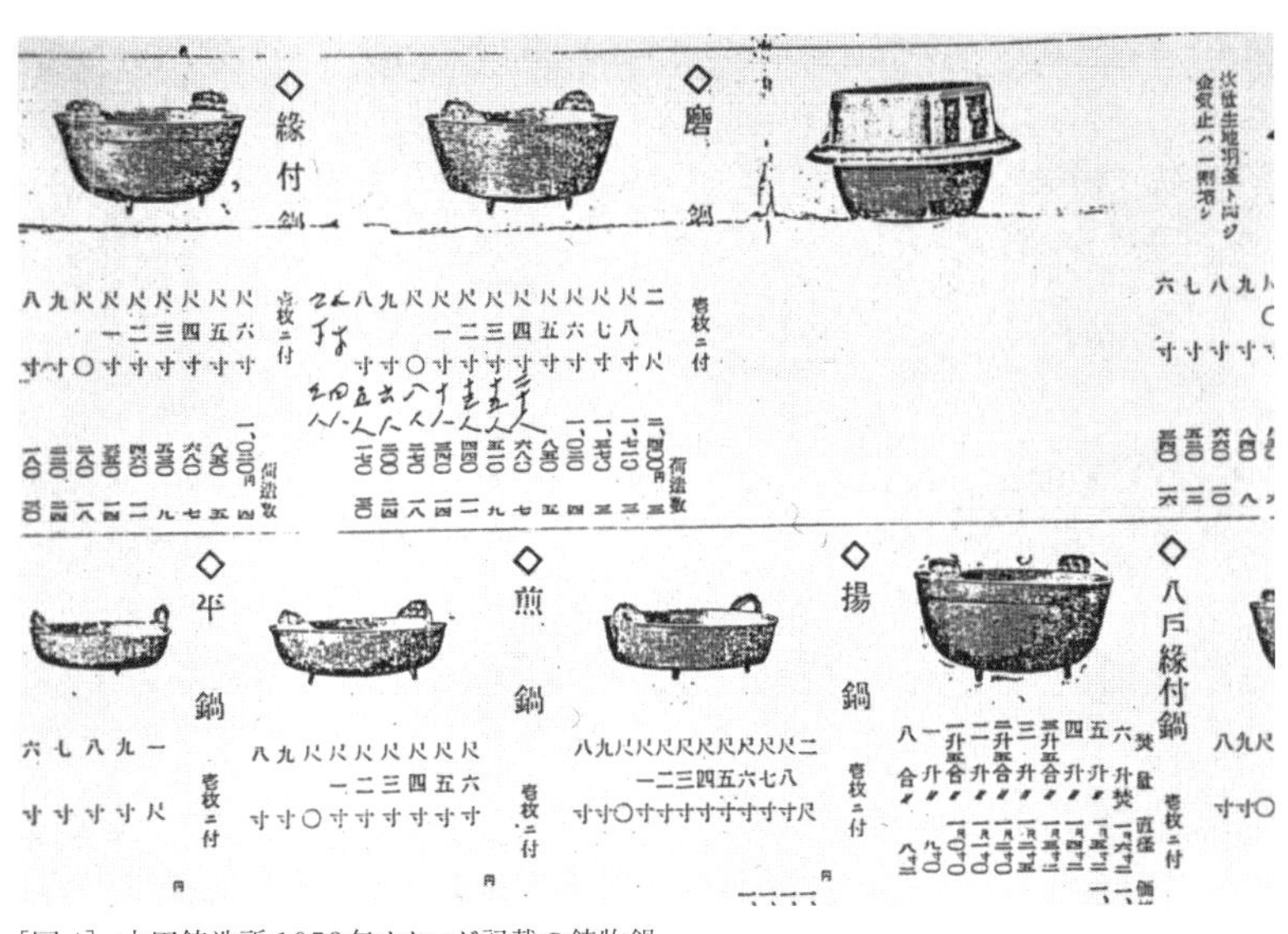

［図4］ 水田鋳造所1953年カタログ記載の鋳物鍋

業「水田」社（水田鋳造所。設立昭和一三年。創業嘉永二年）が一九五三年に出した商品カタログ［図4］を見ると、その品揃えとデザインは非常に保守的で、すべて鋳鉄製品で琺瑯仕上げは一つもなく、中には農村部の需要に応えるものと思われる巨大な鍋も見られる(7)。その後しばらくたって一九七〇年代以降になると、鋳鉄製の「すき焼き鍋」類を近代的なデザインで復活させた例など、鉄鋳物の特性を活かした新製品づくりによる再生が図られるようになった。

5―2「ツルマル」アルミニウム鍋

株式会社日本アルミ（創立当初は高木アルミニューム製造所）は今はなき大手のアルミニウム製品製造業者であり、「ツルマル」ブランドで知られる、日本初の民営アルミニウム製品メーカーである（以下、ツルマルと表記）。同社は高木鶴松ほかによって一九〇一年に大阪で設立された。創立当初の同社の技術者は、大阪砲兵工廠の退職者だった。初期の製品には鍋、コップ、弁当箱、皿、そして箸まであった。

生産が始まった当初の鍋市場では、鋳鉄と琺瑯引きの製品が圧倒的多数を占めていたが、二十年後の一九二〇年代には形勢は逆転し、アルミニウムがほかの素材を市場から締め出すまでの勢いとなっていた。

　同社の最も初期のアルミ鍋［前出・図3］は、ハンドル部分を除いて、それまでの伝統的な鉄鍋のデザインをほぼ踏襲している。これと同様のデザインのアルミ鍋は、以降長い間、農村部の住宅等で、土間に造り付けた竈に載せて使う鍋（竈上部の穴に安定良く載せるための段付きの鍋など）として広く普及した。

　同社のアルミ鍋は、その後しだいに汎用の鉄鍋型とは異なるデザインに変化していく。一九一五年のカタログに掲載された鍋は、全体の形はかつての平鍋に近くコンパクトになり、外側の黒い部分は熱効率向上のために漆を焼き付けてある［図5］。このような鍋は、都市の狭い台所で使われた七輪などの移動式の小さな竈の上でも手軽に使いこなせるものだったろう。

　ツルマルは、後に最も典型的になるデザインのアルミニウム鍋、「錦鍋」［図6］を最初に生産したと主張している。この鍋はアルミニウムの板材で作られ、本体の両側に二つの把手があり、蓋もアルミニウムでできている（このデザイン以前の鍋では、蓋は木製だった）。興味深いことに、このデザインが生まれるきっかけとなったのは、第一次世界大戦の終結とともにヨーロッパ諸国が南アジア向けの輸出を再開し、日本製アルミニウム製品の輸出量が半減したことだった。ツルマルはそれまでの自社のインド市場向けの製品（「デグチー」と呼ばれた、蓋のある寸胴型鍋）を手直しし、国

［図5］日本アルミ（ツルマル）のアルミ鍋（1915年）

［図6］日本アルミ「錦鍋」（1920年）

内市場に合うように把手と蓋のつまみを付け加え、平らだった底面を丸く再加工した。彼らが在庫の「デグチー」を加工して販売開始したのは一九二〇年だった。そのデザインは微妙な変化をしつつも今日に至るまで生産され続け、今でも多くの家庭でこの種の鍋が見られる(8)。

ツルマルが成功を収めた要因の一つは、理化学研究所が最初に完成させた、アルマイトと呼ばれる電解皮膜加工の導入だった。ツルマルは同研究所の指導のもと、一九三二年に世界初のアルマイト処理工場を設立した。デザインに関して、可能な色の中から標準の仕上げ色として選ばれたのは、金色または黄色だった(電解皮膜加工では、処理条件によって最終製品の色を変えることができる)。金色が選ばれたのは、この色がアジア市場の嗜好に合っていたからである。

ツルマルの歴史には、戦後に成功を収めたアルミニウム製品も記録されている。洗い桶は一九五〇年前後によく売れ、赤いアルマイト蓋の鍋は一九六〇年頃に人気があった。一九七〇年頃にはテフロン加工のフライパンがヒットした。

6　鍋デザインの変遷

ここでは、一九〇〇年頃から一九八〇年頃に至るまでの、鍋のデザインの変化を概観する。

6―1　丸底と平底

一九世紀末の日本の鍋は底が丸かった。裕福な家庭にガス調理器が導入された後も、鍋類の底は丸いままで、したがって熱効率が悪かった。この問題を解決しようとする試みもあり、ボール状に凹ませたガス台に丸底の鍋をはめ込んで使えるように設計されたガスレンジやガス調理台も作られた。しかし丸底鍋は徐々に平底鍋に置き換わっていった[図7]。これは明らかに、調理用熱源の変化がもたらした結果である。大都市では、一九三〇年代にはガスおよび

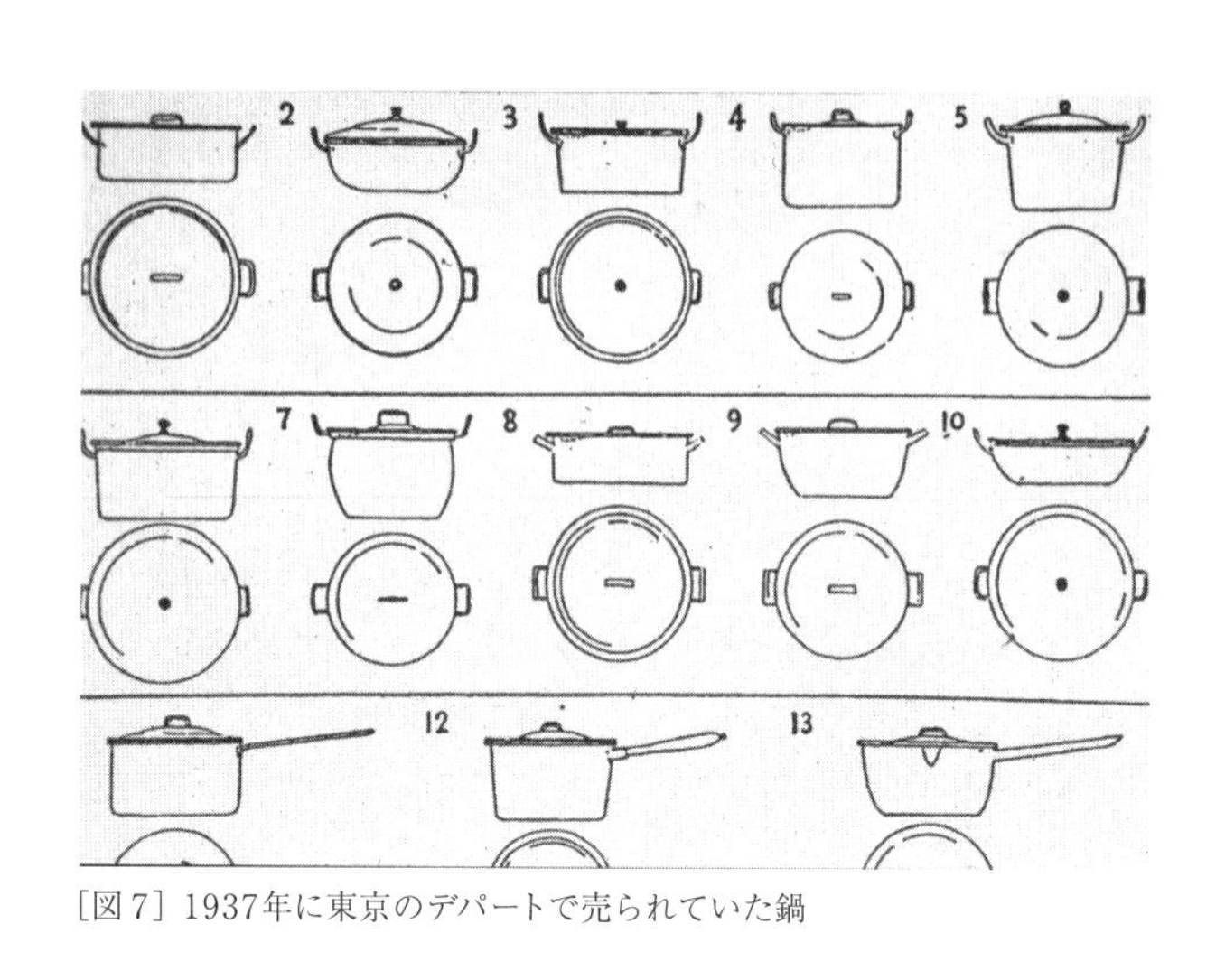

［図7］1937年に東京のデパートで売られていた鍋

灯油による調理がかなり一般的になっていたが、農村や小都市では第二次世界大戦のかなり後まで、薪炭が主な燃料であり続けた。その多くが鋳鉄製の丸底鍋は、ごく最近まで生き延びていた。一九四〇年代以降の婦人雑誌等には、ガスこんろの上の鍋の大きさ・鍋底形状と熱効率の良否を説明する啓蒙記事がときどき見られる。また、鋳鉄製で、後にアルミ鋳物で作られた、炊飯のための「羽釜」は、電気炊飯器の登場によって姿を消すその最後のときまで、底が平らになることはなかった。

6—2 大型鍋と小型鍋

西洋でもそうであったように、日本でもまた鍋の大きさは「縮んで」（大型鍋が消失して）いった。かつて農村で使われた伝統的な鋳鉄鍋の中には、非常に大型のものもあった。東北地方には「二五人鍋」「四〇人鍋」等と呼ばれる巨大な鍋があり、総出で田植えをした時代には、働き手二五人分あるいは四〇人分の食事を用意することができたという。大鍋は、婚礼や葬式など、多くの人が共食する特別の機会にも活躍した。かつての大鍋の直径はおよそ五〇センチほどもあり、一九二〇年頃になっても三五センチ程度の鍋は都市部でも珍しくなかったが、現在ではほとんどの鍋は直径およそ二〇センチ程度である。これは家族規模が「縮んだ」ためだけではなく、調理法の変化の結果でもある。一回の食事に供される料理の品数が増え、一品ごとの料理が以前よりも細かい手順で用意されるようになり、より小さい鍋が用いられることが多くなった。また農家の台所では、かつては保存食を作るのに鍋を使うことも多かった。例えば一年分の味噌づくりといった保存食作りは大規模な作業で、それには大型の鍋が必要だった。しかし現在では、このような食品加工の作業の多くが、家庭の台所ではなく家庭外で、例えば食品産業の工場で、行われるようになっている。

6—3 両手鍋と片手鍋

日本の伝統的な鍋の中で片手鍋はきわめて珍しく、小型の土鍋(ゆきひら鍋)に見られるくらいだった。西洋では、開放型の炉の炎からくる熱を避けるために片手鍋が発達したが、日本ではこの問題はなかった。西洋型鍋が輸入され始めると、人々は片手鍋の利便性に気付き始めたであろうが、鍋が小型になるといよいよ片手鍋の優位性が明らかになったはずである。一九五九年のある消費者雑誌に片手鍋についての記事がある。それによると、この雑誌が商品ガイドの記事を掲載し始めた頃には、市場には片手鍋がほとんど出ておらず、同誌は「ガスや電気こんろの時代になってもいまだに、炭のかまどに乗っていたのと同じ鍋が売られている」と、メーカーの旧態依然とした姿勢を非難した。しかし一九五九年の調査では、百貨店で売られている鍋のうちおよそ七割が片手鍋だったという。そのほとんどは本体がアルミニウムで、直径一七〜二〇センチ、把手はベークライトで覆われていた(9)。これは、この頃までに洋風メニューが庶民家庭の日常の料理にまで入り、またしだいに手数の多い料理が増え、一回の料理の品数・バリエーションが増えていく過程で起こった変化と考えられる。

6—4 薄手鍋と厚手鍋

西洋ではおそらく見られない鍋のタイプとして、日本で一般的な「紙のように」薄いアルミニウム製の鍋がある。鍋が鋳鉄製だった時代には紙のように薄いということはなく、こうなったのはアルミニウム製の鍋が市場を独占するようになってからである。アルミニウム製の薄手鍋はすぐに曲がったり歪んだりした。一九三〇年代にも、国産の鍋はスウェーデンやアメリカ、ドイツからの輸入品に比べると厚みが三分の一しかなかった、という記録がある(10)。

第二次世界大戦の直後、多数の中小企業がいちどに業界に参入してくると、事態はますます悪化した。劣悪な品質のアルミニウム製鍋が市場にあふれた。ほとんどの人にとって、鍋はもはやかつてのような「生涯の伴侶」ではなく、次々に買い換えられる消費の対象となった。こうした製品はその後も作られ続けたが、一九六〇年代の高度成長期になると人々は鍋の「見た目」を気にするようになったためか、カラフルな花柄の琺瑯引きの鍋などに人気が集まった。アルミ鍋でも一九六〇年代以降になると、長時間の煮込み料理などに適した厚手のものが増えてくる。これは薄手のアルミ鍋が長年使っているうちに「でこぼこ」に変形してくることが嫌われるようになったためでもあろう。台所のインテリアと同様に、鍋にも「見た目」(美観)が求められるようになったのである(ダイニングキッチン、リビングダイニング形式の台所では、食卓に着く人に、あるいはそれ以外の人にも、鍋が「見える」ようになってしまったことも影響しているだろう)。

7 保有される鍋の数の増加

戦後日本に独特の現象として目につくのが、一般家庭で保有する鍋の数の増加である。鍋の保有状況に関する一九三〇年代の調査では、五人家族世帯の平均保有数は五個、最高が一五個であった(11)。これに対し、現代の家庭に対する同様の調査(一九八八年)では、一軒当たりの平均保有数は約二〇個だった。子供のいない若い家庭ですら、約一〇個の鍋を保有していた。主婦が料理に熱心なある家庭では、三〇個もの鍋が発見された。ほとんどの家庭では、自分たちが使える数よりも多く、時には台所の収容量を超える数の鍋を保有していた[図8]。そのうち数点は、ほとんどあるいはまったく使われることなく、棚の奥にしまい込まれていた(12)。

鍋の数が増えた原因の一つは、現代日本の家庭料理の折衷的性格にあると思われる。西洋料理の大幅な導入とともにそのための道具が入ってきた一方で、従来の和風の料理も存続(ときには復活)している。つまり一軒一軒の家庭が、

［図8］1988年に東京の或る家庭で所蔵されていた鍋

和洋両方の料理のための道具を持ち、さらに時には中華風の鍋まで保有することとなった。またある種の料理を「本格的」な方法で用意するには、専用の鍋が必要になる（または、必要であると、鍋メーカーや輸入販売業者によって広く宣伝される）ことがある。例えばてんぷら鍋、すきやき鍋、そして鍋料理の土鍋、ステーキ用鍋、シチュー用鍋、パエリア用鍋などである。あるいは、これはこのような専用化の方向で、もともと専門家用だったタイプの鍋を一般家庭用にする商品開発が、戦後のある時期から大いに進められた結果とみることもできる。

そして鍋を増やすもう一つの原因が、日本の贈答習慣である。鍋は贈答目的で購入されることが少なくない。琺瑯引きの花柄の鍋のような装飾的な鍋は、贈答品に特に適していたと考えられる。花柄琺瑯鍋の流行は一九七二年頃からである。結婚式の引き出物などに琺瑯鍋のセットなどがよく用いられた。前出の調査（一九八八年）でも、保有していてもほとんどあるいはまったく使われた形跡がない鍋がよく見られたが、その多くが贈答によるものであろう。

8　産業技術変化と慣習のはざまで

ここまで見てきたように、日本の鍋の近代化は明治の文明開化の頃に起こり、西洋型の鍋が導入され始めた。鍋素材もそれまでの伝統的な鋳物から、しだいに板金材に転換し、一九三〇年代までには琺瑯鍋とアルミ鍋が市場の大半を占めるまでになった。鉄鋳物メーカーとアルミニウム鍋メーカーのそれぞれの歴史を比較してみると、本来的に保守的な性質を持っていた鋳物鍋メーカーが市場の変化についてゆけなかったことがわかる。第二次世界大戦中においては鍋メーカーは軍需工場に変わり、鍋産業の構造的変化が促進されることになった。

一九〇〇年から一九八〇年にかけて日本の鍋にみられたデザイン変化については、鍋のいくつかのデザイン要素（鍋底の形状、鍋の大きさの範囲、片手鍋か両手鍋か、鍋素材の厚み）を通して考えることができた。これらの要素に起こった変化は、その背景要因の変化（調理用燃料・熱源、家族の大きさ、料理法、鍋の「美観」への求めなど）を反映していた。第二次世界大戦後になると、各家庭に保有される鍋の数は著しく増加した。この理由としては今日の日本の料理の折衷的性格、鍋を贈答に用いる習慣などが挙げられる。

以上のように、日本の鍋のデザインは、短期間の間に大きく変わりかつ多様化し、この急速な変化と多様化は、市場と家庭の台所の両方に混乱状況をもたらした。ここ約一〇〇年間弱の鍋の進化は、鍋産業の構造的変化と、日常的な調理習慣・料理法の変化との両方をきわめてよく反映した現象であった。この事例は、近代家庭機器の進化（デザイン変化）が、産業・技術の変化と慣習的な日常生活の変化との相互関係（互いにほかに影響を与え合い、妥協点を見いだすような関係）の中で引き起こされることをよく示す事例であった。

注

（1）株式会社日本アルミには、二冊の社史、一九一五年と一九三五年頃の製品カタログ、また最初期の製品写真などの社内資料を閲覧させていただいた。また調査資料を使わせていただいた㈱GK道具学研究所にも感謝したい。

（2）日本の伝統的な鍋タイプについては、山口昌伴・GK研究所『図説・台所道具の歴史』柴田書店、一九七三年、七六—八二頁、および朝岡康二『鍋・釜』法政大学出版局、一九九三年、四一—四三頁・一五一—一五六頁。

（3）柳田国男は『明治大正史世相篇』の中で、明治以前の小鍋立ての禁忌について触れながら、当時（昭和初期）の鍋料理の隆盛について論じ、小鍋を利用した銘々料理が「僅々五六十年内の発明であり、また普及である」と記している。柳田国男『明治大正史世相篇』講談社学術文庫新装版、一九九三年、六三—六八頁（原書一九三一年）。

（4）山口、前掲書（2）、八三—八九頁。また一九三三年の百科事典『国民百科大辞典』（冨山房）は、鉄鍋は「現今都会地には見られないが、農村にはある」としている。一九三〇年代までには、鉄鍋以外の鍋（具体的にはアルミ鍋や琺瑯鍋など）が、都市部の市場の大半を占めるまでになっていたことを示している。

（5）阿部久三「田茂山の鋳物」、『水沢市史6　民俗』水沢市史刊行会、第二章第五節、一九七八年。栃内淳志「水沢の鋳物」、『総合鋳物』一九八〇年三月号、一八—二三頁および、池田雅美「水沢市羽田町の鋳物業」、『岩手の伝統産業』熊谷印刷出版部、一九七三年。

（6）同前。

（7）水田鋳物カタログ、一九五三年四月。

（8）日本アルミニウム工業株式会社『社史——アルミニウム五十五年の歩み』一九五七年、および『最近二十年史——創業七十周年記念』一九七一年。

（9）『暮らしの手帖』一九五九年九月五日号。

（10）「工芸研究座談会記8　生活必需品・調理用煮器鍋類湯沸を語る」および「工藝市場調査・調理用鍋及湯沸器」、『工芸ニュース』六—八巻、一九三七年、一八—二四頁。

（11）同前。

（12）ＧＫ道具学研究所による未公刊の調査報告書（一九八八年）より。

第三章
調理家電

Chapter 3
Electric Cooking Appliances

第一節
アメリカのコーヒー抽出器具

Section 1
Coffee Making Devices in the United States

前章まで、イギリスと日本の事例を比較しながら、家庭用機器の近代化の過程についてたどってきた。両国の事例を探る中で浮かんできたのは、この近代化の動きにはアメリカの先例があり、両国ともにその先例の影響を受けながら、その先例を追うように機器を近代化してきたのではなかったか、という問いである。そこで本章ではイギリスと日本をいったん離れて、家庭用機器の近代化の「母国」、両国がともに強く影響されてきたアメリカの事例を探ってみたい。

さまざまな国で現在の市場にある近代製品は、一見互いに非常によく似ている。しかし、これらの製品の発展のプロセスとその使われ方を注意深く見ると、いくつかの興味深い違いが発見できる。これらの製品の違いはそれが発展した各国の社会的、経済的な条件の違いに由来しているだろう。近代製品の発展過程を充分に理解するためには、私たちはそれらの製品の「オリジナル」な発展を知らなくてはならない。それが以下の二つの節でアメリカの事例を見る理由である。アメリカで起こったオリジナルな発展の経緯は、それに追随してきた各国ごとの社会的、経済的条件の違いによるさまざまな変奏を経つつ、繰り返されてきたのではないだろうか、というのが私の見立てである。

アメリカの家庭において、コーヒーの淹れ方は過去一〇〇年の間に大きく変わってきた。コーヒー抽出器具も、ほかの多くの日常的な物と同様に、モダナイズ（近代化）されてきた。特に第二次世界大戦後、アメリカのコーヒー飲用習慣は、日本も含むほかの国々のコーヒー準備と消費の習慣にも影響を与えてきた。この節では、アメリカにおける家庭用のコーヒー抽出器具の発展プロセスをたどり、そのデザイン変化をそれをめぐる背景要因から説明してみたい。

電気式パーコレーターは一九〇〇年代のアメリカの発明である。以降、技術的発展が続き、一九四〇年代にはアメリカで最も人気のあるコーヒーの淹れ方となった。二番目に人気の方法はガラス製の真空ドリップ機であった。シンプルな紙フィルターによる方法は一九五〇年代以降に広まっている。自動式のフィルタードリップ機は一九七〇年代以降に市場のほとんどを占めるようになった。

これらの方法・機器の変化はいくつかの背景要因から説明できる。それらは、市場競争と技術革新、アメリカ人のコーヒー好みの変化、コーヒーづくりにおけるヨーロッパからの影響である。これらの要因に影響されて、それらの機器の外観とイメージは、以下で詳しく見るようにいくつかの段階を経て変化してきた。

1　アメリカにおけるコーヒー消費とコーヒー抽出器具

アメリカにおけるコーヒー消費は一九世紀後期から二〇世紀初頭にかけて急速に増加している。そして一九三〇年代にはアメリカは世界最大のコーヒー消費国となる。明らかにこの増加はブラジルのコーヒー生産の増加と同時に起こっている(1)。

人口一人当たりのコーヒー消費量では、アメリカは北欧諸国の次に多く、コーヒー取引統計から見ると平均的アメリカ人はフランス人やドイツ人よりもコーヒー飲みだった(2)。アメリカではコーヒー焙煎業が起こり、一九世紀末には早くも家庭での焙煎が稀になる。マクスウェル・ハウスなどの大手焙煎業者は焙煎されて缶詰にしたコーヒー豆を全国に販売するようになる。加えて、コーヒー小売商たちは豆を挽いて粉にするサービスを始めた(3)。こうして初めて、コーヒーはすでに焙煎され粉にされた状態でアメリカの家庭に届くことになった。これらのコーヒー消費の変化にともなって、コーヒーの抽出の仕方の変化が始まる。つまり、家庭用の新しい機器の発展である。以下の章ではその発展プロセスに注目し、それぞれの発展を説明したい。

2 コーヒー抽出方法と機器の発展

二〇世紀のアメリカ市場に現れたコーヒー抽出器具のほとんどがもともとは一九世紀以前にヨーロッパで発明されたものだった(4)。それらのオリジナル(原型)はアメリカにおいて洗練され、大規模に普及した。二〇世紀初頭に電気抵抗発熱体がパーコレーターに取り付けられてから、たくさんの技術的発展が続き、アメリカに特有の現象としての、近代化の過程がスタートする。

2—1 ポット(煮出し法)

植民地時代からの最も伝統的コーヒー作りの方法は煮出すことである。普通のやり方では、荒く挽いたコーヒーを鍋、しばしばシンプルな錫の鍋で、一五分から半時間、ストーブか裸火の上で煮出す。この煮出し法は洗練さに欠け、しばしば自然の味をだめにしてしまう。しかしこの時代のアメリカ人の苦いコーヒーの好みはこの習慣によって作られたとも言える。そして後の時代のパーコレーターへの好みもこの古い抽出法と関係があるだろう。

2—2 ドリップポット(フィルター法)

一九世紀後期にマニング・ブラウン社(Manning-Brown)のような専業の製造業社は、ニッケル鍍金のドリップポットを大量に製造し始めている。これらはフレンチドリップポットあるいは「ビギン」(biggin)と呼ばれた。金属かセラミック製のフィルター部品がポットの最上部あるいは内側に付けられていて、フィルター部品の上のコーヒー粉の上に熱湯を注ぐ方法である[図1]。フィルターは金属の網か布袋であった。このポットはセラミックや琺瑯などさまざま

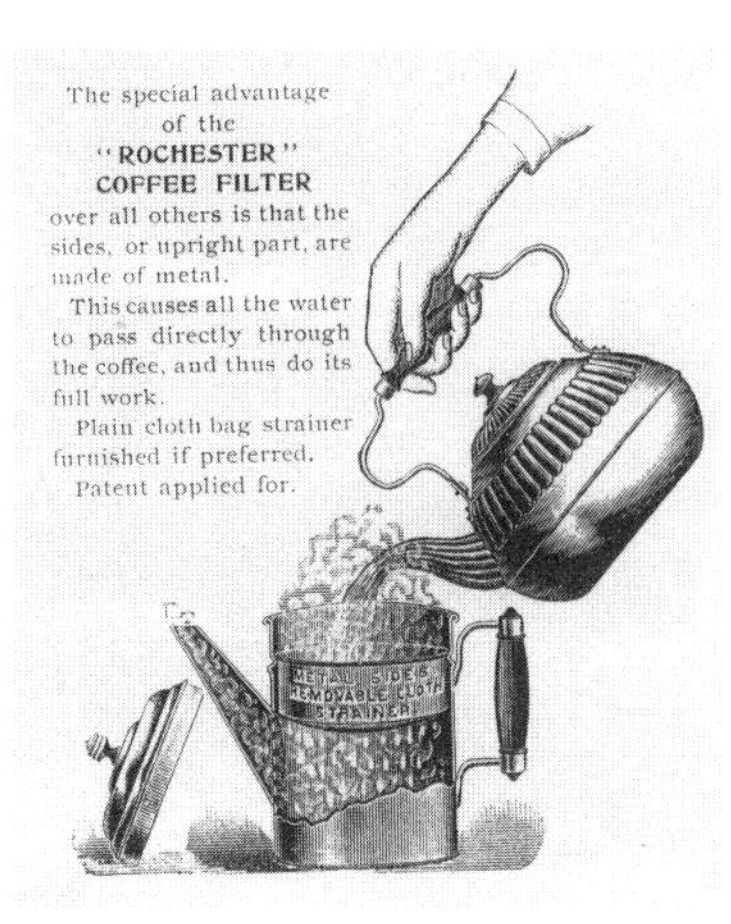

［図1］フィルター付きコーヒーポット
（Rochester Stamping Works、1895年）

な材質で作られたが、一九三〇年代にはアルミニウムが用いられた。アルミニウムのドリップポットは第二次世界大戦後まで人気があった。

2—3 ポンプ式パーコレーター（循環法）

ポンプ式パーコレーターはマニング・ブラウン社が一八九〇年に初めてアメリカに導入した。ランダース・フレイリー&クラーク社（Landers, Frary & Clark：後に「ユニバーサル」のブランドとして知られる）のような他のメーカーもすぐに追随した(5)［図2］。

パーコレーターは急速に普及し、アメリカで最も普通のコーヒー作りの方法となる。パーコレーターの原理は、ほかの多くのコーヒー抽出器具と同様に一九世紀フランスで発明されたが、ヨーロッパでは一般化しなかった。パーコレーターの中では沸騰した湯が中の管を通って上昇し、上部にあるコーヒー粉の上から降り注がれる。しかしこの循環は、この方法の批判者によると、しばしばコーヒーの味と香りを駄目にしてしまう。パーコレーターのアメリカでの普及は、その使い方が従来型の方式（煮出し法）とほとんど同じだったために容易であったと言える。ストーブの上にポットを置き、コーヒーができてくるのを待つだけである。習慣的なコーヒーの準備の仕方は維持され、ドリップポットよりも簡単に使えた。さらに、コーヒーの味も従来の煮出し法より良かったと思われる。

初期のパーコレーターのデザインは、最上部のドームを別にすれば、テーブルで使う従来型のコーヒーポットによく似ている。ドームは抽出されたコーヒーの色を見るためにガラス製である。多人数用のアーン（urn）型のパーコレーターも初期には作られたが、しだいにポット型が家庭では主流となる。アーン型もポット型もアルコールランプでも加熱できた。

電気式モデルが人気となった後でも非電気式モデルは消滅することはなかった。コーニング社はガラス製のモデルを製造し、ミロ社（アルミニウム製品製造会社）はアルミニウムのモデルを製造したが、両者ともに第二次世界大戦後まで一定の人気があった⑹。

2—4 電気式パーコレーター

ストーブ上で温めるのでなく電気抵抗発熱体がベース部分に装着されるようになると［図3］、パーコレーターはそれ自身で独立したものになる。この発明は一九〇〇年頃に現れ、ランダース・フレイリー＆クラーク社は自らが最初の電気式パーコレーターのメーカーであると主張している。これは後にアメリカの電化された台所のシンボリックな物となった。発熱体を機器の中に装着することはメーカーにとってそれほど難しいことではなかったので、彼らは電気式と（ストーブ上で使う）非電気式の両方のモデルを一九四〇年代まで作り続けている。

［図2］「ユニバーサル」コーヒーパーコレーター
（Landers, Frary & Clark、1905年）

それら電気式と非電気式のモデルのボディデザインはほとんど同じであった。その後もポットデザインの微細な流行に沿うようにして、そのヴァリエーションを作り続けた。

いくつかの技術的洗練、例えば加熱しすぎを防ぐ安全装置、電気を自動的に切る機構、淹れたコーヒーを保温する機構などがパーコレーターに加えられて、家庭用電気器具としての電気式パーコレーターの標準形態が一九五〇年代までに確立された。その頃までには多くの器具メーカーが市場に参入し、ボディデザインは当時ほかの器具でも流行だった「流線型」の影響を受けたものとなった。

しかし、コーヒー商の団体やコーヒー愛好家たちは、その登場からずっと循環式パーコレーターを批判していた。彼らは、循環はコーヒーの味と香りをだめにしてしまうと主張していた。一九一〇年代以降、パーコレーターの人気が高まると、コーヒー焙煎業者の全国団体は、煮出し法とパーコレーターを批判するいくつかのキャンペーンを行っている(7)。代わりとして彼らはドリップとフィルター式を良い味のために推奨した。キャンペーンはアメリカ家庭のコーヒーの味を良くしてコーヒー市場を広げようとしたものだった。しかし、当時の大多数の消費者はそのアドバイスには沿わなかったようだ。おそらく、機器メーカーはコーヒー商よりも影響力があり、

［図3］ 電気式パーコレーター
（Manning-Brown、1930年代）

メーカーは彼らの家庭電化製品のラインアップの中にこの新しい製品を加えたかったのであろう。

電気式パーコレーターは広く、また魅力的に広告され、それはほかの方法や器具よりも一層便利で「近代的」に見えたのだろう。それらの広告は、しばしばパーコレーターとコーヒーカップのある朝食のテーブルの光景を見せて、コーヒーが食卓上で自動的に、それも「スタイリッシュに」できるので、忙しい朝食やほかの軽食に便利だと訴えている。

2―5 コーヒーサイフォン（真空法）

パーコレーターのほかに、家庭用の新しい機器としてコーヒーサイフォンがあった。ほとんどがガラス製で、アルコールランプで温められる。コーヒーは真空力によってフィルターを通して落とされる。この原理はヨーロッパで一九世紀までには知られていたが、耐熱性のパイレックス・ガラス製のモデルで、「サイレックス」と命名されたものが

一九一〇年代にアメリカ市場に登場する(8)。このコーヒーサイフォンは登場してすぐに「近代化」のコースをたどる。電気式パーコレーターに影響され、あるいはそれに先立って、着脱式の電気ヒーターが付くようになった。この現象はアメリカ独特である。家庭用になると、テーブルセッティングに調和するように装飾的な金属カバーが付けられて、外観が整えられている[図4]。

サイフォンの、上部と下部のガラス容器の間に起こる水の動きは、魅力的なデモンストレーションになり、抽出が終わると下部の容器は取り外してコーヒーサーバーになる。このためかサイフォンは最初、レストランやホテルで人気となる。パーコレーターの成功に影響されて、サンビーム(Sunbeam)等のいくつかのメーカーは、全体が金属製のモデルを一九三〇年代から導入してパーコレーターと市場で競合するようになった[図5]。加えて第二次世界大戦中には、パーコレーターを含む日用の金属製品の製造が政府によって制限される。戦時の金属不足のためであった。サイレックス社(Silex)

[図4] コーヒーサイフォン(Silex、1940年頃)

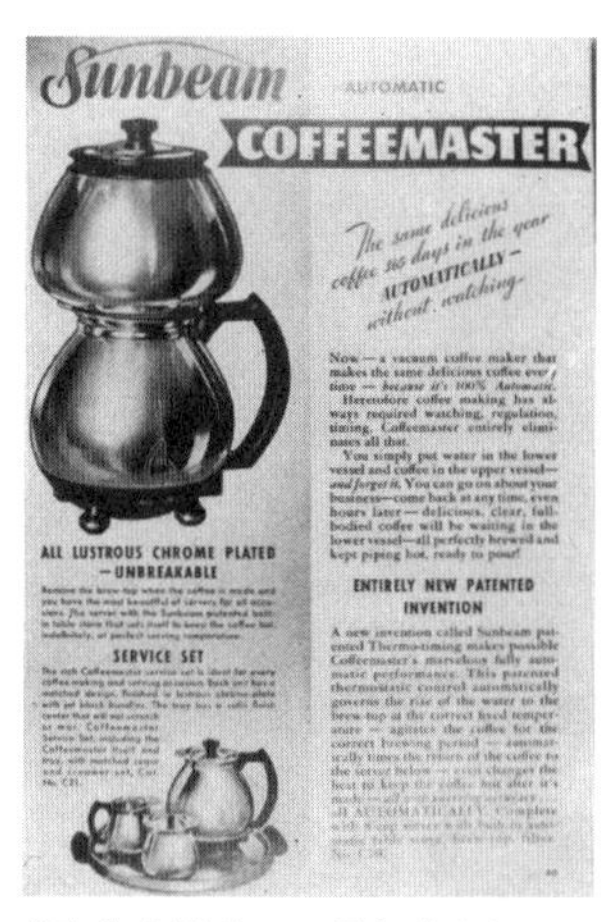

[図5] 金属ボディの電気式サイフォン(Sunbeam、1940年頃)

の成功は、ガラスがこの制限から外れていたことも影響していた。

2―6　一九三〇年代における新型機器普及の地域差

一九三〇年代のアメリカのコーヒー消費者はパーコレーター、ドリップポット、サイフォンという新機器の中から一つを選べたことになる。一九三〇年頃の調査によると、多くの家庭がパーコレーターからドリップか真空法に切り替え始めていたが(9)、まだパーコレーターは全体の多くを占めていた。*Tea and Trade Journal* 誌が一九三二年に調査(10)によると、五〇～七〇パーセントのアメリカ家庭がパーコレーターを使っており、以下の三地域でその割合が違っている［表1］。

パーコレーターは北東地域で非常に人気があった。中西部地域ではパーコレーターに次いでポットを使った伝統的な煮出し法が人気。そして西海岸地域ではパーコレーターに次いでサイフォンを含むドリップ法が人気であった。このことから、パーコレーターやサイフォンのメーカーは主に北東部地方に立地しており、新しい機器や新しいコーヒー抽出法は機器の生産地周辺から広がったと見ることができる。

この頃の家庭電化率を見ると、中西部（の農村地帯）は非常に低く、一九三五年でも一五パーセント以下の電化率であった(11)。当時の新機器はもっぱら都市の消費者に向けられていたことがわかる。西海岸地域におけるドリップ法の人気が比較的に高いことは、コーヒーの好みに西海岸と東海岸とで地域差があることを示唆している（時代はかなり下るが、「スターバックス」などの新しいコーヒー消費・コーヒー文化が西海岸から起こったことと、何らかの関係があるかもしれない）。

［表1］アメリカ3地域の家庭でのコーヒー抽出法（1932年）

抽出法	北東部	中西部	西海岸
パーコレーター	75.51 %	52.31 %	58.48 %
煮出し	17.54	32.16	18.50
ドリップ	5.43	12.79	20.11
その他	1.52	2.74	2.91

出典：Survey on American Coffee Custom, *Tea and Coffee Trade Journal*, 1-9, 1932 (quoted in Ukers, 1935)

2―7 紙フィルターと自動式コーヒーメーカー

紙フィルターは長い間知られていた。しかしそれが普通になるのはドイツ企業のメリタ社が一九六〇年代にアメリカに支社を設立し、シンプルな紙フィルターとフィルターのコーン（台座）を売り出してからである。メリタ以前の最も有名な紙フィルター用器具は「ケメックス（CHEMEX）」［図6］である。ドイツ系アメリカ人の化学者、ピーター・シュランボーン（Peter Schlumbohn）によって発明され、彼の設立した会社で一九四一年から販売されていた。ガラスのボディはコーニング社製である。シュランボーンはケメックスを大々的に宣伝し、そのシンプルなデザインは「バウハウス」の思想から来ていると主張した(12)。

後に、そして現在までも、ケメックスは機能的モダンデザインの好例といわれる。ニューヨーク近代美術館やデザインジャーナリズムのようなデザインを重視する社会集団によるモダン運動のプロモーションが、デザイン界においてケメックスを度外れて有名にしたのである。しかしこの器具には実はいくつかの「機能的」欠点がある。ボディは床に落とすと壊れやすく、ボディの下部の内側は洗いにくく、オリジナルの紙フィルターはコーン型に折るのにやや手間がかかる。そして大多数の消費者にとって、それはまったく「自動式」でないために魅力に欠けていた。その普及は知識人や高邁なモダンデザインの信奉者に限られていた。

［図6］ケメックス（1941年）

自動式コーヒーメーカー、現在までに最も普通になったタイプの実体は、電気式で、紙フィルターによるドリップ方式の、自動機器である。これは一九六〇年代に業務用（レストラン、ホテル、ケータリングサービス）あるいはオフィス用として登場した。働く場所でのコーヒーブレイクの習慣は第二次世界大戦前にはほとんど行われていなかったという。これは一九五〇年代に全米コーヒー・ビューロウ（全米のコーヒー業界団体）によるキャンペーンを通して導入された習慣である。自動式コーヒーメーカー以前には、インスタントコーヒーをサーブする自動販売機がこのために使われたらしい。

やがて、小型でプラスチックボディの安価なモデルが、その最も有名なのが「ミスター・コーヒー」［図7］だが、一九七〇年代に登場し、急速に家庭に普及してすぐにパーコレーターを追い越した(13)。一九七四年までに、アメリカで売られるコーヒー抽出器具の半数が自動式電気ドリップ機となった(14)。

［図7］「ミスター・コーヒー」と有名野球選手のジョー・ディマジオ（1970年代後半）

ではなぜ、アメリカ人は彼らのコーヒー好みを、パーコレイトされたものから紙フィルターされたものへ、比較的短期の間に変えてしまったのだろうか。この突然の変化の理由はあまり明らかでない。コーヒー商による長年の反パーコレータのキャンペーンがついに成功したのだろうか？　この変化への納得できる説明としては、アメリカ人のコーヒー好みがヨーロッパ人に近いものへとだんだん変わってきたとするものだ。この傾向は一九七〇年代からの外食機会の増大とグルメブームによって促進された。ヨーロッパへの海外旅行の機会が増加して、アメリカ人がヨーロッパ的コーヒーの味に慣れてきたことも指摘できる。安価なフィルター機器は、このような状況の中で長く待たれていたのだ。

2―8　カプセル式コーヒーメーカーという新種

そして現在、アメリカはもちろん日本でも、コーヒー抽出器具に新種が登場している。一杯ごとのコーヒー粉が入ったカプセル（アメリカではポッド〔pod〕と呼ばれる）を装填して淹れる自動式の器具である［図8］。ポンプで加圧した熱

［図８］カプセル式コーヒーメーカー（ネスレ社、現行モデル）

湯で抽出するもので、エスプレッソマシンの簡易型と言えるかもしれない。これが今後どこまで広まるのかは、まだわからない。日本では世界最大手ネスレ社の強力なマーケティングにより、通販のほかスーパーマーケット店頭でも同社のコーヒーカプセルが販売されている。紙フィルターは使わず、使用済みカプセルを機器から取り出して捨てるだけなので、コーヒーを楽しんだ後の処理が楽にできる。ただし一杯ずつ淹れなければならない。しかし、とにかく便利なものが好きで、「省力化」の祖国アメリカでは、急速に広まると予想される。

３　電気式パーコレーターのデザイン変化とその理由

これまで見たようにパーコレーターの時代はほとんど終わった。ここでは、電気式パーコレーターのデザイン変化を振り返り、その説明を試みたい。

電気式パーコレーターと電気式サイフォンは食卓上での使用が想定されていた。そのために、機器の「外観」とそこからくるイメージが常に重要なデザイン条件だった。それぞれのデザインにおいて、食卓上で使うのに適切なイメージ、その製品が導入される文化的雰囲気に適したイメージが追求されてきたと考えられる。

電気式パーコレーターのデザインは以下の三つの基本的スタイルを経て変化している。

3―1 古典的あるいは折衷的スタイル

電気式モデルの導入からしばらくの間、いくつかのデザインは銀器の古典的スタイルを意識的に模倣している。つまりヨーロッパあるいは植民地時代の上流階級に用いられたコーヒーポットやコーヒーアーンを真似ている。電気部品はボディ内部に隠されていた。このデザインは電気製品であることを表現せず、非電気式モデルと区別することさえ難しい。メーカーは電気式と非電気式の両方の製品を一九四〇年代まで生産していた。一九二〇年代のランダース・フレイリー&クラーク社の一連の製品には、シュガーポット、ミルクピッチャー、トレイとセットになったものがあり、テーブルセッティングに調和するようにすべてが同じ古典的スタイルで作られていた[図9]。当時、電気式パーコレーターはまだ一般的ではなく、このようなモデルは市場の中の上層部(高所得者層)に向けられたものだったと考えられる。

[図9]「ラファイエット様式」アーン・セット
(Landers, Frary & Clark、1928年頃)

[図10]「中国花模様」モデル
(Universal、1935年頃)

一九〇〇年代の導入期から一九二〇年代まで、ほとんどのデザインは折衷的スタイルで作られ、古典的ポットのデザインにパーコレーター特有のガラスドームと電気接合部のあるベース（台部）が組み合わされている。特に注目すべき折衷スタイルのモデルの例として、ロイヤル・ロチェスター社（Royal Rochester）の製品がある。一九三〇年代に同社は、装飾的な柄のついたセラミックボディのパーコレーターで人気があった。ユニバーサル（Universal）［図10］や他のブランドも同様のモデルを作っていた。電気製品のボディにセラミックを使用することは、一般に量産には適していないと考えられる（金属製の電気部品との接合のために精密な焼成仕上がりが求められるので）、しかし装飾的なセラミックボディは比較的裕福な家庭のテーブルセッティングによく似合うために、歓迎されたのだろう。

3—2 幾何学的スタイル

一九三〇年中頃、電気式パーコレーターのデザインが変わる。古典的あるいは折衷的スタイルを離れ始め、円筒形［図11］、円錐形などの幾何学的スタイルが登場する。この変化には新たに起こりつつあった職業であり、機能的モダンデザインのアイデアを知っていたインダストリアルデザイナーが関与したと考えられている(15)。一九三〇年代の競争的な市場にあって、モダンデザインの形態要素が意識的に適用されたと見ることができる。一九三〇年代サンビーム社の「コーヒーマスター」という製品の広告［図12］には、「アメリカで最も美しいコーヒーメーカー」というキャッチフレーズが見られる。この外観自体がこのモデルの主たる「売り」だったことがうかがえる。一九三〇年代中頃には他のいくつかのブランドも円筒形スタイルを採用している。注ぎ口はボディの最上部近くに付けることによって、基本形の円筒形状を損なわないようにしている。このような注ぎ口形状の選択は、

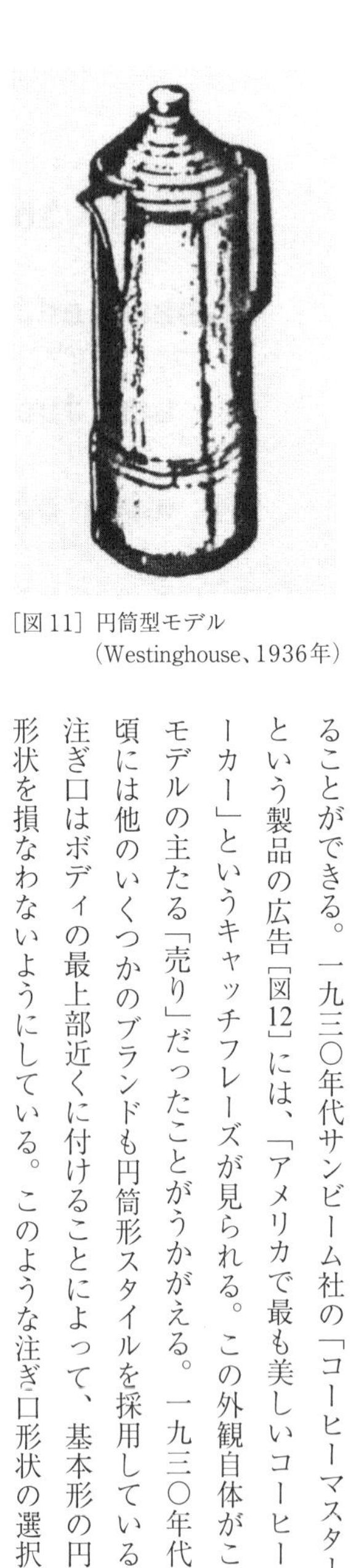

［図11］円筒型モデル
（Westinghouse、1936年）

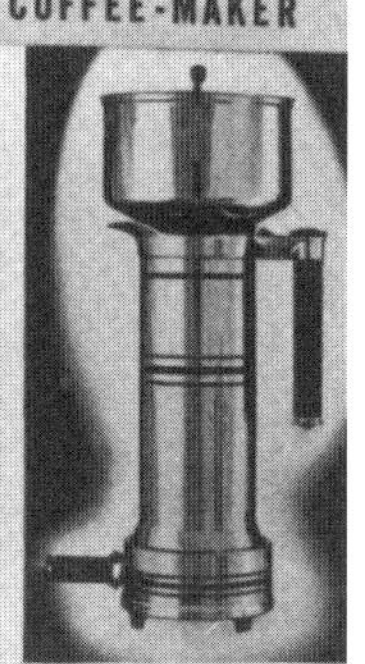

［図12］「コーヒーマスター」広告（Sunbeam、1930年代）

［図13］金メッキ仕上げのモデル（Cory Co.、1954年）

注ぎやすさの機能よりも、形態的調和を優先したためだろう。

3—3 流線型スタイル

一九五〇年代、電気式パーコレーターのスタイルは、純粋な幾何学的形態というよりも幾分か流線型に収斂していく［図13、14］。それほど幾何学的ではなく、やわらかな曲面が少し古典的な曲線と融合される。注ぎ口は従来のパーコレーター同様にベース（基底部）近くに付けられた。こうすることで純粋幾何形態の視覚的インパクトは弱まり、より「家庭的」な外観となる。このようなボディデザインの傾向はこの時期のほかの小型家電（例えばワッフルアイアンやトースター等）でも観察される。

こうした外観の電気パーコレーターは、家庭用機器セットの中の必須アイテムとして、すべてのアメリカ中流家庭が持つ「べき」ものとして、そのように宣伝され、デザインされたと見ることができる。一九五六年には、パーコレーターでコーヒーを淹れることは電気式・非電気式を合わせると全家庭の六四パーセントを占めていた(16)。

これらのモデルのほとんどはクローム仕上げだったが、ギフト市場向けに「デラックス」に見えるよう金メッキ仕上げにしたものまであった［前出・図13］。誰もがデラックスさ、豪華さを求めた「ポピュラックス」の時代（文化史家のトマス・ハインによる命名）(17)にあって、

［図14］「コーヒーマチック」広告
（Universal、1950年頃）

このタイプのデザインがアメリカ家庭では定番となった。以降、メーカーは数々の技術的改良を行い、それを宣伝していく。例えば、（濃い・薄いなどの）味が選択できる、速く抽出できる、バイメタルによる温度調節などである。しかしボディのデザインは、パーコレーション法による抽出が行われなくなるまで、大きく変化することはなかった。

4　コーヒー消費と機器進化との関係

これまで見てきたことを振り返ると、アメリカにおけるコーヒー消費は一九五〇年頃がピークとなり、以降は減少し始める。インスタントコーヒーは一九四〇年代から現れて第二次世界大戦後に広まったが、レギュラーコーヒーの消費を上回ることはなかった。コーヒー抽出器具の販売額は一九七〇年代まで上昇し続けた。多くの家庭で、パーコレーターはインスタントコーヒー用に湯を沸かすためにもよく使われた。一九五〇年代からのコーヒー消費の減少は、若い世代においてソフトドリンクやほかの飲み物の飲用が増えたためと考えられている。一九六〇年代以降におけるコーヒーの消費は、最近の一九八〇年代以降のコーヒーバーやスペシャリティコーヒー（スターバックスなど）のブームまで、主に中年以上の年齢層に限られていた。そして今や、電気式パーコレーターも電気式サイフォンも広く使われなくなり、それらは「ノスタルジック」なもの、「家庭的」なものと考えられているようだ。（今ではノスタルジーとなった）、かつて家庭生活のシンボルだったものとして思い出されるものであるらしい。

針金の柄のついた布袋のような単純な道具でも、おいしい一杯のコーヒーを淹れることはできる。アメリカにおけるコーヒー抽出器具の独特の発展・進化は、省力化への強い要望（ほんのわずかな労力だとしても）、食卓上あるいは台所空間における機器の外観とイメージへの強い訴求のために起こったと考えることができる。電気式パーコレーターとそれに影響された電気式サイフォンは、望ましい家庭生活の真ん中に置かれるシンボリックなものと考えられていた。そのために、最も適した外観と人々の憧れとなるイメージが、各時期のデザインにおいて追求された。これらの機器の発展過程はアメリカ独特のものであり、今日に至るアメリカ人のコーヒー好みとコーヒー消費のありかたを形成した要因の一つと考えることができる。

注

（1）Ukers, W., *All about Coffee* 2nd ed., Tea and Coffee Trade Journal.（邦訳＝ウィリアム・ユーカーズ『オール・アバウト・コーヒー』、TBSブリタニカ、一九九五年、五五〇―五八九頁、六七八―七二二頁）

（2）National Coffee Department of Brazil, *A Story of King Coffee* 2nd ed., 1942, p. 602.

（3）Bramah, E. & J., *Coffee Makers*, Quiller Press, 1989, pp. 114–120, 133–137, 159–166. 著者のブラマー（1931–2008）はイギリスの茶葉・コーヒー商で、自らコーヒー器具の膨大なコレクションを持ち、ロンドンにミュージアムを開設していた（Bramah Tea & Coffee Museum）。残念なことに氏の死後、閉館中の模様。

（4）前掲注（1）・（3）に同じ。

（5）Lifsey, E., *The Housewares Story*, National Housewares Manufactures Association, 1973, pp. 240–253.

（6）Matranga, V. K., *America at Home*, National Housewares Manufacturers Association, 1997, p. 182.

（7）Ukers、前掲書（1）、七〇五―七一一頁。

（8）前掲注（4）に同じ。

（9）Pendergrast, M., *Uncommon Grounds: The History of Coffee and How it transformed Our World*, Basic Books, 1999, p. 205, 272, 313.

（10）Ukers、前掲書（1）、六九一頁。

（11）Nye, D., *Electrifying America, the MIT Press*, 1990, pp. 299–300.

（12）Lifsey、前掲書（5）、二五〇―二五二頁。

（13）Walton, D., 1994, "Mr. Coffee", in *Encyclopedia of Consumer Brands* vol.3, St James Press, pp. 353–355.

（14）Pendergrast、前掲書（9）、三一三頁。

（15）Greb, F. J., "Origin, development, and design of minor resistant-heated appliances" (dissertation), Illinois Institute of Technology, 1957, pp. 60–77.

（16）Pendergrast、前掲書（9）、二七二頁。

（17）Hine, T., Populuxe, Alfred A. Knopf, 1986.

以上のほか、以下のカタログを参照した。Dover Stamping Co. (1895), New York Stamping Co. (1916), Manning-Bowman (1880, 1930s, 1940s), Landers, Frary & Clark (1905, 1928, c.1935, 1944, c.1950), Silex (1934, 1937, c.1940) and Sunbeam (1930s).

第二節
アメリカの小型調理家電

Section 2
Small Electric Cooking Appliances in the United States

この節では、前節に続いて、どこにでもある家庭用製品が発展しアメリカの家庭に普及した過程を描きだしていく。

一九五〇年代のアメリカには非常に多くの小型の調理家電が市場に出ていた〔図1〕。一九三〇年代の製造業者の製品ラインアップには、すでにコーヒーパーコレーター、ケトル、ソースパン、卵ゆで機、ワッフル焼き機、トースター、サンドイッチトースター、ポップコーン作り機などが含まれていた。これらのすべては台所でばかりでなく食卓の上で使うためのものとして開発されていた。

以下では、これらの機器の発展とデザインの変化、一九二〇〜三〇年代の登場から一九五〇年代の大量普及までの変化をたどり、この時期のこれらの機器の人気や普及の理由をその文化的、社会的、経済的背景から説明してみる。

1 小型調理家電の発展

1—1 初期の小型調理家電産業

ほとんどの小型調理家電は二〇世紀初頭から一九二〇年代初めに生産され販売されている。トースターとコーヒーパーコレーターが最も早く現れ、両方とも広く普及した。現在親しまれている機器以外に、やや普通でないもの、例えばチェーフィングディッシュ（料理されたものを食卓の近くで温めておくもの）、テーブルトップストーブ（電気発熱体を内蔵した複合調理器）〔図2〕、マシュマロトースター〔図3〕などである。

一九三〇年代の製造業者の製品ラインアップには、トースター、コーヒーパーコ

［図1］1950年代の小型調理家電

レーター、卵ゆで機、ワッフル焼き機、サンドイッチトースター、ポップコーン作り機など、食卓上で使用する調理機器が含まれている。この時期までに、これらの小型調理家電は、他の大型家電（冷蔵庫、洗濯機、レンジ）や他の人気ある小型家電（アイロン、掃除機、ミシン）などとはっきり区別された製品群となっていたことがうかがえる。一九〇〇年代から一九一〇年代にかけては萌芽期にあたるが、一九二〇年代になると顕著な成長を見せ、一九三〇年代以降は広範囲に使用されるようになる(1)。

一九一〇年代までに電力会社はほとんどの都市部で二四時間の電気供給が可能となり、小型調理家電分野は非常に活発な成長産業になった。しかし、一九二一年の時点では、電気式トースターを保有している家庭はまだ一〇パーセ

［図２］テーブルトップストーブ
（アメリカ国立歴史博物館の展示）

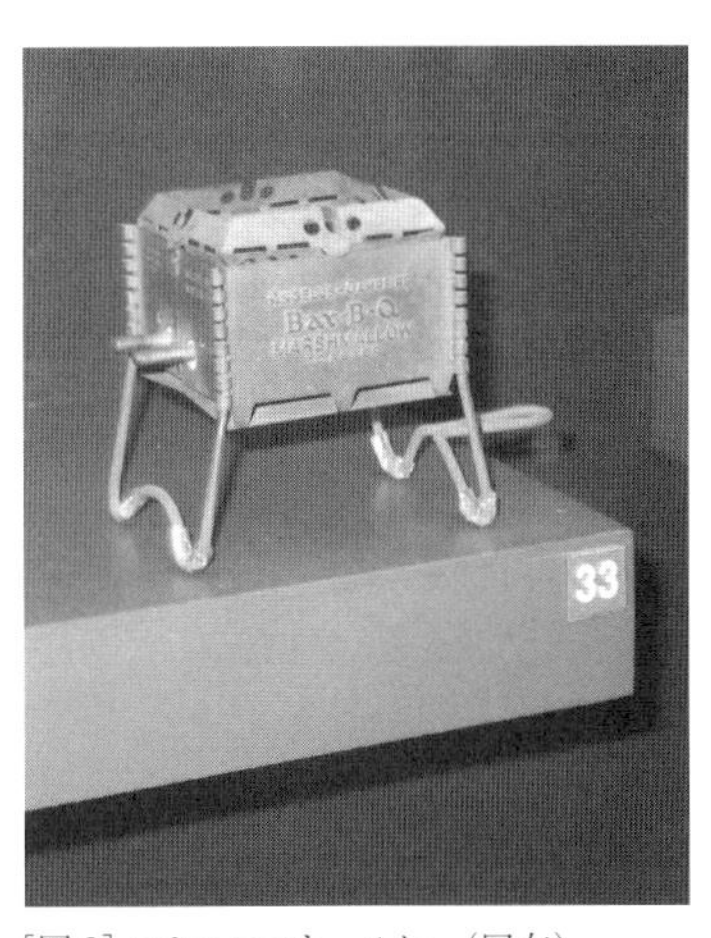

［図３］マシュマロトースター（同右）

ントしかなかった。当時の多くの事業家たちが電気機器分野に参入しこれらの機器の製造は二〇年代の主要な成長産業であった。一九〇〇年から一九二〇年の間に人気があった機器は、トースター（一九〇九年頃から）、ワッフル焼き機（一九一一年頃から）、コーヒーパーコレーター（一九〇五年頃から）、そしてミキサーであった。

1―2 ワッフル焼き機の事例

ここでは小型調理家電の一種、電気ワッフル焼き機（ワッフルアイアン）の事例を見てみよう。

ワッフルという食べ物は、一七世紀終わりにニューヨーク、ニュージャージー、ペンシルバニアに定着したオランダ植民者たちがアメリカに導入したといわれる。ニューイングランドですでに手に入ったメイプルシロップがトッピングの定番となったが、塩味のトッピングも使われた。

伝統的なワッフル作りでは、鋳鉄製のワッフル型を薪で焚くストーブの上に置き、ひっくり返して両側を焼く。この方式の非電気式のワッフル焼き型は一九二〇年代の通販カタログに頻繁に掲載され、一九三〇年代終わりでもかなりの数が製造されていた［図４］。

農家や牧場家族も都市居住者と同様にワッフルを好んでいたが、一九三五年では五〇〇万のアメリカの農家のうち、たった一〇パーセントしか電化されていなかった。これが九〇パーセントに届くのは一九五〇年である(2)。

家庭用の電気式ワッフル焼き機が現れるのは一九一八年頃である。初期の電気式モデルは業務用だと思われる。家庭用には丸型のモデルが一九二〇年代終わりまでには定番となる。角形モデルもあったが丸型モデルは角形よりも材料（小麦粉、卵、ミルクなどを混ぜたもの）を流し込みやすく、より均一に焼きあがるとされた。

ワッフル焼き機の形状にはいくつかのスタイル変化があった。一九一〇年代に最初に現れたときの足付き（leg-mounted）スタイルから、一九二〇年代のペデスタル（pedestal：台付きの）スタイル［図5］、そして一九三〇年代以降の全高の低い（Low-profile：薄型の）スタイル［図6］への変化である。

これらのスタイル変化は純粋に機能的なものばかりではない。ペデスタルモデルはあまり熱くならず、多くの薄型

［図4］ワッフル焼き型の広告（Griswold、1920年代）

［図5］ペデスタル・スタイルのモデル（Universal、1920年代）

［図6］ロープロファイル（薄型）のモデル（White Cross、1930年代）

ない。モデルより具材の溢れ出しを抑えることができる。だから薄型モデルの登場はほかの理由から説明されなくてはならない。

一九三〇年代初めまでに、ワッフル焼き機は最もよく売れる小型家電だった。一九三一年に大手製造企業のランダース・フレイリー&クラーク社は一八種ものワッフル焼き機を発売していた(3)。

三〇年代からは四角いコンビネーション(複合)型が現れた[図7]。これはワッフルを作るだけでなく、焼き型を交換することによってサンドイッチトーストやほかの食品も焼くことができる。五〇年代までにはこのタイプのデザインが定番となった。これは、日常の食習慣の変化、つまりワッフルを自家で作ることがだんだん減っていったためかもしれない。また、機器が一つ以上の用途に使えて、より頻繁に使えることへの求めもあった。五〇年代のほとんどの家庭ではすでに数多くの機器を保有しており、それらのすべての機器を台所にきちんと整頓して納めることは主婦たちにとって悩みの種になっていたのである(4)。

ワッフル焼き機の生産は、大戦前の年間五〇万台平均から、一九四六年には年間三五〇万台の頂点に達する。以降、年間生産高は下降するが、それでも一九五六年には電化された全家庭の三分の一はワッフル焼き機を保有していた(5)。すべての家庭と地域ごとに、それぞれ独自のワッフルのレシピがあった。ところが一九三〇年代にはワッフル専用の小麦粉が売られるようになった[図8]。機器メーカーは家政学者や栄養学専門家を雇い、彼らの製品のための特別のレシピを開発し始める。そのレシピ本は、顧客に彼らの製品を使いこなすことができるように、購買者に配布された[図9]。

新しいレシピと新しい専用食材の開発は、ワッフルの人気に影響したばかりでなく、アメリカ人の食習慣一般にも影響を与えたかもしれない。多種多様な調理済み食品の使用が増えたことはアメリカ料理の一つの性格となり、家庭における原材料からの調理は衰退した。これはその後のワッフルにもよく当てはまる。

食品としてのワッフルは一九三〇年代が人気のピークとなった。おそらく大恐慌時代の安価な食事となったためだ

［図7］角形のコンビネーション・タイプ（Universal、1930年）

［図8］パンケーキ粉の広告（Virginia Sweet、1929年）

［図9］レシピブック
（Universal、Waffle Grill 用、1948年）

ろう(6)。今日では、ワッフルを原材料から焼くことは準備に時間がかかりすぎると多くの人に考えられているようだ。その代わりに工場製の冷凍ワッフル、トースターですぐに温められるものが、一九五三年に最初に発売され、現在でも広く食されている。

それでもなお、今日の多くのアメリカ家庭にはワッフル焼き機がある。たとえそれらがかつてのように頻繁に使われないとしても。

1—3 テーブル上での調理の「ニーズ」

家庭電化についての一九二〇年代の消費者向け読本に、小型調理家電を使ってどのように客をもてなすかを説明しているものがある。省力化の利点を強調しながら、その本では、これらの家電を使うことによって、主婦はダイニングテーブルを離れることなくお客をもてなすことができると述べている。

多分、こういう本のような広告キャンペーンのおかげで、これらの機器は、一九二〇年代の間に、単なる珍しい物から日常的な家庭機器へと発展したのだ。家庭電化のための或る啓蒙書は以下のようにその美徳を称揚している。

今、小型の調理家電は何か楽しみのための玩具のように見られているかもしれない。お客をお茶の時間や観劇後の軽い夕食においてもてなすときのための。しかし、潜在的にはそれらの機器はそれ以上のものである。知的な管理者の手によれば、セルフサービスの食事に、真のホスピタリティをもたらすことができる。そこではホステス（である主婦）は、いとも容易に、お客の要望に応えると同時にホステスであることの義務を放棄することなく、つまりテーブルあるいはその部屋から離れることなく、それができる。本来ならウエートレスを雇わなくてはならない、その務めを果たすことができる。（7）

さらに「あらかじめ準備しておくべきフォークや皿や入れ物を取りに行くために、立ち上がったり、腰を下ろしたりすることほど、テーブルでの美的な楽しみを壊すものはない」と述べている。この本の著者は、電気を使ったテーブル調理器にはある種の社会的機能が付与されており、インフォーマルな楽しみを助ける望ましい道具だと見なしている。このインフォーマルな楽しみは、使用人のいなくなっている中流家庭の主婦たちによって指揮される（べきだ）という。

雄弁な褒め歌ではあるが、小型調理家電の明確な利点とは、ダイニングテーブル上での素早く簡単な調理を可能にすることである。朝食でも、あるいは昼食でも、さらには優雅な社交パーティの場においても［図10、11］。ミキサー（ビーター）やその他のモーター駆動式の機器は、加熱調理機器とはまた別種の機器である。それらは普通ダイニングテーブル上では使われないが、調理の前段階の食材準備に使われる。一九三〇年代から一九五〇年代までのそれらミキサー・ビーターの人気は、一層手の込んだ家庭調理への求めに関係している。その求めとは、当時の中流家庭において女性に求められていた（専業主婦という）役割と関連づけられている(8)。

また、小型調理家電によって、大型の従来の石炭レンジに火をつける必要がなくなるために、台所は涼しく保たれ

［図10］ヌークでの朝食風景

［図11］社交パーティと調理家電
（Hotpoint広告、1929年）

るとよく広告された。これはガスや電気のレンジが普及する前までは、別の利点であった。

第一次大戦の終結は産業界の電力需要の劇的な減少を招いた。電力会社は過剰な発電能力の負荷を背負うことになり、多くの電力会社は家庭への配電サービスを強化し、大手家庭機器メーカーに対してより多くの電気製品を作るよう働きかけた。ときには機器製造メーカーの広告キャンペーンを費用負担し、電力会社自身のショールームで機器を販売することまで始めている(9)。

このようにして、小型調理家電への「ニーズ」は、少なくとも部分的には、電力産業によって創造されたのだ。

1―4　小型調理家電の外観デザイン変化

トースターは一九二〇年代から一九三〇年代にかけて継続的に変化している。その変化とは、片面だけがトーストされて、別の面をトーストするために人の手でひっくり返す製品から、マックグロウ・エレクトリック社（McGraw Elect Co.）の「トーストマスター（toastmaster）」などのトーストが自動的に飛び上がる（ポップアップする）製品への変化である。電気コーヒーパーコレーターは一九二〇年代から一〇三〇年代にかけて重要な家庭の常備品となった。サンビーム社の「ミックスマスター（MixMaster）」などの万能ミキサーは一九三〇年代に大々的に広告された。このほかの一九二〇～三〇年代にかけて導入された小型調理家電には、ジューサー、卓上ブロイラー（焼き機）、ブレンダー（混ぜ機）、フライパンなどがある(10)。

これらの機器は女性雑誌において広く広告された。これらの雑誌を簡単に見るだけでも数多くの広告が見つかる。一九二〇年代から五〇年代にかけては、ワッフル焼き機、トースター、パーコレーターの広告が多く、これらの三種が当時の家庭における必需品だというメッセージを送っている。卓上（調理用）ストーブとホットプレートの広告は一九二〇年代にはよく見られるが、一九三〇年以降にはほとんど見られない。ブレンダー・ミキサーの広告は一九三〇年代から現れる。ロースターグリル器は一九四〇年代から見られる。スキレットは一九五五年頃、突然に広く現れる(11)。

［図13］ワッフルグリル（Universal、1952年）

［図12］流線型のワッフルアイアン（GE、“Westport”、1939年）

これらの小型機器の外観デザインに関しては、流線型やアールデコスタイルのディテールが一九三〇年代から見られるようになる［図12］。当時新しい職業として成長していたインダストリアルデザイナーが関与していたと思われる[12]。一九五〇年代以降には、金属ボディはクロームメッキされ、ハンドル、ベース、操作部ダイヤルは黒いプラスチックになる。一九五〇年代初頭には丸みを帯びた角と少しふっくらした形状が人気となる［図13］。

角が丸みを帯びたこれらの「流線型」デザインは一九三〇年代から人気になるが、多くは小型になり、取り扱いやすく、重量も軽くなった。小型機器がよりいっそう小型になったのである。一九四〇年代のサンビームの「ミックスマスター」は一九三〇年代のモデルよりかなり小さくなっている。スタンドミキサーのような大きなものも、より便利な手持ちのモデルに置き換わっていった[13]。

2　電化率の変化と調理器との関係

電気器具の普及率を見ると、電気レンジ（クッカー）は他の大型機器、例えば冷蔵庫、洗濯機、掃除機と比べて人気がなかったことがわかる［図14］。これは多分その価格の高さ、電気使用料金の高さ、専用の配線が必要なことに起因している。ガスレンジは一九二〇年代、

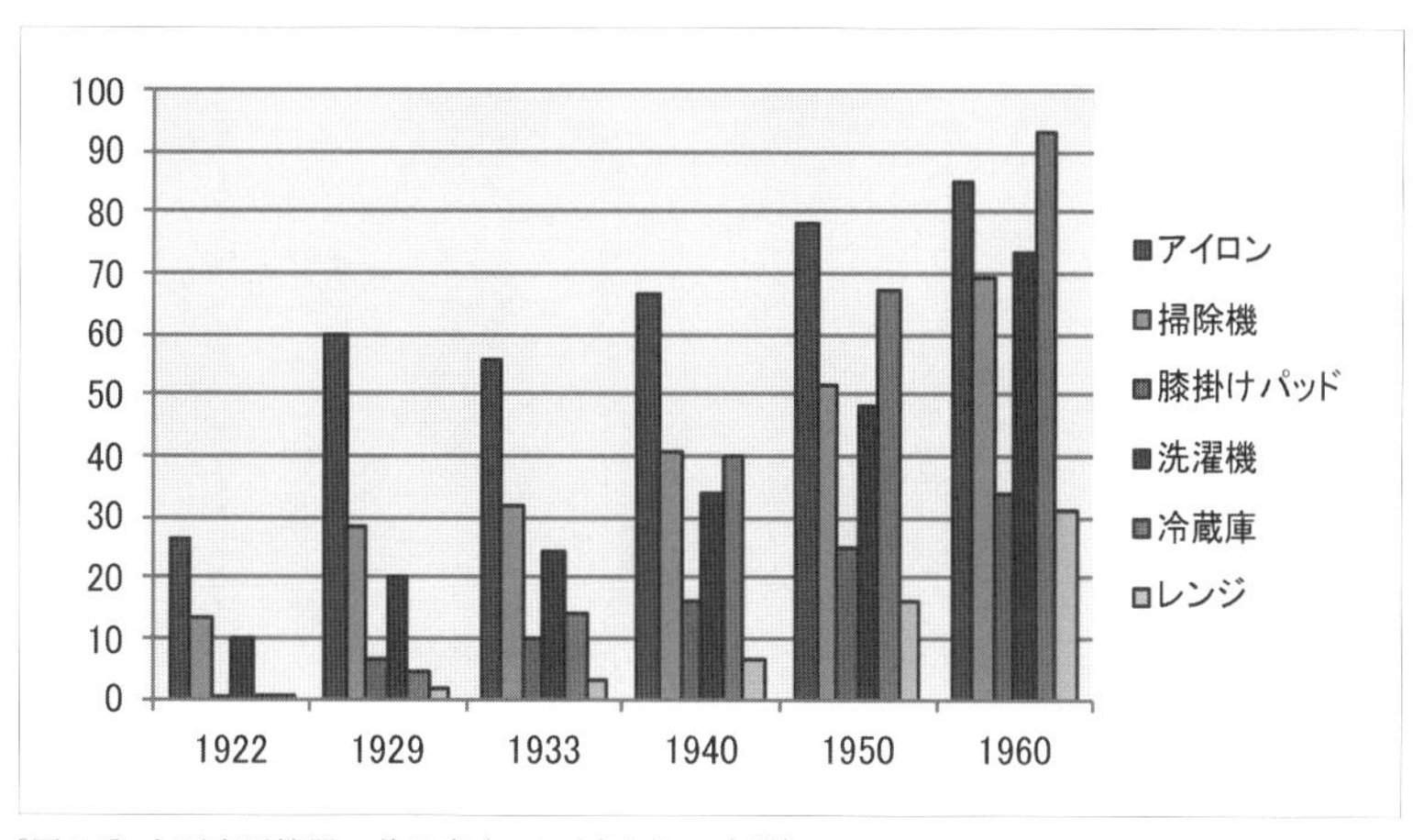

［図14］主要家電機器の普及率（100戸当たりの台数）
（Tobey R.C. Technology as Freedom, 1996, 7-8の表から作成）

三〇年代の市場をほぼ独占していたが。一九四〇年代でも電気レンジよりもよく売れていた(14)。

日中の電気需要を促進するために、いくつかの電力会社は料金の変更を試みている。電気レンジの料金を照明用とは別にし、調理用の電力の料金を下げることも行われた。

このような状況の中で、高価な電気レンジを買うことができない家庭では、もっぱら小型調理家電によって電気の便利さを手にいれることができた。家庭の台所に電気レンジが導入され始めた時、それが買えない家庭に対して機器メーカーはさまざまなテーブル上での調理器具を提供した。例えばパーコレーター、ホットプレート、テーブルストーブ、トースター、グリル、ワッフル焼き器、（電気式の）フライパン、チェーフィングディッシュ（前出）、スロークッカー、クロックポット（両者ともに長時間料理用の熱源付煮鍋）などである(15)。

その結果、電気あるいはガスのレンジとは別に、小型調理家電の大きな市場が生まれていたことになる。アメリカの農村地帯における家庭電化は都市に比べて非常に遅く(16)、電気器具の普及は一九三〇年代でも限られていた。一九三五年におけるガスレンジと電気レンジの比率は一三対一であったが、一九四五年までにこれは三対一になった(17)。

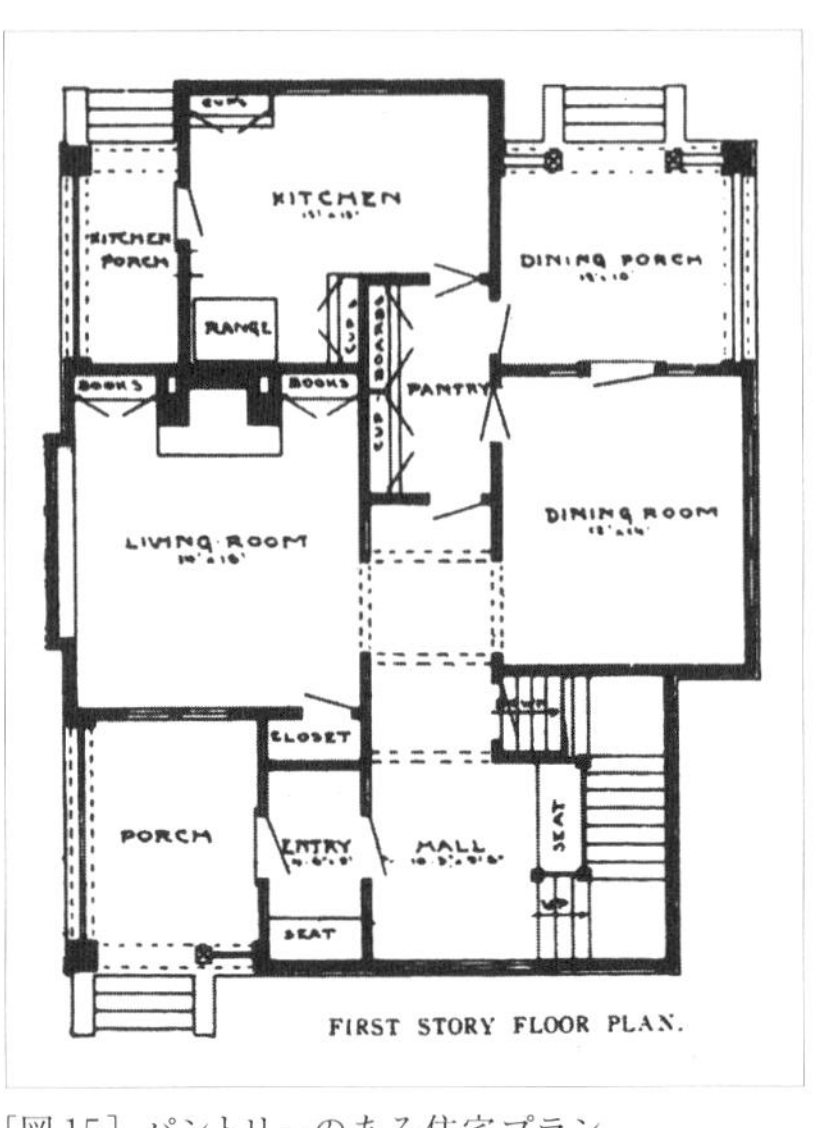

［図15］パントリーのある住宅プラン
（Stikley、Craftsman Homes、1909年）

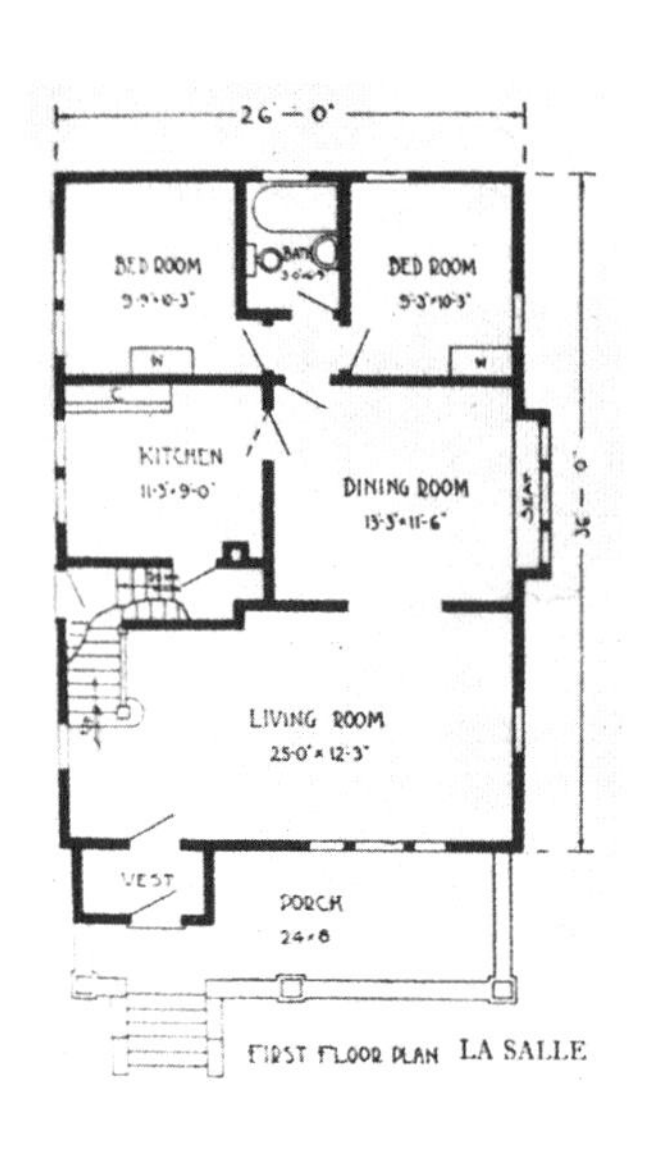

［図16］パントリーのない住宅プラン
（Bennet Lumber Co.、1924年）

3 小型家電が使われた空間

重量があり動かせないガスや電気のレンジと比べたとき、小型調理家電の一つの重要な存在理由は、それらが使われる空間にある。つまり台所空間と食事室の空間との関係である。

アメリカ住宅史によれば、ヴィクトリア様式の中流の家の典型、パントリー（配膳室）が台所と食事室の間に置かれるプランの家は、徐々にパントリーなしのプランに置き換わる［図15、16］[18]。そして、台所と食事室は互いに接して並ぶようになる。使用人のいない、このようなタイプの家が、食卓上で簡単な調理を可能にする小型調理家電が初めて十分に活用された家ではないだろうか。

同様にアメリカ住宅史によると一九四〇年代以降には、朝食用ヌーク（簡単な朝食のための台所わきに設けられたスペース）が無くなってくるとともに、台所が拡げられて食卓と椅子が置けるようになってくる。一九四〇年代を通じて、台所カウンターをL型に延長して、そこにスツールを置き、朝食、昼食、軽い食事をすることが流行する。小型機器のための専用の収納スペースも現れる[19]。食器棚もまた、ユニットの角にオープンな棚を設けるようになり、そこが小型機器を並べて、素早くとり出せるように整理するための理想的な場所になった。

小型家電は台所カウンターの上、あるいはこのような特設されたキャビネットに集められた。もしそれらが後部の隅に配されて視線から見えなくなると、ほとんど使われなくなる傾向があったためだろう。

一九五〇年代までの住宅プランのこのような変化が、小型調理家電の普及を促進した。より多くの製造業者が、豊かな消費文化の中でこの市場にどんどん参入していった。

4 「ギフト」としての小型調理家電

小型家電の人気の一つの重要な理由は、それらがしばしばギフトとして買われたという事実である。これらの家電は、しばしばクリスマスシーズンに夫から妻への贈り物として最適なものとして広告されている〔図17〕。またアメリカには、花嫁になる女性に、友人や親戚から贈り物をする習慣があった。それは「ブライダルシャワー」という名前のパーティ（結婚を直前にした人に、沢山の贈り物を「シャワー」のように降らせる、といった語感だろうか）においてである〔図18〕。小型家電はしばしばこのために、あるいは結婚祝いとして選ばれている〔図19〕。一九二〇年代から、これらの機器は「クリスマスと結婚用贈り物として最もふさわしい」と盛んに宣伝されている(20)。一九五〇年代でもギフト用アイテムとしての人気は続いていた。一九三〇年代と四〇年代ではワッフル焼き器は結婚祝い用に選ばれていたが、一九五〇年代ではより多くの数がクリスマスプレゼントとして買われた(21)。

アメリカの家庭料理についての或る本の著者は、下記のように追想している。

私と夫が一九五二年に結婚した時、友人や親戚たちが、ブレンダー、ポップアップトースター、電気ビーター、サンドイッチグリルにもなる電気ワッフル焼き器、銅底のソース鍋、そしていくつかの、あまりも多すぎる数のペッパーミル（胡椒挽き器）をくれた。(22)

［図17］トーストマスター広告（1957年）

［図18］ブライダルシャワー
（「サタデー・イブニング・ポスト」1955年2月号表紙）

［図19］GE社広告（1937年）

ほとんどの調理はレンジ（クッカー）と手道具でできる。しかし、もし小型家電、それぞれに特別の機能がある機器があれば、調理はより便利になり、またそれを使う面白さがある。これらの機器のこの性格が、ますます成長する消費文化の中にあって、「ギフト」とするのに最適だったのである。

5 社交習慣との関係

小型調理家電の人気の理由は、さらに、アメリカの食事習慣、社交習慣とも関連づけることができる。

一九二〇年代から三〇年代にかけて、さまざまな社交的集会や娯楽イベント、例えばアフタヌーンティー（もともとイギリス由来の習慣だが）、カードパーティ（カードはトランプカードのことか）、クラブや教会ディナーなどが中流家庭で盛んになっている(23)。

スキレット［図20］は一九五〇年代に人気となるが、料理したものを温かくしたまま、誰もが取りやすいように食卓上に置ける。ワッフル焼き器は以前より、ポップアップ式トースターほどには常用しなくなったとしても、食卓上で調理のプロセスを楽しみとして見せることができる。調理プロセスを見せる機器としてはほかにも、ロティセリー（回転式串焼き機）［図21］が市場に現れている。小型調理家電は家族の日常の食事のためばかりでなく、アメリカで非常に人気があったホームパーティのために用いられたのである。

一九五〇年にはGE社の戦略家たちは彼らの産業について、次の要因から楽観的な予想をしている。それは、アメリカにおける人口増加、電化された家庭の増加、人口一人当たりの収入の増加、そして日常生活における電気製品の重要性を増大させる社会変化の四つだという(24)。

第四の要因はやや不明解だが、小型調理家電を購入することによって得られる便益を要求する、あるいは楽しむ傾向が上昇していることを示唆している。これらの便益とは、調理の省力化と時間短縮を含むばかりでなく、ホームパ

［図20］スキレット（トーストマスター広告、1956年）

［図21］ロティセリー（GE社広告、1958年）

ーティのような社交機会における新しい調理の仕方への要求が増大していることを含意している。このような機会にあって、小型家電は機器メーカーが開発した特別のレシピに沿って、料理を作るのを助けてくれる。これらの機器を買うことはまた、社交イベントにおいて、新技術を手に入れたことによる（その家の）豊かさをデモンストレーションする行為でもあった（うちではこんな新製品を買ってみたのよ、お宅でも試してみたら、というような。ちょっとした自慢にもなったかもしれない）。

一九六〇年代・七〇年代になると、これらの機器の重要性は減少してくる。なぜなら考え得るほとんどすべての食品はスーパーマーケットで買って来ることができるようになり、家庭での調理そのものの必要性が減ってきたためである。

6　機器デザインの変化は進化的である

これまで見てきたように、アメリカにおける小型調理家電は独特の仕方で、それぞれの時代における独特の状況の中で、発展してきた。私たちは機器の進化のコースに影響したさまざまな要因を検討してきた。それらの要因は、例えば食卓上での簡単で素早い調理への「ニーズ」であり、中流家庭の住居プランの変化であり、より高額な電気レンジとの比較であり、盛んになっていく消費の文化であり、贈答習慣であり、ホームパーティなどの食事・社交の習慣であった。

機器の発展の事実とその影響要因の関係は、「進化」的ということができる。ここで言う進化の原理とは、「競争的グループ内の事物が、変化する環境の中でどのように生き延びようとするかについての理論」のことである(25)。近代の量産製品において、「環境」とはその物の状況に対して影響する条件のセットと考えることができる。こうして、当該の機器は、変化する環境の中で、デザインが変化し、生き延び、ときに繁栄する。ここでいう環境とは、変化し続ける経済、文化、社会という環境である。

この章では、技術的環境について充分に検討することはできなかった。しかし、機器の製造技術、例えば金属加工やボディの仕上げ、発熱体、温度調整器、ノブやハンドルや足を成形するための素材などに多くの発展と変化があったことは付記しておきたい(26)。

近代製品のデザイン変化のプロセスは、そのいくつかを本書で描いてきたが、「進化的」と呼ぶことができる。デザインはいつも変わり続け、新しい製品はその前にあった製品と何らかの類似がある。これらが「進化」という概念の基盤となる。

進化というアイデアのほとんどは生物学的なアナロジーから来ている(27)。生物はその正確な再生産のための一連のプログラムが遺伝子の中に書かれているが、物はそのようなメカニズムを持たず、その再生産は作り手個人、産業、あるいは社会全体によって、（遺伝子からの再生産のような）決定論的あり方とはかなりかけ離れた仕方でなされる。その「プログラム」はどこか物の外に、つまり文化の中に、書かれている。

進化論は、ある適切なやり方で使われれば、モノの歴史あるいはアノニマスアプローチによるデザイン史にとって益するところがある。しかし、物（製品）が完全な、あるいは理想的な形に変化していくという根拠はない。そればかりか、この事例研究で見てきたように。現実には物はそれぞれの社会で独特の仕方で変化している。ある意味では物は進化するように思える。しかし物は必ずしも最終的な理想の形に向かって進歩するとは限らない。ダーウィン進化論のアナロジー、試行錯誤のアイデア、自然選択のアイデア、これらは、デザイナー個人ではなく社会全体の集合的活動によってなされる量産製品のデザイン変化を見るときに有効なのである。

よく似た機能を持つ物も、異なる文化にあっては異なる形をとることがある。そこには進化のコースの違いがあり、それは社会的、技術的、経済的、文化的背景の違い、つまり「環境」要素の違いに起因する。

日常的な物・製品のアノニマスなデザインの本性を理解するために、進化的視点からのデザイン史は、これからも有効な研究手法となるだろう。

付言　日本の小型調理家電について

小型調理家電は、自動炊飯器に代表されるように、日本においてもきわめて独自の進化・普及を見せた。この興味深い過程を詳細にたどるにはもう一冊の書物が必要となろう。幸い筆者が現在副会長を務めている学会（その名も「道具学会」）には分科会として「家電研究会」があり、家電研究家の大西正幸氏をはじめとするメンバーが活動中である。研究の対象としてきた家電にはこのジャンルの製品が多い(28)。

注

（1）Plante, E. M., *The American Kitchen 1700 to the present*, Facts On File, 1995, pp. 214–217.

（2）George, W. F., *Antique Electric Waffle Irons 1900–1960: A History of Appliance Industry in 20th Century America*, Trafford Publishing, 2003, p. 244.

（3）同前。

（4）"Storage for an appliance should be considered when selection is being made. If the storage place is too inconvenient, it may become too much trouble to use the appliance, and very little satisfaction is then had from its ownership." Ehrenkranz F. and Inman, L., *Equipment in the Home*, Harper & Brothers, 1958, p. 78

（5）George、前掲書（2）、七頁、二四五頁。

（6）George、前掲書（2）、一〇頁。

（7）Whitton, M.O., *The New Servant: Electricity in the Home, Doubleday*, Page & Co., 1927, pp. 181–182.

（8）Levenstein, H., *Paradox of Plenty: a social history of eating in modern America*, University of California Press, 2003

（9）George、前掲書（2）、二頁。

（10）Lifsey, E. , *The Housewares Story*, National Housewares Manufacturers Association, 1973, pp. 244–259, 280–285, and Plante, op. cit., p. 255.

（11）*Ladies' Home Journal*, Vol. 40 (1923), 42(1925), 50(1933), 57(1940), 64(1947), 67(1950), 72(1955) and Good Housekeeping, Vol. 61 (1915), 81(1925), 71(1920), 91(1930), 101(1935), 121(1945), 131(1950), 141(1955).

（12）Greb, F.J., "Origin, Development and Design of Minor Resistant-heated Appliances" (dissertation supervised by Jay Doblin), Illinois Institute of Technology, 1957, pp. 69–72, 77–80.

（13）Plante、前掲書（1）、二七一頁。

（14）Plante、前掲書（1）、二五二—二五三頁。

（15）George, 前掲書（2）、二頁。

（16）Nye, D., *Electrifying America*, the MIT Press, 1990, pp. 288–300.

（17）Friday, F. and White, R. F., *A Walk Through the Park: The History of GE Appliances and Appliance Park*, Elfin Historical Society, 1987, p. 30.

(18) Clark, C. E., JR., *The American Family Home 1800–1960*, The University of North California Press, 1986, p. 152, 164.

(19) Plante、前掲書（1）、二六八—二六九頁。

(20) General Electric Co., *Home of Hundred Comforts* 3rd.ed. 1925, pp. 10–11.

(21) George、前掲書（2）、二四五頁。

(22) Mcfeely, M. D., *Can She Bake: American Women and the Kitchen in the twentieth century*, University of Massachusetts Press, 2001, p. 95.

(23) Plante、前掲書（1）、二四九—二五〇頁。

(24) Friday and White、前掲書（17）。

(25) de Rijk, T., J.W. Drukker, and Carlita Kooman, "Introduction" to *Collected Abstracts of Papers submitted to the Design History Society Annual Conference 2006 Design and Evolution*, Delft University of Technology, 2006.

(26) George、前掲書（2）、一六—二五頁。

(27) Steadman, P., *The Evolution of Designs: biological analogy in architecture and the applied arts*, Cambridge University Press, 1979.

(28) 道具学会・家電研究会活動報告ほか「道具学論集」一六号（二〇一一）、一七号（二〇一二）、一八号（二〇一三）、一九号（二〇一四）、二〇号（二〇一五）、二一号（二〇一六）、二二号（二〇一七）、二三号（二〇一八）。

コラム　アメリカの二大道具ミュージアム

ヘンリー・フォード博物館とアメリカ歴史博物館

日本とアメリカの道具文化を比較研究する、我々にとってその手始めは、あちらの道具文化が濃密に集積された場所、いわば道具ミュージアムを見ることだった。特に近代以降の世界に影響を与えてきた「アメリカ的生活様式」の源になる道具類の全米最大のコレクションと言えば……、我々の訪問先選びに迷いはなかった。ヘンリー・フォード博物館と、スミソニアンのアメリカ歴史博物館。二〇〇〇年の調査旅行（道具学会「米日比較道具探検」）では、アメリカを代表するこの二つの巨大な道具ミュージアムを訪れた。

ヘンリー・フォード博物館

デトロイト近郊の町、ディアボーンにあるヘンリー・フォード博物館は、隣接する屋外博物館グリーンフィールド・ビレッジとともに、自動車王ヘンリー・フォードによって一九二九年に開館された。ヘンリー・フォードの生前はエディソン・インスティチュートの名で呼ばれていたように、トーマス・エディソンの発明をはじめとするアメリカの技術革新、有名無名のアメリカ生まれの技術的創意工夫の成果を一堂に集め、大衆を啓蒙しようというヘンリーの意図に始まる産業技術史博物館である。よく誤解されるように自動車博物館ではなく、フォード社ともフォード財団とも独立した教育機関として運営されている。

アメリカで作られたモノのすべてを集める、というのがヘン

リーの発意だったと伝えられているように、当初はヘンリーの個人コレクションから始まり、アメリカの文化英雄だったヘンリーのコレクションに加えてもらうべく全米から寄贈された物品が初期コレクションの大半を占めていたという。現在でも、大は飛行機や蒸気機関車から、小は台所道具や日用雑貨まで、非常に広範な道具コレクションが、ワンフロアーの広大な展示場にひしめいている。その広範囲で雑多なコレクションは「ヘンリーズ・アティック（ヘンリーの屋根裏部屋）」と悪口をいわれた当初のコレクションから、時代とともに変化し続けてきたことがうかがえる。

大きな展示ゾーンとしては、「交通」（馬車、機関車、飛行機などの大物）、「農業」（農具・農業機械の一大コレクション。ヘンリーは農業国としてのアメリカの文化に強い執着を持ち、その文化的伝統が失われるのを恐れて道具コレクションを始めたことが思い出される）、「家具」、「照明」、「ホームアーツ」（家庭用の生活道具・機器。ミシンからレンジ、ストーブ、洗濯機、掃除機、冷蔵庫、台所道具その他のこまごまとした生活雑貨まで。おそらく、多くの道具学会員は、ここへ来たが最後、閉館まで釘付けになることだろう。いくつかの時代を特定した台所の比較再現もある）など。

比較的新しいテーマ展示として、例えば「オートモービル・イン・アメリカンライフ」がある。アメリカ生活と自動車との関わりを多面的に見せる展示で、多数の自動車のほか、ガソリンスタンド、ロードサイン、モーテル、ダイナー（道路沿いのカプセル型簡易食堂）、キャンピングカーの変遷、ドライブインシアター（自動車に乗ったままで見る映画館）、などが見られる。

また、「メイド・イン・アメリカ」のテーマ展示では、アメリカにおける産業革命（動力機関など）、T型フォードのアッセンブリーライン（マスプロダクションシステム）、産業ロボットに至る工作機械の変遷など、現在に至るアメリカ製造業の発展がたどれる。インダストリアルデザインや広告についての展示もある。ものつくり産業を賛美し、将来に向けた産業教育を行うという創立者ヘンリーの意図がよく継承されている展示ゾーンと言える。

新しいテーマ展示は「ユア・プレイス・イン・タイム」。二〇世紀アメリカを五つの時代に分け、各時代の世相を象徴する出来事、トピックとなった風俗、家庭内景観、人気を集めた道具やデザインなどを見せながら回顧するもの。やや小規模ながら、この博物館では比較的少なかった社会史的視点による展示である。

なお、訪問時、展示フロアーの一角ではバックミンスター・フラーの未来的実験住宅「ダイマクションハウス」（プレハブ工法の大胆な先駆となった金属製円形住宅）が再建中だった。技術のインパクト、大小さまざまの発明工夫がアメリカの生活を変えてきたのだとする技術観、アメリカ文明観（これはヘンリー・フォード個人の歴史観でもある）を象徴する新たな展示がまた一つ加わることになる。

アメリカ歴史博物館

ワシントンＤＣのスミソニアン博物館群中のアメリカ歴史博物館も、巨大な道具ミュージアムである。一九六四年に開館したときには「歴史・技術博物館」の名であったが、一九八〇年に現在の名称になった。もとの名称には、何よりも技術が歴史を動かしてきたというアメリカ文明観の名残がうかがえるが、現在の名称には、一九七〇年代以降の歴史観・技術観が反映されているのかもしれない（アメリカでは一九七〇年代に「リビング・ヒストリー・ムーブメント」つまり、日常生活史の復元運動があり、これはイギリス系入植者を中心とした従来のアメリカ史観の変更を迫る動きとも連動していた）。名称変更と連動するように、現在の展示には、社会史・生活史的展示と、旧来の技術史的展示が混在している。技術史的展示が、技術の成果としてのモノ・道具を見せるのに対して、社会史・生活史的展示は、あるテーマに沿って歴史を語るためにその生き証人としてのモノ・道具を見せる、といったニュアンスの違いがある。

この違いを展示ゾーンの名前でみるなら、「鉄道」、「電気」、「動力機械」、「土木」、「武器」、「計時」、「テキスタイル」、「セラミック」、「印刷」などが技術史的展示にあたり、「農園から工場へ（アフリカ系アメリカ人の歴史）」、「パーラーから政治へ（アメリカ女性史）」、「アメリカの出会い（アメリカインディアン、スペイン系入植者、イギリス系入植者間の闘争と共存）」、「より完全な連合（日系アメリカ人の歴史）」などが社会史・生活史的展示である。

「材料の世界（材料転換の視点からすべてのモノの変遷を見ていく意欲的展示）」、「アメリカ生活における科学」、「情報時代」、「変化の原動力（アメリカ産業革命の歴史）」などは、両者を融合して、社会史的な視点を含んだ新しい技術史展示と言えるだろう。もちろん以上のすべての展示で、歴史を見せてくれるのは、何よりも過去から生き延びた遺留品としてのモノ・道具である。

フォード博と比較するなら、こちらは「モノ（技術）よりもコト（歴史）」重視の傾向がある。しかし両者に共通するのは、無数のモノ・道具を見せながら、全体としてアメリカ人の歴史的アイデンティティを探そうとする高邁とも言える姿勢である。これはアメリカという国のできてきた経緯、つまりはアメリカの歴史と関わりがあるようだ。

上記のふたつの博物館ともに、巨大館の宿命だが、展示物を網羅するような図録はない。常にどこかで展示替えが行われ、学芸員ですら展示物のすべてを把握できない。しかも展示されているのは膨大なコレクションのうち、ほんの一部である。つまり、何か特定の道具を展示の中で探そうと思ったなら、まずは行って見るしかない。このふたつの巨大な道具の森に分け入って探すのは、まさに「道具探検」と言えるだろう。

（道具学会『季刊道具学』、二〇〇〇年より）

第四章

真空掃除機

Chapter 4

Vacuum Cleaners

第一節
イギリスの真空掃除機

Section 1
Vacuum Cleaners in Britain

いま日本のほとんどすべての家庭にある家電の一つが掃除機である。この道具が「あってあたりまえ」になるまでに、どのような経緯があったのか、それを探るために家電の母国アメリカでなく、日本と同様、あるいはそれ以上にアメリカの強い影響を受けた島国、イギリスにおける発展を振り返ってみたい（ただし、後述するように、イギリス市場における主要なプレーヤーがアメリカのフーバー社であったために、アメリカにおける発展にも触れることになる）。イギリスは掃除機の発明にも深く関わっていたばかりか、現在日本でも人気の「サイクロン型」掃除機・ダイソン(1)の母国でもある。

真空掃除機（vacuum cleaner）は、イギリスのすべての家事省力化機器の中で、おそらく最も多く言及されてきたものである。この機器の人気の理由はおそらく、イギリスにおける床掃除が労力の要る仕事であり、この機器がそれを楽にしてくれる（だろうと考えられてきた）という点にある。後にみるように、それが実際に家事の時間を省いたかどうかについては異論もあるが、この機器が常にシンボリックな意味、イギリス社会で推奨されてきた「機械化された、使用人のいない家庭」の象徴としての意味を帯びていたことを忘れてはならないだろう。

真空掃除機は家庭機器の機械的進化の成功例として語られてきた。しかしその進化プロセスはそれほど単純ではなかった。そのデザインの変化を詳しく見ることによって、文化的、社会的、そして経済的な要因が、真空掃除機の技術的発展に影響を与えてきたことを知ることができるだろう。

なお、ほかの家電機器とは違って、真空掃除機の歴史については多くの一般的文献がある。その典型例としてギーディオンの『機械化の文化史』（一九四八年）の中の記述がある。イギリスの家事の機械化・近代化に関するもっと一般的な読み物にもよく取り上げられ、イギリスのデザイン史研究者も興味を示している(2)。

また、筆者が真空掃除機を研究事例として選んだ一つの理由は、イギリス市場にみられた基本的タイプが日本市場のそれと違っている点である。後述するように、イギリスではほとんどが「アップライト型」であったのに対して日本は「シリンダー型」が主流であった。これは両国の住宅様式の違いだけではなく、機器の発展プロセス自体の違い、そして、この分野において強い影響力を持っていたメーカーの商品・市場戦略の違いからきていることを示そうと思う。

近年、日本市場にも登場しているダイソンの「サイクロン型」以前に限っても、イギリスの真空掃除機の歴史は一〇〇年以上になる。この約一〇〇年間の年代ごとの推移を追うことによって、ほかのすべての家電機器にも通じる、近代家庭機器の発展にともなう諸条件とその発展がもたらした社会的影響を浮かび上がらせてみたい。

1 発明と技術的発展

1―1 カーペットスイーパーと蛇腹機構の掃除機

床掃除の機器が最も早く現れたのは一八六〇年代のアメリカであった。ただし多くは特許を得たものの本格的に生産されることはなかった。実際の生産に移されたものの一つは回転ブラシの機構を備えた「カーペットスイーパー」だった。これは一八九〇年代の終わりまでにアメリカで広く使われ、よく似たモデルはすぐにイギリスでも売られるようになった(3)。

この機器は真空掃除機のように埃を吸引することはないが、その機能と使用法(ハンドルを押し引きして床上を動かす)は、明らかに真空掃除機の前身である。当時のアメリカ・イギリス両国でのこの機器の人気は、伝統的な箒(ほうき)とちりとりよりも効率的な床掃除機器のニーズが高まりつつあったことを示唆している。回転ブラシの原理はフーバー(Hoover)

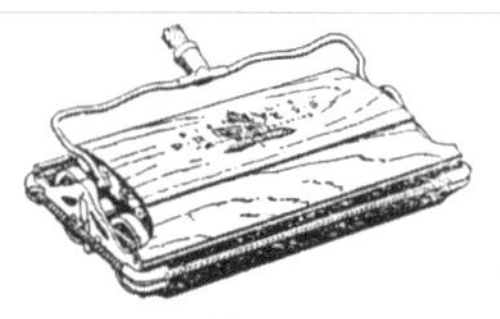

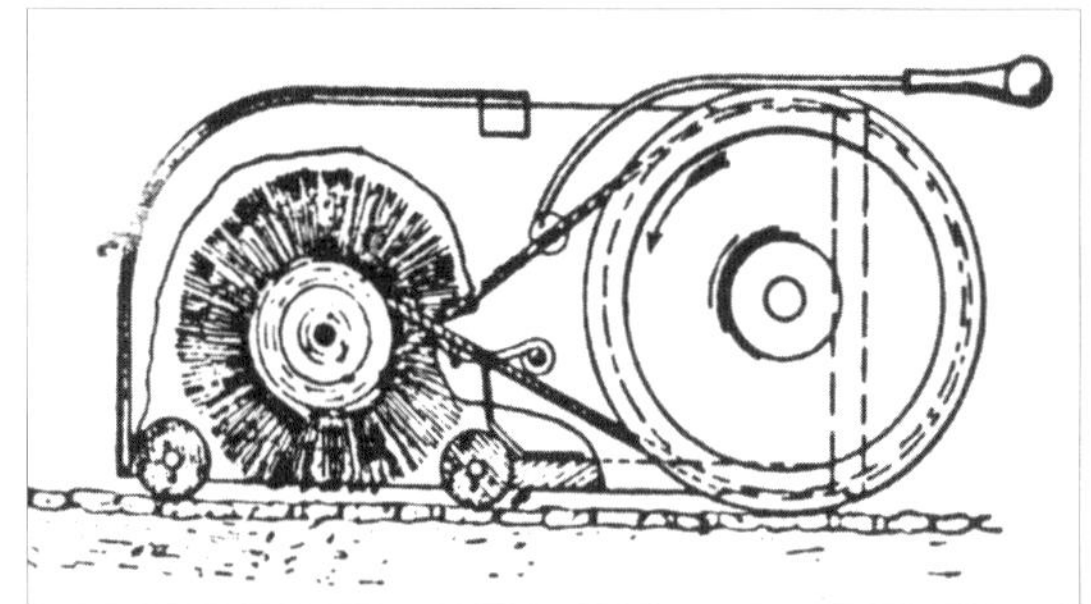

［図1］上：カーペットスイーパー（Bessel、1935年頃）と
下：内部構造（1859年、米国特許図）

の真空掃除機にも取り入れられ、また興味深いことにフロアスイーパーは今日まで生き残っている。オリジナルのデザインは、ボディが木製から金属に、そしてプラスチックに変わったことを除いて、今も大きく変わっていない［図1］。

カーペットスイーパーは現在の日本でも普通に見られる。そのデザインはほとんど同じだがサイズは三分の二ほどに小さくなっている。おそらくすべての物は日本では小さくなるのかもしれない。現代のイギリスのモデルは木製のアメリカの前身とほとんど同じサイズであるのに対して、この大きさは日本ではまったく見られないことにも注意しておきたい。

一八九〇年代までに、カーペットスイーパーと並んで、蛇腹機構のさまざまな真空掃除機がアメリカ市場に出ている。これらのモデルでは、蛇腹を手あるいは足で操作して埃を吸い込むようになっている。驚くべき数のデザインが特許登録されていることは、床の埃を簡単に取り除くことへの強い要望が当時あったことを示唆しており、このことは機器メーカーにこの新しく巨大な市場への参入を急がせることになった。

二〇世紀初頭のこれらの新機器への要望は、細菌に関する新たな知識の普及や清潔さを重要視するこの時代の傾向を反映している。そしてこの傾向は機器製造業者によってしたたかに利用されたのである。ほとんどのモデルは扱いづらく非効率的だったと思われる。いくつかのモデルでは二人の人間が操作しなくてはならなかった。一人がノズルを動かし、もう一人が蛇腹を押し引きするのである。しかし、何より清潔さを重んじる当時の中産階級家庭の間では人気があり、普通はメイドによって使われた（一九三〇年代では中流家庭にメイドのいることはあたりまえであった）。ある元メイドの女性が以下のように回想している。

私が一番嫌いだった仕事、それは週に二回か三回の朝、二つか三つの部屋を真空掃除機で掃除しなくてはならないことだった。それは今のような真空掃除機ではなくて、蛇腹の鞴（ふいご）のようなものだった。片手でハンドルを押したり引いたりし、もう一方の手でノズルをカーペットに押しつけて動かさなくてはならなかった。それぞれの部屋が終わったら、掃除機を下の階に降ろして埃を紙袋に空けると奥様がその重さを量って見る。もし充分な埃が入ってなかったら、彼女は私にもう一度やりなおさせた。

（一九一四年以前にロンドン市内の家庭でメイドをしていた女性の証言（4））

1―2 動力による吸引型掃除機

動力による吸引機器、電気モーターあるいは石油エンジンによるものは、一九〇〇年頃にフランスとイギリスに現れた。それらは大きな建物に（各部屋に配管する元の真空掃除機として）据え付けられるか、家庭用の掃除のために貸し出された。後者は移動式の機械で、馬に引かせるか自動車で運ばれた。イギリスでは技術者で事業家のセシル・ブース（5）がBVC社（British Vacuum Cleaning Company：後にゴブリンのブランド名で知られる）をこのサービス事業のために設立している。その初期にはこの機械は劇場やレストランでデモンストレーションされた［図2］。

［図2］セシル・ブースの真空掃除機（上：1901年特許の初号機、下：自動車組み込み型、BVC社）

これらの大きな機械は家庭用ではないが、このような機械の貸し出しは電気使用のもう一つの分野を開拓したと言える。しかしほかの家電と同様に、真空掃除機は、地域や社会で共有されるのではなく、それぞれの家庭が一つづつ保有するように発展していく。やがて、機械を借り出すことは小型機械の登場とともに急速に廃れていった（現在ではカーペットシャンプーが同様のコースを目指している。機器メーカーは、家庭用のカーペットシャンプー機、液体洗剤を使い汚れを洗剤とともに吸い取るものを売り込もうと一九九〇年頃から試みている。これはよく似たものがプロの掃除業者で使われたり、貸し出されたりしていた）。

家庭用のモデルを作ろうとする初期の試みは前述のＢＶＣ社によってなされた。しかしそれは機械部品の組み合わせにすぎなかった。モーター、回転式ポンプ、埃を捕らえる布フィルター付きキャニスター等の全部をトロリーに乗せただけのものだった。本当にポータブルな動力式真空掃除機は、一九一〇年代にアメリカからフーバー社の製品がイギリス市場に入ってくるまで現れることはなかった。

Fig 7—Spanglers first portable vacuum cleaner of 1908 incorporated into the Hoover model of the day

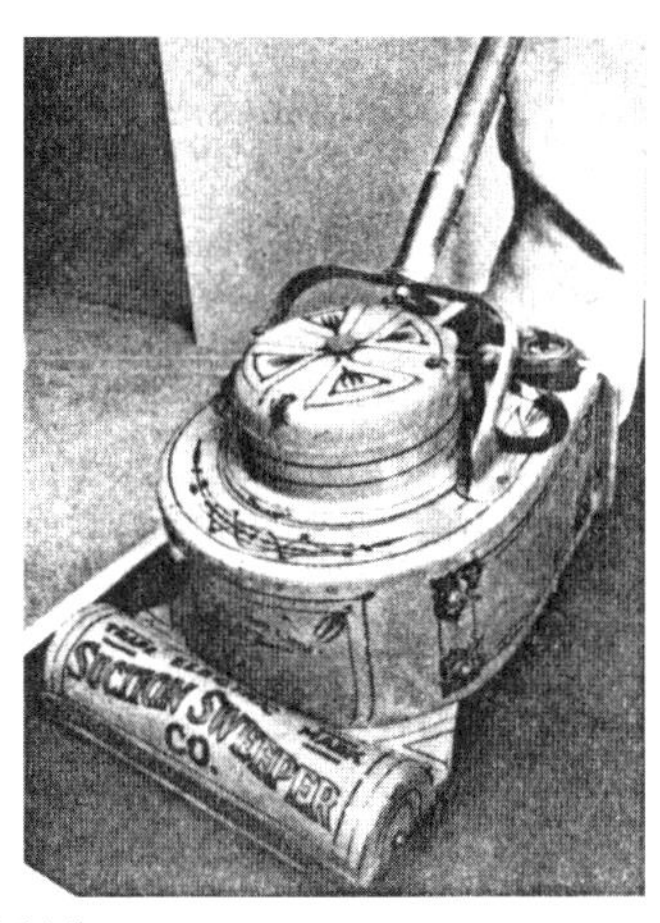

［図3］フーバーの初号機（1908年）とその内部構造（米国特許図）

2 家電としての真空掃除機の普及とその影響

2—1 二つの基本形

フーバー型の真空掃除機、モーター駆動のファンと回転ブラシで構成されたモデルは、一九〇八年に特許となり、翌年からアメリカ市場に出現。イギリスには一九一四年に現れている。イギリス英語の動詞「hoover」（掃除機をかける）があるように、フーバー社は家庭用の電気掃除機市場において最も影響力のある企業であった。以降、アメリカとイギリスにおいて、フーバーがパイオニアであったアップライト型が最も普通の形式となった［図3］。

このモデルの技術的ブレイクスルーは明らかに小型の電気モーターである。これは一九世紀後期に発明され、すぐに電気扇風機に装着された。フーバーの発明は電気扇風機に（そして部分的にはカーペットスイーパーに）刺激されたものかもしれない。

もう一つの影響力あるモデルはスウェーデンのエレクトロラックス社（Electrolux）によって作られた。そのシリンダー型モデルがもう一つの普通型となった。その持ち運び安さは大きな利点であり、また特定の掃除作業のためのさまざまなアタッチメントが付随していた［図4］。

これら二つのモデル以来、ずっと後の一九九〇年代のサイクロン型（ダイソン）登場までの間、真空掃除機の基本構造には大きな技術革新はほとんどなかった。

2―2 手動モデルの復活

真空掃除機の歴史で興味深いことは、電気式モデルが手動式モデルを駆逐しなかったことである。これは通常の製品進化と真逆とも言える例である。実際には、手動モデルは電気式モデルが現れてから人気が上がっている。一九二〇年代のイギリスにはまだ手動モデルの市場が存在していたのである。

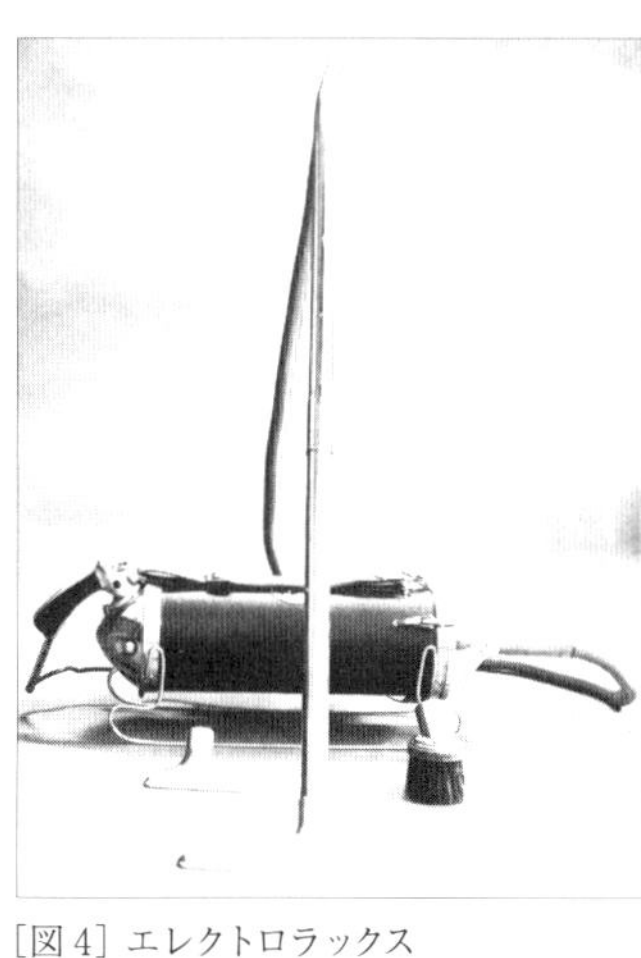

［図4］エレクトロラックス（モデル5、1908年）

電気式モデルは一般家庭の電気へのアクセスが限られていたこともあって、すぐには普及しなかった。一九二〇年までには全家庭の三分の一が電化されていたアメリカとは違い、一九二一年のイギリスではたった一二パーセントの家庭しか電気が来ていなかった。さらに一九二六年の電気法制定までは電圧も統一されていなかった。

電気式モデルが人気となるのを阻むもう一つの理由はその機器の価格であった。一九一〇年前後に最も人気のあった手動モデルの「ベイビー・デイジー」は四ポンドであったのに対して、初期のフーバーは二五ポンドで大多数にとっては手が出なかったのだ。

電気式モデルは手動モデルを駆逐しなかったが、市場を刺激し、さまざまな床掃除機器を作らせたと言える。ほとんどの手動モデルは効率的ではなかったものの、電気式モデルを買えない層の人々は掃除機と同等の何かを必要としていたのだ。カーペットスイーパーと手動の真空掃除機とは、大多数の人々に、おそらく電動モデルに代わる「二番目に欲しいもの」として歓迎されたのである［図5］。

手動モデルの突然の人気（電動モデルに刺激された人気）の最も興味深い例は、慣性駆動（フリクションドライブ）、また

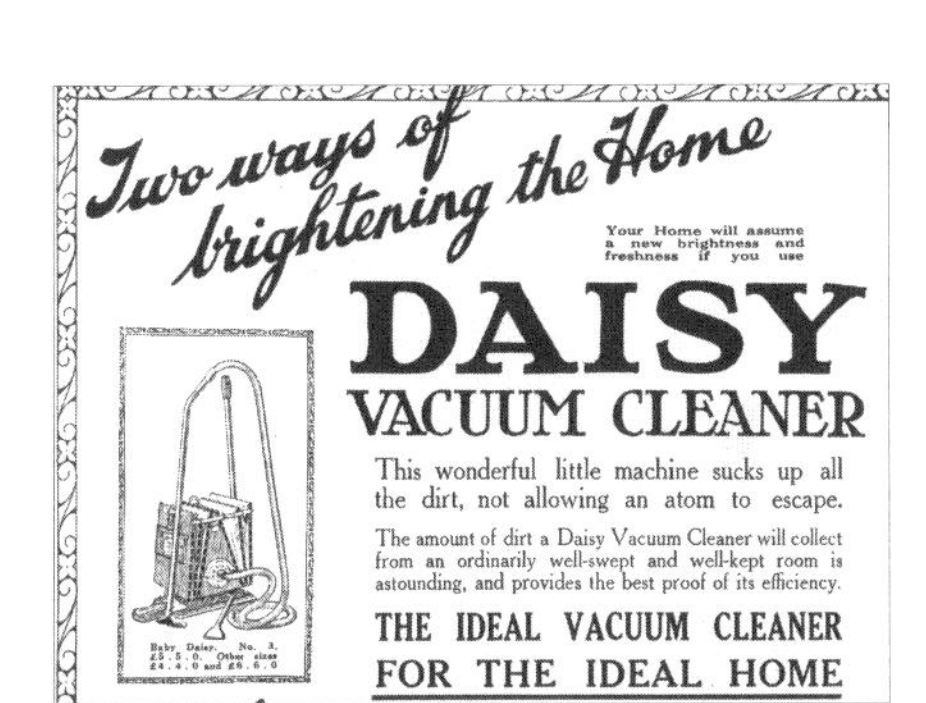

［図5］手動の真空掃除機（1920年の広告。左：デイジー、右：レックス）

の名を自己駆動（セルフジェネレーション）型の真空掃除機だろう。これは電気式ではなく、吸い込みは車輪に接続された内部のファンによって起こされる。しかし、これは電気式のアップライトに驚くほど似せてデザインされている［図6］。

　これは思いつきのおもちゃではなく実際に広く市場に出され、一九二〇年代以降はかなり人気だった。一九五〇年代までいくつかのモデルが作られている。「ニュー・メイド（新しいメイド）」と「ワール・ウインド（whirlwind）」が主なブランドで両者とも各時期の電気掃除機に似せてデザインされた。この独特のまがい物？は、「カーペットスイーパーの安価さと電気掃除機のデザインの洗練を結合したもの」と宣伝され、「一九二〇、三〇年代の電化されていない多くの家庭に真空掃除機の便利をもたらすためのもの」ともいわれた。ワール・ウインドの広告には「電気式でなく、電気コードも要らず、火花も散らず、衝撃もない、そしてイギリス労働者によってイギリスで作られた」との文言がある（一九二六年の通信販売カタログでは、ワール・ウインドが四ポンド一九シリング六ペンスであるのに対して、よく似た外観のフーバーは一六ポンド一六シリングと約四倍の価格であった（6））。

2—3 大手メーカーの宣伝と販売戦略

電気式モデルの販売量を増やすために大手メーカーは強力な宣伝

［図6］電動掃除機に似せてデザインされた手動の吸い込み掃除機
（Whirlwind、1920〜40年代）

活動を開始した。彼らの広告（それ自体が興味深い研究対象である）では、彼らの「吸引掃除機」を使うことは労力を軽減し、衛生的で、スタイリッシュだと主張した［図7］。マーケットリーダーのフーバー社が月賦販売、無料の試用、個別訪問販売などのいくつものアメリカ流の拡販法をイギリス市場に導入すると、エレクトロラックス等の他のメーカーもすぐに追随した。

なお、英国フーバー社は掃除機販売のために一九一九年にイギリスに設立され、一九三〇年までに全国に四十ものサービスステーションを持ち、アメリカの積極的な販売方法をイギリスにもたらした。一九三二年にはロンドン郊外のペリベールにアールデコの色鮮やかな装飾を施した工場を建てた。また同社は「押しつけ」的な販売テクニックを学んだ訪問販売セールスマンを養成し、消費者家庭に送り出した。

この頃、月賦販売は消費者を説得するために重要な方法だった。一九三〇年代の間、真空掃除機の販売は二〇万台から四〇万台へと倍増したが当時の低金利にも助けられて、その四分の三は月賦販売によるものだった(7)。

電気掃除機の購買者のほとんどが裕福な家庭だったとしても、彼らは単なる省力化のためというより、高い水準の清潔さを求めてそれを購買したのだろう。特に当時の中流家庭では清潔さ（cleanliness）が何より希求されており、消費者向け製品のほとんどすべてのメーカーがそれを宣伝していた。この点については建築・デザイン史家のエイドリアン・フォーティが指摘している。フォーティは「真空掃除機は、汚れに対する恐怖症が商業的に利用された例であり、清潔さのイメージによってその外観とスタイリングが影響された例でもある」と述べている(8)。

2—4 真空掃除機は家事労働を軽減したのか

その一方で、真空掃除機が本当に労働を省いたかどうかを論証するのは難しい。慣例で省力化機器と呼ばれてはいるものの、一般に家電機器は家事労働を減らすことに失敗し、より多くの労働を主婦にさせることになったともいわれる。各家庭に家電が増えても主婦が家事労働に費やす時間は減らなかったのだという（「モア・ワーク・フォー・マザー」〔More Work for Mother〕はこの分野のアメリカの代表的な技術史家ルース・シュワルツ・コウワンの主著〔一九八三年〕のタイトルにもなっている(9)）。

重いモーターを内蔵した真空掃除機を動かすことは箒を動かすより重労働になる。またさらに重要なことに、真空掃除機を所有することはより高い水準の清潔さが要求されることになり、掃除の頻度と時間が増加する。より一般的には家事労働は次のようにいわれる。「新しい家事機器はさらに多くの機器の購入を要求する。敷きつめのカーペットはカーペットスイーパーとカーペットシャンプーを要求し、よく磨かれた家具はその輝きを保つために際限のない磨き行為を要求する。すべてが、より多くの、より良い家事労働を要求することになる」(10)と。

［図7］フーバー社の広告（1935年）

一九二〇年から一九六〇年の時間・動作調査の比較によると、時間・労働軽減機器の普及は平均的な主婦の労働時

［図8］ゴブリン社の「ウィザード」（1935年頃）

間に対して長期的な効果はなかったという。しかしこれは真空掃除機の機能的な欠陥ではなく、主婦をはじめとする社会の特定セクターの労働軽減は社会全体の構造的問題だからである。

時間使用の調査結果比較によると、アメリカ女性は一九二四〜二八年に週七・五時間を掃除に費やしていたが一九三〇〜三一年にはこれが六時間になった（これは真空掃除機による省力化とみてよい）。しかし一九六五〜六六年には八・四時間に増えている。最後の数字は雇用されていない女性のもの。雇用されている女性は四・六時間を掃除に費やしている(11)。

イギリス家庭における電気掃除機の保有率は一九三〇年代から四〇年代の間に大きく増加する（一九三五年に二四パーセント、一九四八年に四〇パーセント）。これは家庭電化率の向上と電気料金の下落、そして量産による機器自体の価格低下のためであろう。そしてメーカーの市場戦略とメーカー間の競争もこの保有率向上と関係している。機器メーカーは、市場のうち大きな部分を占める中流以下の所得者層に向けて、小型モーターを組み込んだ軽く安いモデルを作り始めたのだ。フーバー社の「ジュニア」とゴブリン社の「ウィザード」は、ともにアップライト型でこれら低価格版の代表例である。ウィザードは「すべての家庭にとって、贅沢品でなく、必需品」と宣伝された［図8］。

2―5　カーペット習慣の拡大・普及

しかし、電気掃除機の所有率向上の最大の要因はイギリス家庭におけるインテリアの変化だったかもしれない。床にカーペットを敷くことが増え、電気掃除機がその最も効率的な掃除方法だったからである。高い水準の清潔さへの要求と（カーペットによる）快適さへの要求はある意味で相反する。なぜならカーペットは土や埃を取り込むので適切な器具がなければ掃除するのが難しいからである。カーペットは一日か二日の間ひっくり返しておき、下に落ちた土や埃を掃きとればきれいになる。しかし多くの家庭で床の「壁から壁まで」カーペットを敷き詰める（床に鋲で固定する）ようになると、年に一度くらいしか掃除のために動かさなくなるのだ。イギリスの大多数の家庭での「壁から壁まで」カーペットを敷く習慣そのものが、電気掃除機の普及とともに起こったのではないかと私は睨んでいる。

一九世紀後期までに、テキスタイル産業の機械化が多くの中流家庭にカーペットを購入することを可能にし、カーペットスイーパーとカーペットクリーニングサービスの登場がこの発展への直接の答えだった。しかし、一九三〇年代においてさえ、固定式のカーペットはまだ稀であり、その代わりに固定式でないラグやリノリウムが床の表面を覆っていたのである。そしてほとんどの労働者階級の家庭では、一九三〇年代においてさえカーペットはあまり見られなかった(12)。

この全体的構図は、第二次世界大戦後の豊かな時代に変わった。より多くの家庭がカーペットを敷くようになり、そしてそれと同時に、より多くの家庭が電気掃除機を購入したのである(13)。おそらく、今日でも、すべての部屋にカーペットを敷くのはイギリスに独特なのかもしれない。他のヨーロッパ諸国、例えばイタリアなどでは石あるいはタイルの床が普通であり、掃除機の代わりにフロアポリッシャー（床磨き機）が広く使われている。

3　電動モデルの外観・イメージの変化

電動式真空掃除機は、一九一〇年代以降には技術革新は少ないものの、その外観は大きく変化してきた。初期のモデルではそれぞれの部分（モーター、ポンプ、埃袋等）が独立した機械部品のままで非常に機械的な外観をしていた。カーペットスイーパーや手動式の真空掃除機がともに木製で親しみやすいイメージであったのに対して、機械部品で構成される動力モデルは家庭的なイメージとはかけ離れていた。

この問題を解決する最初の試みはフーバーの最初のモデル（一九〇八年）だった。それはケースに納められ、すべての機械部品が外装の中に隠された。さらに外装は花模様で装飾された。おそらく親しみにくい外観を家庭的に見せるためだったろう［前出・図3］(14)。

［図9］人工皮革で覆われたシリンダー型掃除機（上：エレクトロラックス、下：ゴブリン）

その一〇年後、エレクトロラックス社が最初のモデルとして、アップライト型のフーバーよりコンパクトで、まとまった形状（円筒＝シリンダー）のものを投入し、以降の掃除機デザインに大きな影響を与えることになった。それにはいくつかの目立ったデザイン上の特徴があった。例えばピストル型のグリップ、下部に付けられた橇（そり）（床の上を滑らせる）、人工皮革に覆われたボディなどである。ピストル型グリップは後のモデルでは消えるが、橇と人工皮革は多くのシリンダー型モデルの標準となった。その外装を人工皮革で覆うことで、親しみやすい家庭的イメージにしていることが特筆される［図9］。

シリンダー（円筒）形状はアップライト型よりもいくつかの利点があった。それらは一般によりコンパクトで動かしやすい。またシリンダー型のメーカーも、彼らのモデルの方が使うときに多用性がある（いろいろな使用状況に対応できる）と主張した（シリンダー型はノズル等のさまざまなアタッチメントと一緒に供給された）。その一方でアップライト型はシリンダー型より強力であると一般に考えられていた。

このアップライトとシリンダーの二つの基本デザインは以降の市場で共存し、競い続けることとなった。

初期のいくつかのシリンダー型モデルは、アタッチメントを変えることによって、いろいろなことに使えたことも今では興味深い。カーテンや家具カバーの掃除はもちろん、一九四六〜四九年に売られていたエレクトロラックスのモデルは、塗料や殺虫剤の噴霧器として、またヘアードライヤーとしても使えた。この種の多用途化は家電機器がまだ高価で多くの家庭で珍しい時代にはよく試みられた。一九三〇年代オランダの電気掃除機（メーカー名不詳）には部品を交換することでフロアポリッシャーとして、さらにはジューサーとして使えるものまであった。

一九二〇年代から一九四〇年代までの間の真空掃除機は家電製品における流線型デザインの好例である。この流線型化の傾向は製造技術と使用材料にも理由がある。そのふっくらしたボディ形状は金属のキャスティング（鋳造）およびスタンピング（型プレス）成形の直接の結果であり、後年になるとプラスチックが、いっそう自由に新しい形状を作りだすことに貢献している。

［図10］ヘッドライト付きフーバー（1954年）

しかし、この流線型化の傾向は一般的な形への好みからも説明できる。シリンダー型モデルは、幾分か流線型的な形状をその登場時から有していたが、フーバー等のアップライト型では、より多くの部品を単一のケースにカバーすることによって、「クリーン」な外観にすることが試みられた。またボディデザインはこの時期の自動車のデザインにも多く影響されたと思われる。一九三〇年以降のいくつかのフーバー製品には、まるで自動車のヘッドライトのように小型の照明が付けられて暗い隅を照らし出すことができた［図10］。イギリスメーカーのゼネラル・エレクトリック・カンパニー（GEC社）は、キャストアルミニウム製でクロームメッキを施したボディのま

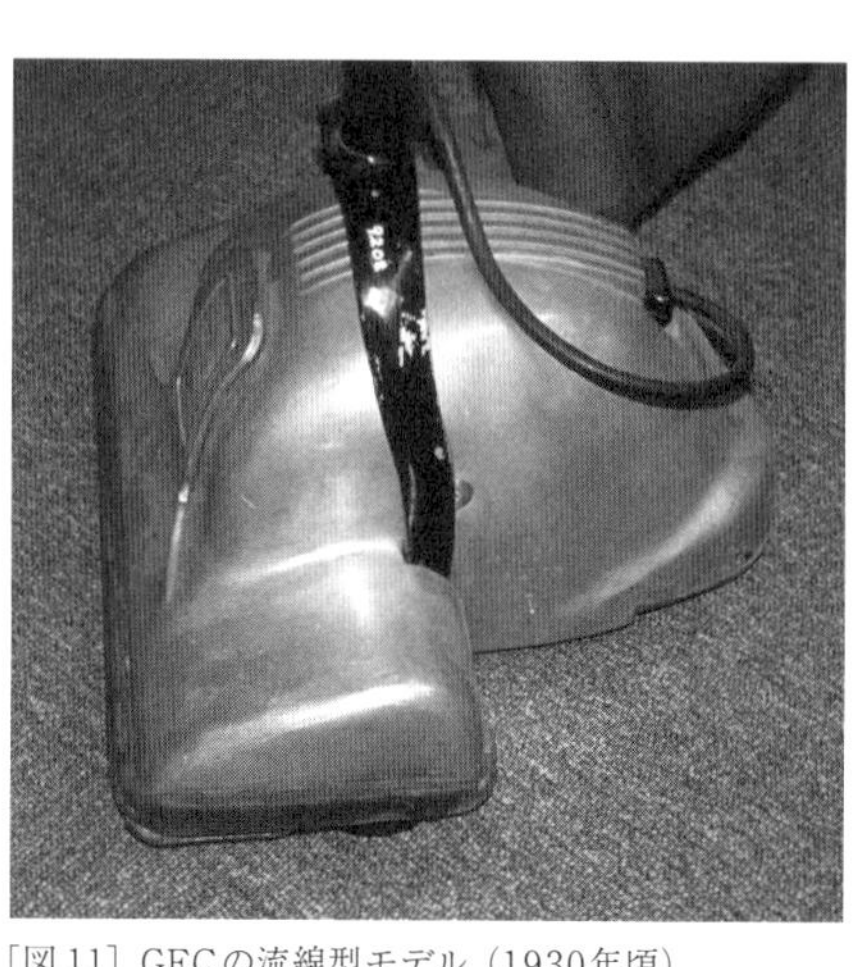

［図11］GECの流線型モデル（1930年頃）

さしく「流線型そのもの」を訴求したアップライト型を早くから製造した［図11］。これなどはまさにアメリカの鉄道や自動車のデザインを元にしたデザインのように見える[15]。

シリンダー型においても、はっきりしたデザイン変化があった。一九四〇年代では多くのモデルが魚雷や飛行機を思わせる流線型をしていた。このシンボリックな形状は、一〇年後には時代遅れになるのだが、未来的に見えた。一九五〇年代になると、シリンダー型は、平面的で非金属表面の箱型に近い外観が主となる。これはボディに使われる材料にも原因がある。プラスチックがボディ全体に使われ始め（一九六〇年代はさらにそうなる）、金属シートで作りやすいシリンダー（円筒）形状をとる必要がなくなったためである。また、この箱状の形は、真空掃除機がシンボリックな、あるいは想像的な意味を失ってきたことを反映しているかもしれない。一九五五年には半数近い四五パーセントのイギリス家庭が所有して、もう未来的なオブジェではなくなっていたからである［図12］。

この反対の製品例が、一九五六年のフーバーの未来的モデル「コンステレーション」であろう。これは人工衛星にも似た球型をしており、明らかに「宇宙時代」のイメージを取り入れている。ホーバークラフトの原理で空気クッションによりカーペット上を滑るというものであった。この種のイメージはアメリカでは非常に人気があったが、このモデルはイギリスでは行きすぎだと考えられたのか、珍しいものにとどまり、販売数は限られていた。今では五〇年代のポップ文化のシンボルと見なされている[16]。

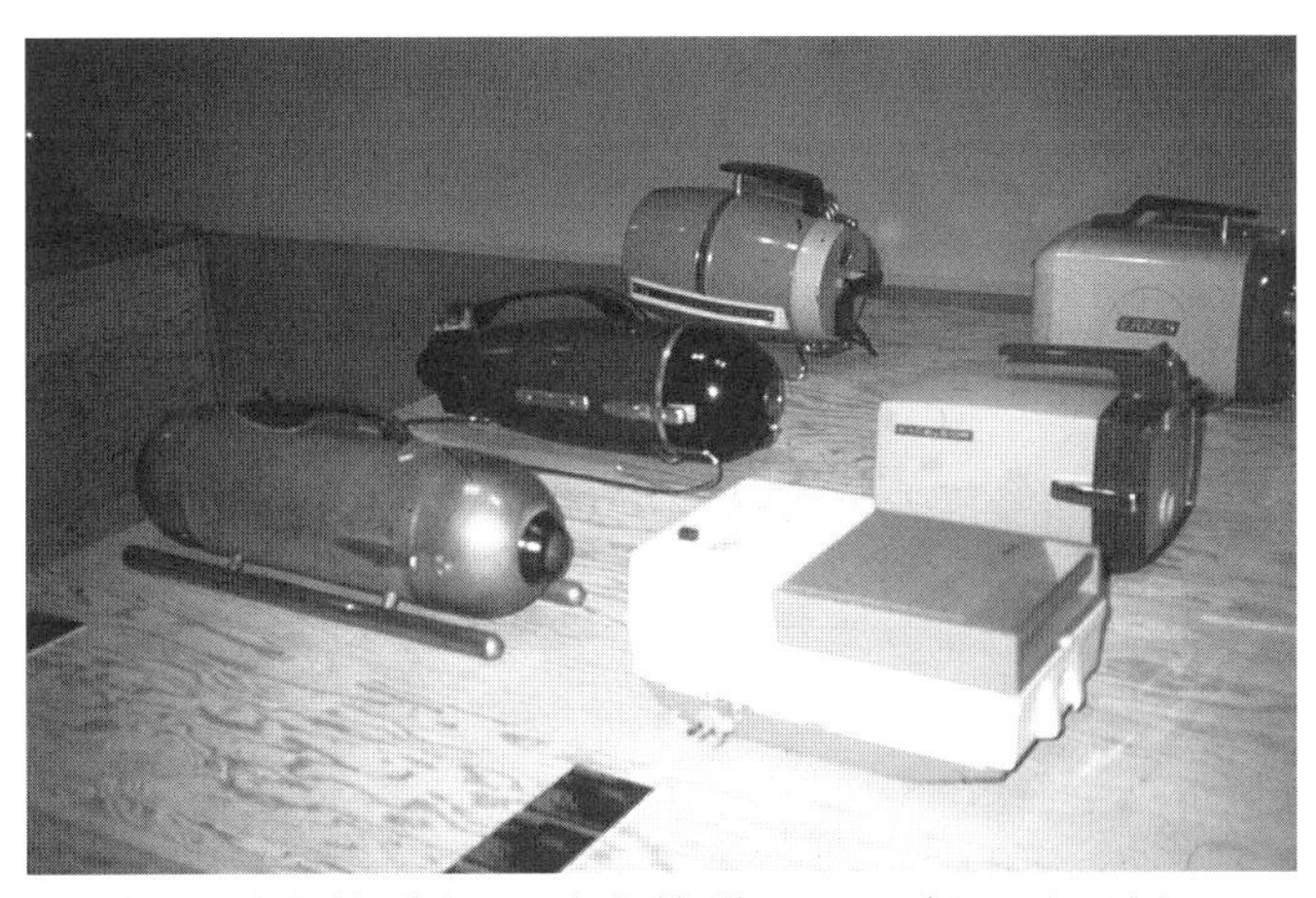
［図12］1940年代（左列）と1950年代（右列）のモデル（オランダのボイマンス・ベニンゲン・ミュージアム展示）

4　一九九〇年前後からの発展

その後、一九九〇年前後になって、特筆に値する二つの発展があった。その一つは、シャンプー吸引（洗浄）掃除機の人気の高まりである。これはヴァックス（VAX）という小さな企業によって最初に作られた。もう一つは、現在では言うまでもないことだが、その後の掃除機市場を変革した、ジェームス・ダイソンによる革新的掃除機デザイン、竜巻の原理を掃除機に適用したサイクロンである。この両者はともに掃除機の進化という観点から興味深い。

4―1 VAXの洗浄吸引型掃除機

一つの発展の事例は洗浄機能を持つ掃除機である。ヴァックスという小さなメーカーがユニークな製品（水こぼしを吸い取り、埃を吸い取り、カーペットを洗う三つの機能を併せ持つ）でイギリス市場に参入した。一九七四年までにはアメリカ製のよく似た製品がイギリス国内のDIYショップに貸し出し用として現れていた。ヴァックスの社主であり創立者のアラン・ブレイザーはもとハウスクリーニングサービス業者であり、社業のために輸入した製品に改良を加え、後に家庭用のVAXの発明に至った。このことは、真空掃除機の発明者でありBVC（ゴブリン）の創立者であったセシル・ブースが、馬車による訪問クリーニングサービス業を始め、後に家庭用モデルを作ったことを思い出させる。一九九〇年前後にVAXは高額にもかかわらず非常な成功を収め、一九八九年の洗浄型掃除機のマーケットシェアは約二六パーセントで、フーバーの二六・五パーセント、エレクトロラックスの二三パーセントと拮抗している。なお、これはただ一つのモデルによる数字である(17)。

個別訪問販売の代わりに、ヴァックスは商店街の店で製品のデモンストレーションを行い、「平均的なカーペットはその重さの最大三倍までの（埃や土などの）望ましくない物を含み込んでいて、それは普通の掃除機による掃除では取り除けない」と主張した。イギリス市場で最も有効な武器である「汚れ」を、マーケティングに利用したのである。

［図13］VAX（1990年頃）

外観に関してVAXは、それまでの家庭用掃除機とは異なり、オレンジと黒のカラーリングの工業的な外観を採用した［図13］。これまでの製品モデルには使われていなかった「プロフェッショナル」なイメージにするためと想像される。フーバーとエレクトロラックスも同様のモデルを投入したが、VAXはそれら大手メーカーとよく競合した。

このカーペット洗浄への突然の人気はイギリスおよび他の国、すべての部屋をカーペットで敷き詰める傾向のある国に特有のことかもしれない。興味深いことに、カーペット洗浄掃除機は今世紀になってもなお日本では普及していない。一九九〇年頃にはオーストラリア経由でVAXが輸入されていたことが確認できたが、その台数は限られており、業務用であっても家庭用ではないだろう。日本では「カーペットの中の汚れ」は一般家庭にとって、VAX型洗浄機を買うほど有効な説得手段にはならないようだ。カーペットの汚れについては靴脱ぎ習慣の有無が大きな要因であることはもちろんだが、もしカーペットがそれほど汚いものなら、日本ではカーペットを敷かないという選択がありうるからだ。

4―2　ダイソンのサイクロン型掃除機

もう一つの事例は、その後の掃除機に大変革を引き起こしたダイソンである（一人の発明家による発明が家電の市場を変えるほどの影響力を持つようになるなど、当時の誰が予想し得ただろうか？）。ダイソンの掃除機は「サイクロニックセパレータ」の遠心力によって埃を捕らえ、シリンダーの中心部からきれいな空気を外に排出する。これまでの掃除機が最初の数分間でダストバッグが目詰まりして吸引力が落ちるのに対して、この方式だとシリンダーに埃がたまっても吸引力が落ちないという。従来型掃除機の排気には多量の埃が含まれ、掃除をするとかえって部屋の空気が汚れるとのダイソンの主張は清潔さに敏感な消費者に強くアッピールした。

また、当時の文化的状況を睨んでのことだろうか、ダイソンはその製品に独特の（ポストモダン風の？）ダイナミックな外観と色彩（当時の家電には非常に珍しいピンクがかったクリーム色）を施した［図14］。この製品デザインは、イギリスの代表的デザイン雑誌で次のように描写された。「これは、ロイヤル・カレッジ・オブ・アートの学位作品展示会、メンフィス、スターワーズ、アールデコ、エイリアン、ポンピドー・センターのデザインモチーフの幸福な混合である」と(18)。

この外観と技術的仕様は圧倒的であり、掃除機の次世代の発展かとも思われたが、その製造と流通はまた別の次元の事だった。後にこのデザインはザヌーシ社（多国籍の家電メーカー）に売却されたが、ザヌーシはこれを生産せず、生産は最終的に日本のベンチャー企業（エイペックス）によって始まった（ダイソンが自国で自社生産を始めるのはさらに数年後になる）。一九九〇年頃はまだダイソンはデパートやデザイナーズショップで一種の「カルトオブジェクト」として販売されていた。

しかし、この新型掃除機は、登場した当時まだ商業ベースに乗っていなかったが、二〇世紀初頭に発明された古い原理に基づく家電製品を変革する可能性が、まだまだあることを世に示したと言える。その後の、現在に至るダイソンの成功ストーリーについては周知であり、ここでは詳しく触れないが、これまでにみてきた掃除機市場とデザイン

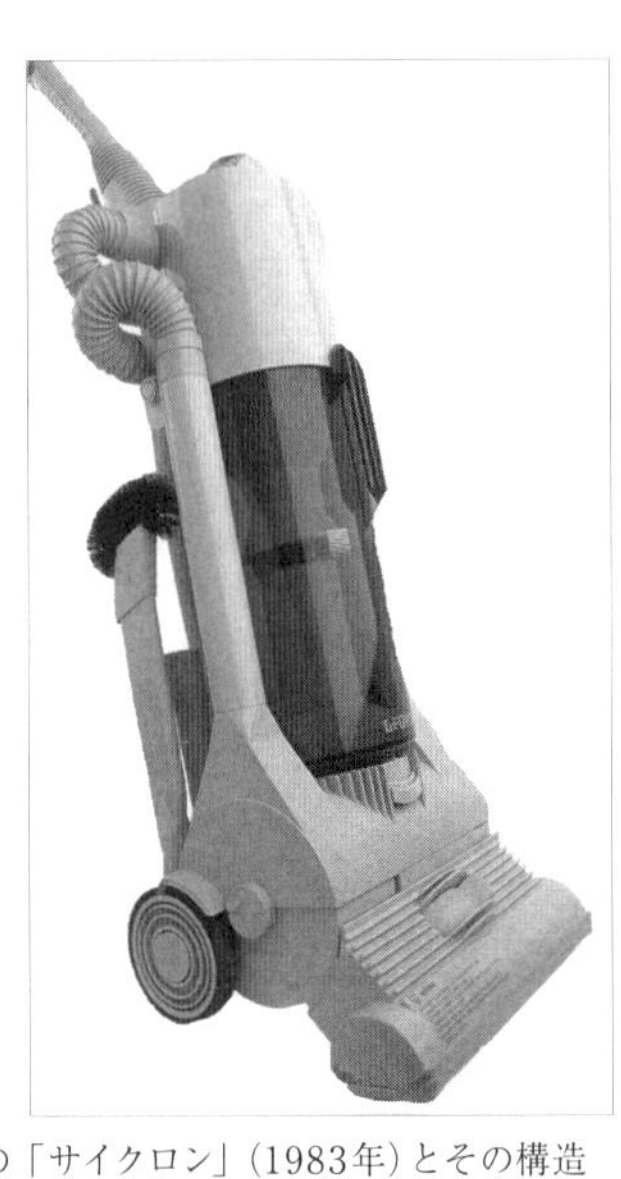

［図14］ダイソンの「サイクロン」（1983年）とその構造

の歴史を大きく動かした事件であったことは改めて確認しておきたい。

そして今や、ダイソンはイギリス国内の掃除機市場占有率でフーバーもエレクトロラックスも抜いてトップを占めるという。イギリス英語の動詞'hoover'（掃除機で掃除する、掃除機で何かを吸い取る）は、この国の掃除機の歴史の名残だが、だんだん使われなくなっていくのかもしれない。

5 掃除機を成立・進化させたもの

本節でみてきたように、家電製品が召使いなしの家庭（サーバントレスハウス）を成立させたという従来の議論・俗説には、高価であった初期の家電製品を購入できたのは召使いを雇える中流以上の家庭であったことが見逃されていた。真空掃除機が床掃除の労働を軽減したかどうかにも議論があり、むしろ床の清潔さに対する要求度を高めることになった結果、家事労働が増えたともいわれる。これは床の清潔さが「あたりまえ」になっている（家庭ごとの現実はともかく、社会的通念として、清潔にしていないと来客を迎えることが憚られる）現在の日本においても同様であろう。

各国そして各時代の技術・社会・経済条件の中にあって、また初期条件としての生活・文化条件の違いによって、家庭用機器はさまざまな「進化」のコースをたどっている。イギリスにおける真空掃除機の進化・普及の過程を、次節でみる日本と比較するなら、家庭電化のタイムラグばかりでなく、先行メーカーの市場支配（日本にはイギリスにおけるフーバーほどに強力なメーカーはなかった）、床形式の違い（日本の伝統的住居の畳床では箒で埃を容易に掃き出すことができた）とその変化（日本でもカーペットを敷く習慣が生まれてきた）などの違いが、機器のデザインに影響してきたことがいっそう明確になるだろう。

注

（1）Tony Muranka and Nick Rootes *doing a dyson*, 1996、ジェームス・ダイソン『逆風野郎――ダイソン成功物語』日経ＢＰ社、二〇〇四年等を参照。

（2）G・ギーディオン『機械化の文化史』鹿島出版会、一九七七年（原著一九四八年）、Yarwood, D., *The British Kitchen*, B.T.Batsford, 1981、Hardyment, C., *From Mangle To Microwave*, Polity Press, 1988、Weaver, R., and Dale, R., *Machines in the Home*, British Library, 1992、アドリアン・フォーティ『欲望のオブジェ』鹿島出版会、一九九二年（原著一九八六年）、Sparke, P., *Electrical Appliances*, Unwin Hyman, 1987等。

（3）一九世紀末から二〇世紀初頭にかけてのカーペットスイーパーと真空掃除機の技術的「発明」については多くの記述がある。"The Evolution of the Vacuum Cleaner", *Design and Components in Engineering*, April 15, 1970, "Filling a Vacuum", *Antique Machines & Curiosities*, No.5, 1980, D.Hann Antique Household Gadgets and Appliances, Littlehampton Book Services, 1977, pp. 108–113等。

（4）Weightman, G., and Humphries, S., *The Making of Modern London 1914–1939*, Sidwick & Jackson, 1984.

（5）セシル・ブースは、動力式ポンプと埃フィルターを組み合わせた真空掃除機を最初に発明（1901）したとされている。Davidson, C., *Woman's Work is Never Done*, 1982, pp. 127–128ほか。

（6）Gamage社カタログ、一九二六年。

（7）Hudson, K., *The Archaeology of the Consumer Society*, Heinemann, 1983, pp. 53–54.

（8）Forty, A., *Object of Desire*, Thames and Hudson, 1986, p. 174.

（9）Cowan, R.S., *More Work for Mother*, Basic Books, 1983.（邦訳＝『お母さんは忙しくなるばかり』法政大学出版局、二〇一〇年）

（10）Oaklay, A., *Housewife*, Allen Lane, 1974, p. 66.

（11）Joan Vanek "Household Technology and Social Status", *Technology and Culture*, vol. 29, 1978.

（12）以上はジェフリー博物館の情報シートによる。同館の一九三〇年代の部屋の再現展示（カーペットが敷き詰められていた）に対して、ある入場者が「あの頃は誰も固定式のカーペットなんてしてなかった」とコメント。これに応えて、博物館は一九八九年に展示を変更している。“What’s On At The Geffrye Museum”, Geffrye Museum, Sept.Dec.1989.

(13) 近年、真空掃除機の浩瀚な歴史を書いたアメリカのキャロル・ガンツは「カーペットスイーパーと真空掃除機が発明された基本的な理由は、カーペットだった」としている。C.Gantz, *The Vacuum Cleaner: A History*, Mc Farland, 2012, p. 13.

(14) 実物資料（実機）の観察は、主としてMilne Museum, Geffrye Museum, Science Museum（以上イギリス）、Boijmans Van Beuningen Museum（オランダ）のコレクションの実見による。調査は一九八九～一九九〇年。

(15) 電気掃除機の流線型デザインは、アメリカの自動車デザインで行われていた「計画的廃物化」(planned obsolescence）がイギリスの家電に応用された最初の例だとデザイン史家のA・フォーティが指摘している。“The Electric Home”, *British Design*, The Open University Press, 1975, p. 59.

(16)「コンステレーション」はポップアートのリチャード・ハミルトンによる作品“Just what is it that makes today’s homes so different, so appealing?”（1956）の画中にも描かれていることで有名。

(17) “No Pax for VAX”, *Manegement Today*, Oct, 1989.

(18) James Woudhuysen, “Cyclon”, *Design Magazine*, 416, August 1983.

第二節
日本の真空掃除機

Section 2
Vacuum Cleaners in Japan

真空掃除機（電動式吸い込みの床掃除機）は、日本では第二次世界大戦後まであまり知られていなかった。しかし今日ではそれを一台も持っていない家を見つけることは難しい。日本の真空掃除機は急激な家庭電化の縮図である。戦後の日常生活の急変と電機産業の成長を最もよく示すものがこの機器である。電機産業は戦前からあった。しかし家庭用電気機器（家電）の市場はまだ幼年期にあり、電気仕掛けの機器への「国民的中毒」は、ほとんど戦後の現象と言ってよい。

ここで注目したいのは、日本は、欧米であったような真空掃除機の発展、つまり手動あるいは馬に引かせたモデルからコンパクトな電動モデルへの発展を経験していないことである。日本人にとって、真空掃除機とは最初からコンパクトな電動モデルのことであった（だから日本ではそもそも「真空掃除機（ヴァキューム・クリーナー）」とは呼ばず、「電気掃除機」あるいは単に「掃除機」と呼ぶ。これ以外の、カーペットスイーパーの類の発明・工夫も二〇世紀初期からあったが、その販売数と製造数はごく限られていた）。そこでこの章では、電気式モデル、つまり家電としての掃除機の導入と日本的発展について振り返ってみたい(1)。

1　電動モデル導入の初期の試み

電気式の真空掃除機は、日本では一九一〇年頃に最初に輸入された。それはアップライトモデルであり、おそらくアメリカからだったと思われるが詳細は不明である(2)。最初の国産は東芝（当時は芝浦製作所）で、同社はアメリカのジェネラル・エレクト

［図1］国産初の電気掃除機（芝浦、1931年）

［図2］東芝広告（1933年頃）

リック社（GE）と密接な関係があった。同社は一九三二年にGEのモデルを芝浦のブランド名を付けて製造している。それは小型のアップライト型［図1］であった。

それに次ぐモデルもGE社のアップライト型をベースにしていると思われるが、GEマークによく似たレタリングデザインのSEC（Shibaura Electric Company?）のロゴマークをダストバッグに付けている。これとほぼ同時期にほかの二つの企業がシリンダー型モデルの輸入を開始している。戦後の主要家電メーカーである松下電器は、アメリカのウェスチングハウス社（WH = Westinghouse Electric）のモデルをベースにした小型の手持ち式の試作を始めている（しかしこれは戦後まで実際の生産には移されなかった）。これらの例からも明らかなのは、他の多くの家電と同様、初期の電気掃除機にはアメリカ製品からの直接の影響が明確なことである［図2］。

GE社は一九三七年に日本市場の将来性についての調査を行っている。この調査は当時の家電市場に関する数少ない情報源であるが、その結果から、電気アイロンと電機時計などの小型品を除くと、他の家電製品はほとんど保有されてなかったことがわかる。真空掃除機は日本家庭の〇・一パーセント以下、おそらくは非常に裕福でしかも西洋文化（当時の言葉で言う「モダン」な暮らし）を好む家庭にしか保有されてなかった。しかし、この調査は日本市場に楽観的であり、数年のうちにセールスは急成長するであろうと予想していた。

この調査はGE社の**J.G.Douglas**によって実施されたと山田正吾の『家電今昔物語』（一九八三年）に引用されている

が、その詳細はまだ不明な点もある。山田は東芝の商品企画・販売部門長を務めた人物で、その著書は自ら関わった当時の家電産業と市場についての自伝的体験記録として貴重なものである(3)。

話は戻るが、第二次世界大戦への突入によってGE社の楽観ははずれ、家電の輸入も止まった。ほとんどの家電関連メーカーは軍需産業へと様変わりし、ラジオなど戦争・防衛に必須のものに注力することになった。日本は本格的な家庭電化までその後の約二十年間を待たなくてはならなかったのだ。

2 家庭電化の時代と掃除機の登場

戦後日本の家電の急速な普及に先立って、連合軍占領時代(一九四五〜五一年)のアメリカ文化の影響があった。占領軍あるいはGHQは、文化政策の一環として全国で映画上映会を開催している。その宣伝映画にはアメリカの日常生活の風景も現れたであろう。これが多くの日本人にとって不思議な機械、真空掃除機が床の上を動いているのを最初に見た時ではなかったろうか。またNHKはアメリカの日常生活を伝える「アメリカ便り」というラジオ番組を放送した。ここでアメリカ家庭の掃除機もレポートされたかもしれない。しかし、リスナーにとって「掃除機」とはどのような形のものなのか、ラジオでは想像することが難しかっただろう。またアメリカのマンガ、チャック・ヤング作の「ブロンディ」が朝日新聞に連載され、アメリカの家庭風景も描かれたが、ここには電動の掃除機も現れている。映画館で上映されるアメリカ映画も影響力があったであろう(具体的に掃除機が画面には現れた作品があったかは知らない)。これらの一連の宣伝・プロパガンダがあったにも関わらず、当時の庶民はまだ家電機器を入手することはできなかった。現実の物がないことは逆に、その後の家電製品への熱狂につながっていったのかもしれない。

「家庭電化時代」(4)の経済的背景には一九六〇年代の高度成長があり、一人当たり収入の増加は新しい中流階級を生み出し、経済的に同質化された社会、そして家電の普及には非常に好都合な市場を生み出した。はっきりした階級

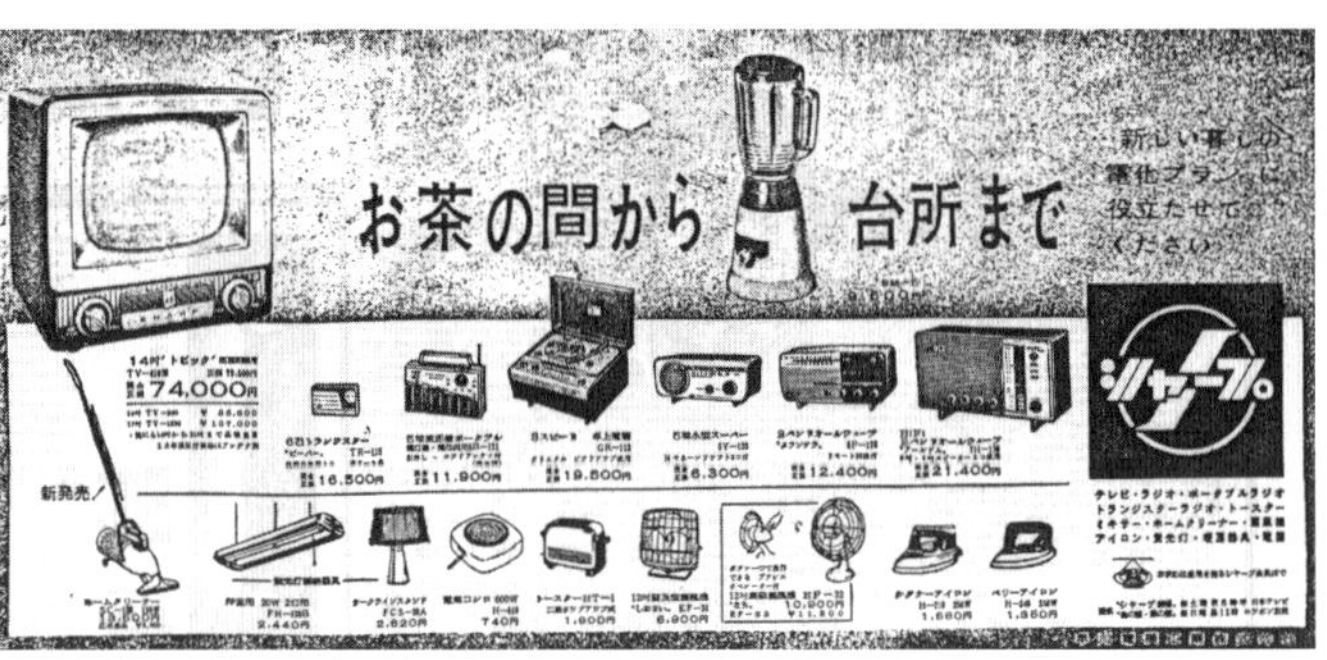

［図3］家庭電化製品広告（シャープ、1957年）

［図4］ハンド型掃除機の広告
（日立、1956年）

差がなく、あるいはそれがほとんど意識されない社会という歴史的にも珍しい社会状況が一九七〇年代の日本にあったことが思い出される。当時の日本人の九〇パーセントが自らを中流階級と見なしていたとされる。この傾向は一九八〇年代にはやや収入格差が大きくなって状況は変わったのだが。それでも日本が家電産業にとって理想的市場であり続けたことは変わらない［図3］。

戦後の掃除機の製造は、東芝のアップライト型によって一九四七年に始まる。いくつかのメーカーがフル生産に入るのは一九五三年頃である。ここで興味深いのは、戦後モデルのほとんどがシリンダー型［図4］であり、アップライト型が市場から消失していったことである。

初期のシリンダー型は、エレクトロラックスあるいはその追随メーカーにはっきりと影響されている。その一つの特徴はボディ下の橇（そり）である。後のモデルにあるような車輪はない。このようなはっきりした模倣は後のモデルには見られなくなる。

これまでに見てきたように、アメリカ製品とアメリカ文化の影響はこの時期の日本に顕著に見られた。ではなぜ、フーバー型のアップライトは本格的に導入されなかったのだろうか。その理由ははっきりしない。しかし後述するように、シリンダー型はいくつかの実用的な要因から、標準型として選ばれたと思われる。日本にはフーバーのように自分の会社のモデルを市場に押しつけることができるほど影響力のあるメーカーはなかった。そして特定の機種への固定した好みを持つ多数の購買層もいなかった。この普及初期の時期には、日本家庭に合うことを目指したさまざまな種類のデザインが現れては短期間で消えていった。

松下電器は一九五六〜五九年の間に、一三種もの新型掃除機を導入している。業界では掃除機は普通、アップライト型、シリンダー型、ポット型（イギリスではタブ型と呼ばれる。内部機構はシリンダー型とほぼ同様だが樽型容器の中に主要部品がレイアウトされる）、そして小型のハンドあるいはショルダー型に分類されていた。一九六〇年代には、アップライト型とハンドあるいはショルダー型はほとんど作られず、市場はシリンダー型とポット型によって七対三の比だった(5)。

3　掃除機の普及の遅さ

これらのメーカーの努力にも関わらず、掃除機は日本では戦後初期にはあまり売れなかった。家電機器の中で、消費者の間では掃除機には重きが置かれなかった。家庭への普及のスピードもメーカーにとって満足のいくものではなかった。

一九五一年の調査によると、当時の消費者に最も求められていた家電機器は、順番に、電熱器、アイロン、足温機、電気ストーブ、冷蔵庫であった。真空掃除機は上位一〇品に入っていない(6)。

掃除機の普及は他の「省力機器」、洗濯機や冷蔵庫に比べて非常に遅かった（これは重要なことである。なぜなら、イギリスでは掃除機の普及は後の二つの機器よりもずっと早かった。しかも、日本でもイギリスでも後の二つの機器の方が高額であった）。一九五〇年代の後半になるとほかの主要家電（テレビ、洗濯機、扇風機、炊飯器）の保有率は急速に上がる。しかし掃除機だけはほかの家電と同じ普及のコースをたどらなかったのだ。家庭における掃除機の保有率は、一九五四年でたったの〇・三パーセント、一九五九年でも五・七パーセントに上がったにすぎない(7)。

この頃、産業工芸試験所は東芝の依頼を受けて、掃除習慣と掃除機に関する一連の研究を実施した。研究の主要部分は家庭における掃除習慣の調査と掃除機の人間工学的研究だった。この研究は掃除機の販売が低調になり、メーカーがその原因を探っていたときに依頼されたという(8)。掃除機の普及の遅れについてはいくつかの要因を考えなくてはならない。

山田正吾は、掃除機を受け入れることについて日本女性には道徳的な忌避意識があったと言う。山田は家の掃除は女性の「神聖な義務」と信じられてきたために、それを機械で行うことがタブー視されたという意味のことを述べている。この意識は特に年齢の高い層において生きていたために、彼らはその娘や義理の娘（つまり嫁）に省力化機器なしで掃除することを強いていたと言うのである。家の主婦は家事をすることで彼女たちの能力と努力を示さなければならないのだと。確かにそういう場合があるとしても、この道徳による理由付けには無理がある（この道徳問題は、何の気兼ねもなく機械を使って掃除している現在の主婦たちにとっては面白い話かもしれないが）。この理由によっては、例えば、掃除機より高額な洗濯機の急速な普及を説明できないからである。洗濯もまた主婦の義務だったはずである。

これ以外の、そしてもっと可能性のある理由は、掃除機が日本家庭の掃除には有効な手段ではなかったというものである。先に見たようにアメリカやイギリスでは真空掃除機は家事従事者の労力と時間を本当に省いたとは言えなかったが、日本では状況はもっと悪い。真空掃除機のメリット（カーペットから埃を吸い取る）は、伝統的日本家屋では無視できるほど小さかったのだ。

ここでは日本家屋の開放的構造が重要になる。伝統的な家屋では部屋は固定式の壁ではなくスライド式戸によって仕切られる。そのような家では埃は箒を使って部屋から掃き出すことができる。畳の床は、カーペットのようには大量の埃を含み込まないために、箒で比較的簡単に掃除できる（もちろん少量の埃は含み込み、畳の深部に入り、畳の下の床板に積もる。これを年に何度かの大掃除の際に畳を上げ、戸外に持ち出して埃を叩き出すことがかつては普通のことだった）。そして床スペースの狭さもあって、西洋的な基準からすると日本の家はもともと床掃除がしやすい構造になっていたと言える。

戦後に各メーカーが掃除機を市場に出そうとしたとき、畳床を掃除する場合に掃除機があまり効率的でないことに気付いていたのではないか。これはメーカーがシリンダー型を標準タイプとして選んだ理由の一つではなかったか。対抗するアップライト型の利点は、より強力であり、カーペットから埃を吸い出す能力が高いことを思い出して欲しい。フーバーに代表されるアップライト型には、埃をかき出すために吸い取り部に電動回転ブラシがついた物が多くあった。

これに対してシリンダー型はより万能で、床以外の家の部分、例えば天井や家具の後ろ、障子の桟なども掃除できると日本では宣伝された。さらに注目したいのは、戦後初期には、ハンド型モデル（小型の、ハンドル付きのシリンダー型）が「最初の掃除機」として広告されたことである。イギリスのように大型モデルの補助として使うのではないことに注目したい。床以外の場所を掃除するためのハンド型の方が、日本では床掃除用の普通型よりも売りやすい商品と考えられたために、早くから広告された可能性がある［前出・図4］。

産業工芸試験所の調査は、一九六一年頃の家庭の掃除に関していくつかの驚くべき事実を明らかにしている。多くの家庭で一日に二回（一回ではなく）の掃除行っていたこと。これは現代の日本人にも驚きであろう。この事実の理由として、日本の家庭では床は非常に綺麗にされなくてはならなかったこと、西洋式の家よりもっと綺麗にされなくてはならなかったことがある。さらに日本では床に直接座ること、そして開放的構造のために風のある日などは埃が（今よりも多く）部屋に入ってきたことが考えられる。もう一つの面白い事実は、一日に一回より多く掃除する家では、掃除機の使われる率が低いことである。これは、掃除機を使うには準備（アタッチメントを取り付けるとか、コンセントにつなぐとか）が必要であるのに対して、箒を使うには何の準備も要らない。だから頻繁に掃除する家では掃除機を使うのが面倒になると考えられる。さらに、アパートにおいては掃除機の使用は掃除時間の短縮効果がなく、戸建ての家でもあまり短縮されていないことがわかった。どれも日本家屋における掃除機の有効性を疑わせる結果であった(9)。

このように、外国の異なる生活様式の中で発達してきた真空掃除機という機械は、日本の家と掃除習慣に合っていなかったと言える(10)。初期の掃除機は、しばしばモダンなアメリカ的生活のシンボルとすることを意図して（実際の効能のためではなく）購入されたのかもしれない。

4　急速な普及と清潔意識の変化

しかし、この全体的構図は、一九六〇年代以降になって家屋の構造が変化し始めると大きく変わる。その象徴となるのが、公団住宅をはじめとする集合住宅である。大戸数が作られ、規模の小さな２ＤＫ（二つの畳の部屋とダイニングキッチン）が標準となる。もっと大型のアパートも民間主導で作られた。これらの西洋化された家屋では、埃は箒で簡単に掃き出すことができなくなる。さらに重要なのは、一九六〇年代に、多くの部屋でカーペットを敷くことが増えたことである。これはアパートばかりでなく戸建ての家でも同様である。カーペットは畳の上にも敷かれることもある（これはこの時期からの新しい習慣である）。

カーペットを敷くことは快適さのためとは限らず、外観のためでもあった。特に若い世代にとって、畳は古くさく見え、部屋の外観を簡単に変える方法が畳にカーペットを敷くことだった。そして、このように外観が「西洋化」された部屋（洋室）にあっても、床は非常に綺麗にされなくてはならない。日本では家の中では靴を脱ぎ、床の上に直接に座るからである。この靴脱ぎ習慣こそ、今日まで変わらない日本の最も保守的な起居様式と言える。

「洋室」とは畳敷きでない部屋、板床やリノリウムなどのタイル張り、あるいはカーペット敷きの部屋である。このような部屋にはよくアームチェアやソファが置かれ、しばしば客を迎えるのにも使う。一九六〇年代後半以降の都市住宅では、このような洋室を設けることが普通となった。ちなみに、洋式生活の指標としては、もう一つベッドの保有率がある。ある調査では一九五九年には一〇〇〇軒の家庭の内で、四六台のベッドしかなかった。しかし一九七九年にはこれが七五九台に達したという(11)。

このような標準的な家屋の変化に連動するように、掃除機は一九六〇年代に急増し始める。保有率は驚異的な伸びを見せる。一九五九年の六パーセントから、一九七一年の七〇パーセントへの変化である。カーペット習慣と掃除機とは、大多数の家庭に同時に導入されたと見ることができる。カーペットが真空掃除(吸い取り式の掃除)を要求し、掃除機がカーペットを受け入れ可能なものに、そしてファッショナブルなものにしたのだ。

つまりある意味で、掃除機は日本の日常的なインテリアのデザインと掃除の仕方を、ともに変えたことになる。現在、ひとり住まいの小さなアパート(これ自体が日本に独特のものであり、現代の日本文化を探るために見逃せない対象物であるが)でも、掃除機は「あってあたりまえ」のものになっている。

戸建て住宅においては畳の部屋はあるものの、畳を良い状態に保つために必須だった春の大掃除は稀になった。これは畳自体の材質転換なども関わるはずだが、ここでは深入りしない。ただ、昔の大掃除の時に出ていたあの膨大な埃はどこへ行ったのか。だれか教えて欲しい。

あるとき、小さなワンルームのアパートに住む友人が語ってくれたことがある。彼が掃除機を買ったのは、彼のオーディオ機器とパソコンが埃によって具合が悪くなったからだと。彼の掃除機は彼自身のためのものではなく、彼の大事にしているガジェットのためのものだと言うのだ。日本の清潔感の現在を示すエピソードである。彼は、そして私たちは、昔のイギリス人のようには埃を怖いものと思っていないが、身の回りをきれいに、清潔にしたいという意識(無意識?)はいつのまにか広範に根付いている。私たちは十分に清潔な環境が社会全体で完成している時代の子なのだろう。

5　外観とデザインの変化

海外製品の模倣時代の後、日本の掃除機のデザインでユニークなのは、その数多くの新機能、ときにごくささいなものも含めた付加機能である。いくつもの付加的な便利機能が、ときには彫刻的な「良い」形態を犠牲にしてまでも加えられた。この便利さの強調は日本家電の一つの特性であろう。

それらの付加機能の例としては、埃インジケーター（集められた埃の量の表示）、自動コードリール（バネによるコードの巻き込み機構）、両用クリーニングヘッド（畳用とカーペット用の切り替え）、吸い込み力の調整、目詰まりしにくいフィルター、そしてさまざまな埃出しの方式（カセット型ダストバッグ、使い捨ての紙製ダストバッグ等）などがあった。これらの新しい機能を持ったニューモデルが毎年導入された。その新機能が成功すると他のメーカーがすぐに追随した。

苛烈な企業間競争は、戦後日本の家電産業の特性でもある。一九五〇年代後半から一九六〇年代にかけての家庭電化ブームの間に、主要メーカー、特に松下、東芝、日立、三洋、シャープ、三菱の各社が急激に成長し、比較的小さな国内市場で互いに競争する状況が生まれていた。電器機器分野の中でも音響・視覚機器と異なり、家事用家電は輸出には適していない。これは価格要因（市場価格と輸出コストの比）ばかりでなくその生活様式の違いからくる機能的要求の違いによる。そして、これらの成長期にあったメーカー間の競争が、その製品の迅速なモデルチェンジを招いたのである。

この過剰な競争は、しばしば業界内部からも批判の対象になった。山田正吾は次のように述べている。

わが国の家電各社は良い物を安く提供するという錦の御旗を立てて過当競争を繰り返しすぎた感がある。……いつもどこかで新しさを出そう、どこかを少し変えようとした結果、本来の目的を見失い、それ以外のところに技術を結集する袋小路に迷い込んだ例も少なくない。……さらにメーカーが横一列に並び、激しく競い合っているため、一社が何か画期的な新しさを出してくると、他社もそれを真似して、たちまち同じような箇所で開発競争が行われる。……(12)

以上は、山田が開発・販売企画の現役だった当時の家電業界全体の傾向を振り返った証言だが、掃除機においてもよく当てはまる。

一九六五年以降、プラスチックがボディに使われるようになると、シリンダー型とタブ型の両者ともに、掃除機の形態が変わり始める。鋼板ボディの頃にはシリンダー型の形態はほとんどストレートな円筒形だった[図5]。これが変わり始めたのである。最初のプラスチック製モデルは松下電器によって作られた。その公式社史には「シリンダー型のデザインは、付加機能の競争の後に行き詰まった。これを打ち破り、製造工程を削減するために、プラスチック製モデルの開発が一九六三年に始まった」とある(13)。

そのデザインはデザイン会社のインターナショナル・インダストリアル・デザイン社(IID)に依頼された。この会社は松下電器と関係があり、日系人デザイナーが働いていた。この時代、家電産業がフリーランスのデザイン会社にデザインを外注することは非常に稀であった。

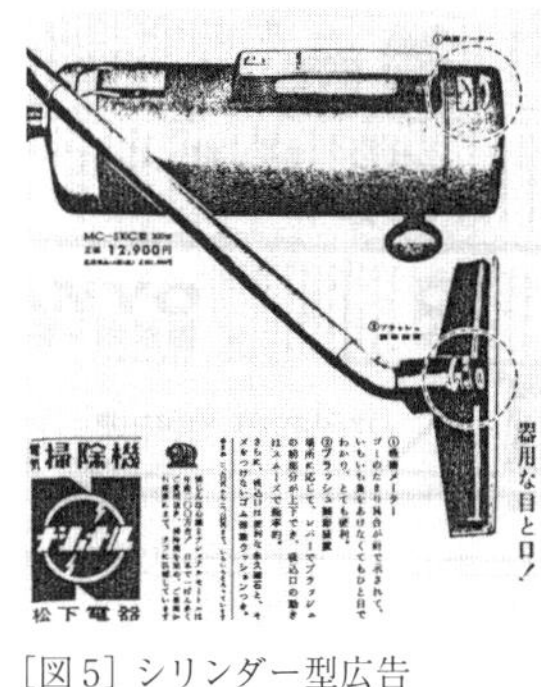

[図5] シリンダー型広告(松下電器、1961年)

その成果としてのデザインは、「ダイナミック」なABS製の流線型ボディと大きな車輪を持ち、このどちらも自動車のデザインを思わせるものになった。このモデルは大変な人気となる。このモデルMC−1000は一九六五〜六七年に生産され、生産数は前例のない六三万台に達した。自動車を思わせる流線型デザインは、以降の掃除機デザインの定番となった[図6]。

掃除機デザインのもう一つの重要な変化は、さまざまなカラーの導入である。これはプラスチックを使ったボディデザインの自然な帰結でもあるが、一九七〇年代の日本の家電の特徴でもある。パステル調の色彩やピンクなどがよく使われた。玩具や子供用品のようにも見えるそのような色彩は、日本では「女性むき」と考えられていたのであろう。各メーカーは、この種の色使いをユーザーの「ライフスタイル」に合わせた等と主張していた。当時の日本家庭の標準的なインテリアの色彩に調和するような色を選択した結果なのか、あるいはもっと別の商品戦略的な理由があったのかは不明である。

ここで、松下電器のデザイン部長を勤めた真野善一がかつて、「家電製品にはその形と色に『甘さ』が必要なのだ」という意味のことを述べていたことが思い出される（一九七五年頃）。彼の言葉は日本の家電デザイン全体の性格とその主たるターゲットイメージ、当時社会的に期待されていた日本女性のイメージを示唆している。当時の掃除機（および他の家事用家電製品）のカラー選択にはこうしたイメージ戦略があったのかもしれない。

［図6］MC-1000（松下電器、1965年）

その後の掃除機に加えられた（付加的な）新機能は日本の「ライフスタイル」をよく反映している。ノズル部の動力回転式ブラシ、かつてはフーバー等の海外のアップライト型に内蔵されていた機能が、シリンダー型でも採用された。これは日本でより多くの部屋がカーペットを敷くようになったことに対応した新機能である［図7］。特におもしろい新機能は「殺虫」機能である。掃除機が吸い込んだダニなどの虫を熱風や殺虫剤で殺すことができるというものだ（一九八〇年代末）。畳の中のシラミについてはこれまであまり気がついていなかった（あるいは気にしていなかった）が、数十年前までの日本にはなかった暖かく気密な部屋では、ダニが増殖しやすくなるのだと（機器メーカーは）指摘し、この新事実を利用して機器を売り込もうとしたのである（実は、ほとんどのダニはそれまでのモデルでも吸い込み時に死んでしまうらしいのだが）。

［図7］東芝広告（ターボ・ブラシをボディに収納できる。1985年）

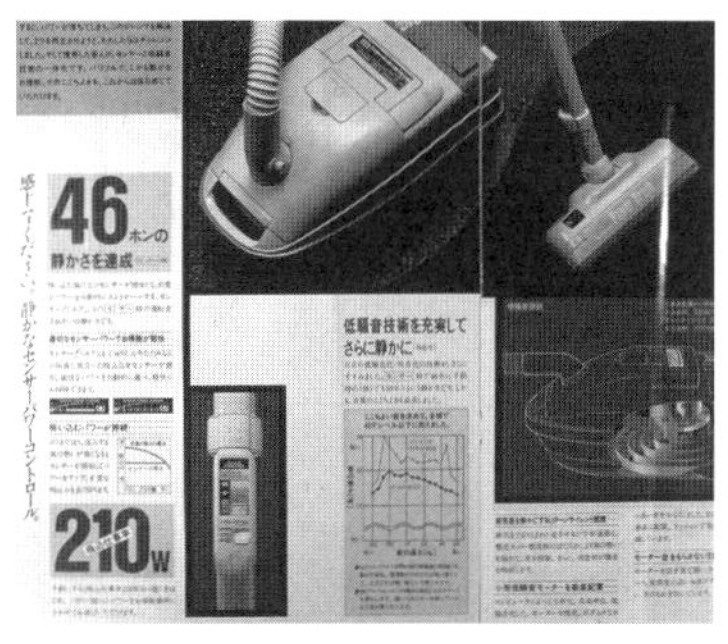

［図8］低騒音を訴求するカタログ
（1980年代末頃）

一九九〇年前後になると新型モデルの主要な新機能は、「低騒音型」であった。これは同時期の洗濯機でもうたわれた。これは家庭外で働く女性あるいはカップルが増え、日中に掃除機をかけることができない家が増えたことに対応するもので、低騒音なので隣人を気にせずに夜でも使うことができる。かつてのフーバー型と比べれば日本の掃除機はすでにずっと低騒音であったが、特に低騒音をうたうモデルの登場は、日本の、特に都市部の高密度な住宅事情を反映していたと言える［図8］。

ここまでに見てきた日本の掃除機のデザイン変遷は、「累積的な進化」だったと言えるだろう。特に革命的な新製品・新デザインが出てその後の市場を支配する（追随者がそれに続く）という「イノベーション型の進化」ではなく、各社がその時々に微細な新機能・新デザインを加え、他社がすぐさまそれと同等の機能、デザインの付加・変更を行い、結果的に長い目で見ると集合的に製品が進化している、という「累積的」な進化であったと言うことができる。いわば互いの製品の「コピー（模倣）がイノベーションを刺激」していた[14]、あるいは微細な改変の累積が結果的に集合的な製品進化に結びついていたことになる。

このような製品進化の過程は、日本の比

較的均一な市場の中で限られた数の有力メーカー（技術力もデザイン力も拮抗している）数社が互いに競い合う日本独特の企業・市場環境と関係が深い。掃除機においてこの企業・市場環境を一変させたのが、一九九〇年代末からのダイソンの日本市場進出だった(15)。

6 日本の掃除機の現在

そして、二〇〇〇年代、イギリス発祥の「ダイソン」の日本市場参入の直後から、掃除機をめぐる状況は大きく変わった。その飛び抜けた高価格設定にもかかわらず、「掃除機をかけても部屋の空気が汚れない」（従来型の掃除機では排気に含まれる埃によって、掃除機をかける前よりも部屋の空気が汚れる）とするダイソンの訴求は、日本市場においても十分な説得力があった。日本では清潔志向の「ライフスタイル」がいつの間にか進行していたことになる。この市場状況に対して、すぐさま日本メーカーも対応し、短期間のうちに各社がダイソン型（サイクロン式）のモデルを出して追随した（このような追随型商品化の迅速さは日本の家電メーカーの得意とするところである）。国内メーカーは、それまでの製品の価格帯のラインナップや定期的モデルチェンジ（外観のマイナーチェンジと微細な機能付加）の慣行の大幅な変更を迫られた。これは国内メーカー間の競争だけではとうてい起きなかった変化である。

またダイソンは次期モデルで全体をコンパクトにしたモデルを投入したが、これは日本市場を強く意識したものだったと考えられる。初期モデルはその高価格とともにボディの大きさにも抵抗感があったからである。

ダイソンの参入と市場での成功の結果、掃除機価格の幅は広がり、消費者の選択幅も（ほぼ同時期に始まる炊飯器など他の家電でも現れた高級化・高価格化と同様に）広がることになった。

7　日本の掃除機進化の特性

ここまで述べてきたように、イギリス市場でかつてあったシリンダー型とアップライト型の対抗は、日本市場では見られなかった（市場のほとんどがシリンダー型で占められていたからである。イギリス市場におけるフーバー社のように市場全体を牽引するようなメーカーはなく、各社が競争し模倣し合う特殊な市場環境があったことが製品の進化プロセスに大きく影響していたことが指摘できる）。

すでに成熟市場とみられていた掃除機にあって、世紀転換期になってやっと、もう一つの新種であるサイクロン型が現れ、シリンダー型の強力な対抗馬となったが、イギリス市場にある洗浄型掃除機は、日本では現在まで家庭用には現れていない。住宅の床形式と靴脱ぎ習慣の保守性のためであろう。

現在の市場には、従来型モデルから発展したシリンダー型と、高価格帯のサイクロン型、そしてその将来的な普及はまだ未知数であるものの「ロボット」掃除機、さらに、本体を床上で動かすのでなく小型の本体と吸引部が棒状に連なるスティック型、さらに小型のショルダー型（肩掛け型）、ハンド型（手持ち型）等、きわめて多様なモデルがある。これら多種多様な掃除機の存在もまた、現代日本の清潔意識（家の中の隅々まで、できれば毎日、掃除機をかけたい、かけることがあたりまえである、等の意識）をよく反映している。

注

（1）日本の掃除機を始めとする家電デザインの変遷に関して、これまで以下のようなまとめがある。家庭電気文化会『家庭電気機器変遷史』、一九七九年。日本電気機器工業会「日本の家電デザイン 1950–1980」、『Design News』一二〇・一二一号、一九八一年。日本インダストリアルデザイナー協会『精緻の構造』六耀社、一九八三年。電気式掃除機自体の変遷を扱った研究として、望月史郎「電気掃除機の変遷過程に関する研究」、『デザイン学研究』第九三号、一九九二年がある。

（2）戦前に紹介されていた掃除機については、冨山房『国民百科大辞典』、一九三四年、東京芝浦電気株式会社『東京芝浦電気株式会社八五年史』、一九六三年などを参照。

(3) 山田正吾・森彰英『家電今昔物語』三省堂、一九八三年。

(4)「家庭電化時代」の一般的啓蒙書として、日本電器工業会『家庭電器読本』日刊工業新聞社、一九六五年、西清『家庭電化入門』井上書房、一九六〇年などがある。

(5) 松下電器産業株式会社『松下電器の技術五〇年史』、一九六八年。

(6) 調査は関西電力によるもの。山田、前掲書（3）に引用されている。

(7) 総理府統計局『全国消費実態調査報告第4巻耐久消費財編』、一九五九―六四年。

(8) 産業工芸試験所意匠第一部「掃除の研究Ⅰ」・「同Ⅱ」、『工芸ニュース』三三号、一九六六―六七年、三四頁。

(9) 同前。

(10) 山口昌伴「掃除の意味と道具の変遷」、『GAガラス』第八二号、一九八二年、一二頁。

(11) 松下電器産業株式会社、前掲書（5）ほか。

(12) 山田、前掲書（3）、二〇五―二〇六頁。

(13) 松下電器産業株式会社、前掲書（5）。

(14) K・ラウスティアラ、C・スプリグマン『パクリ経済――コピーはイノベーションを刺激する』みすず書房、二〇一五年。

(15) J・ダイソン『逆風野郎――ダイソン成功物語』日経BP社、二〇〇四年ほか。

コラム　イギリスの道具博物館事情２

ジェフリー・ミュージアム

東ロンドン、ショレディッチ。かつてイギリス最大の労働者居住地区として知られたイーストエンドのほぼ中心。あたりには家具工房や靴問屋が多く、老朽化した建物が延々と続く。その中に、やや場違いな風情で、小さいが瀟洒な芝生の庭園がぽっかりとひらけている。これがたずね当てた家具と室内装飾の博物館、ジェフリー・ミュージアム（Jeffrye Museum）の前庭だった。

庭園を見下ろすミュージアムの建物は、一八世紀初めに救貧院として建てられたもの。建物中央にはチャペルがあり、その正面には、救貧院の創設者でロンドン市長も務めたジェフリー卿の立像が取り付けられている。ロンドン市がここを買い上げて博物館にしたのは、時代も下って一九一二年のこと。イーストエンドの家具産業は、安価な大衆的家具の生産から始まり、一九世紀終わりにはすでにロンドン家具産業の中心地に成長していた。

イギリスの家庭機器の歴史を研究しようとしていた私は、すでに何人もの人からこの博物館を紹介されていた。小さいながらも、研究者や家具愛好者にはよく知られている場所であることもわかっていた。

展示の構成はきわめて単純かつ明解。チャペルの両側に続く各部屋（救貧院の頃は壁で分割されて一四戸に分かれていた）に、エリザベス時代（一六〇〇年頃）から一九三〇年代まで、それぞれの時代のミドルクラスの居間の室内を再現してある。ピリオドルーム、つまり特定の時代を再現した部屋、といわれる展示様式である。

来館者は細長い館の建物の片側から入り、もう片側にたどりつくまでの間に、イギリスの室内装飾の歴史を年代順に見ていくことができる。ビクトリア・アンド・アルバート博などの大型博物館では、あまりにも広い館内と膨大な展示物に圧倒され、疲労困憊して、細かなディテールを見落としがちであるのに比べ、ここでは展示室の一つ一つをじっくりと見ることができる。子供たちの課外教育に多く利用されているのも、このシンプルかつコンパクトな展示によるところが大きい。

イギリスでは王室の居城が観光施設となり、カントリーハウス（貴族の郊外の邸宅）もナショナル・トラスト等の管理の下で多く公開されている。しかし、どれも庶民の家庭景観とはほど遠く、展示されている品々も、高価な美術工芸品であっても日常生活の道具とは言い難い。後に私がジェフリー博に頻繁に通うようになったのも、庶民の日常生活史を重視するこの博物館の基本姿勢が私たちの構想する「道具学」と共通するところがあったからである。

例えば、イギリスの掃除道具の歴史を探ろうとすれば、当然室内の床形式が問題となる。ここの展示と解説リーフレットが次のように答えてくれる。一八世紀中頃では、カーペットは依然贅沢品であり、ほとんどの部屋は板床のままであった。そこで大理石などに似せた塗装のカンバス地を敷くことが多く行われた。一八世紀末になると機械織りの安価なカーペットが登場し、これを週に一度洗うことが召使いたちの仕事になった。裏返して一日敷いておき、下に落ちた埃を箒で掃きとる方法もあった（カーペットはまだ敷き詰めになっていなかったからである）。一九三〇年代になると都市郊外にミドルクラスの住宅が多く建てられるが、ここでもカーペットを敷き詰めるのはごく一部の層に限られ、ラグを部分的に敷くか、リノリウムを張り詰めるのが一般的だった。

その後の電気掃除機の普及と、いま見るようにカーペットを敷き詰める習慣の発生とが、並行していることが一つ確かめられた。なお、博物館の地下室には、室内装飾と関わる家庭機器のスタディコレクションがあり、研究者に公開されている。この中には一九三〇年代以降の一般家庭のインテリアに現れてきたラジオや蓄音機に混じって数々の床掃除の道具（手押しのカーペットスイーパーや吸い取り式掃除具、そして電気掃除機）もあった。

ジェフリー博では、常設展示に加えて毎年ユニークな企画展示を行っている、イーストエンドの家具産業の発展史を扱った展示、ユーティリティと呼ばれる第二次世界大戦の戦中戦後の政府統制による規格家具の展示など、後々まで歴史家に言及される高度な内容のものがあったが、一九九〇年の企画展示「プッティング・オン・スタイル展」はこれらに匹敵する画期的なものだった。

これは一九五〇年代の部屋をピリオドルームに加えるにあたって行われたもの。一九五〇年代の庶民が、新しくインテリアをしつらえる時、何を考え、どのように家具を、カーペットを、壁紙やカーテンを選んで、自分たちの室内を構成したのか。当時の社会状況（戦災による住宅難、それを解決するための公営規格住宅の建設、旧植民地からの移民の急増）と、流行のイメージ（アメリカ的消費文化の侵食、モダンデザインのプロモーションとその一方での「伝統的」家具のリバイバル）の考察をまじえて一連の展示とした。

この展示プロジェクトのために、さまざまな層の人々に対する聞き取り調査が行われ、プロジェクトに興味を持った人々から当時のインテリアに関する思い出が寄せられた。展示は合わせて二〇〇名にものぼる人々の思い出が反映された実証的なものとなった。展示開催中には、展示のいくつかの部屋から、一九五〇年代の常設展示としてどれが最もふさわしいか、来館者に人気投票させる、というおまけもあった。

イギリスでは、社会史的視点を取り入れることによって、デザイン史の見直しが進められている。このジェフリー博の展示もその流れに沿うものと言える。ミドルクラス以上の家庭景観に偏っていた従来の博物館展示に対して、労働者階級や海外からの移民までを含めた庶民の室内景観を対象にする、というまったく新しい試みがここで始まったのである。

（GK道具学研究所『DOUGUOLOGY』八号、一九九一年九月発行より）

第五章
風 呂

Chapter 5
The Bath

第一節
イギリスの風呂

Section 1
The Bath in Britain

現代生活で「あって、あたりまえ」になっている設備、その一つは毎日の入浴のための設備、それも住居の中に設置された風呂である。公衆浴場ではなく、各家々に風呂場を設けることが普通になるためには、さまざまな技術的手段の発展と普及が不可欠だった。この節では、イギリスの家庭用風呂（浴室・浴槽）を考察の対象として、特に庶民家庭における風呂が、どのような発展・普及の過程をたどり、どのようなデザインの変遷を経てきたのかを探り、その背景となった諸要因について考えてみたい（1）。

1 イギリスにおける家庭用風呂の普及

今日、近代的な機能がすべて揃っているバスルームはイギリスの家庭においてあたりまえのものとしてとらえられている。しかし、イギリスの一般庶民にとって熱い湯に身を浸して入浴することは比較的新しい習慣であり、下層階級の家庭においてバスルームの所有が一般的でなかった一九世紀の終わりまで、据え置き型の風呂は「ぜいたく品」と考えられていた。一九一八年に発表され、その後の住宅政策に影響したとされるチューダー・ウオルターズ報告書（2）は、すべての家庭が水の供給、トイレ、そして固定された風呂を所有するべきであると述べた（一九一九年には、イギリス家庭全体の約一〇パーセント、つまり一〇軒に一軒しか据え置き式の風呂を所有していなかったのだ（3））。ウオルターズは一九二七年に「バスルームはすべての家庭に不可欠である」と繰り返し提唱している（4）。

一九五一年の一斉調査でも三七パーセントの家庭がまったく風呂を持たず、共同のものですら所有していないことが明らかになった(5)。一九六七年に公共健康調査団が行った調査では、イギリスとウェールズの住まい全体の八分の一が、シャワーも備え付けの風呂も所有していなかった(6)。その後、バスルームの所有率は急激に増加し、今日では九五パーセント以上の住宅が個々にバスルームを所有している。

約一〇〇年あまりの間に、どのようにしてこのような劇的な変化が起こったのだろうか。すべての家庭にバスルームが導入されるきっかけとなった要素は何だろうか。本節では、過去約一〇〇年間のイギリス家庭における近代的バスルームの発達についてたどり、給湯設備の発達、風呂作りの材料の発達などの技術的な側面とともに、住宅建設の動向や庶民家庭の風呂への需要や選好など、家庭用風呂の社会的背景にも注目する。また、個別性の高い贅沢なタイプのバスルームではなく、多くの家庭にみられた最も典型的なものに焦点を当てながら、バスルームの外観デザインの変遷について振り返ってみよう。

2　給湯設備の発展過程

2―1　熱い湯の供給なしの風呂

熱い湯の供給が一般的になる以前、風呂の準備に必要で最も困難とされた仕事は、疑いなく熱い湯を用意することであった。庶民の住宅内に給湯の配管がなされる前の入浴法の中で最も普通の形態は、台所や寝室に置かれるブリキの浴槽(腰湯用)のような移動可能なものを使うことであった[図1、2、3]。

熱い湯はヤカンや鍋から注がれた。浴槽が寝室に設置されている場合、熱い湯を家の二階へ運ぶのは非常に骨の折れる作業であったに違いない。家政婦の助けを借りる余裕がなかった一般庶民にとって、このような不便は毎日の入浴を難しくしたであろう。一九世紀の後半まで、通常の十分な長さのあるラウンジ型浴槽よりも窮屈な腰湯用浴槽が一般的であった理由は、腰湯が必要とする水の量がずっと少ないため苦労も少なく、スペースの確保にもなったからである。

2—2 直火型ガス風呂など

熱い湯を運ばずに風呂を用意することを可能とした初めての方法は、風呂に入るその場で温めるというものであった。これは、初めは浴槽に接続した専用のボイラーを使用するという方法で行われた。

一八五〇年にヘンリー・コール（Henry Cole）は石炭などの固形燃料用ボイラーに接続したものを推奨した。ロンドンのテイラー＆ソン（Taylor & Son）によって製造された「ウオーム・バス・アパレイタス」である。その広告は「およそ三〇分で循環という方法によって得られる温かいお風呂を提供する」とうたっていた(7)。

［図1］金属製タブ
（労働者住宅再現展示、ウェールズ・Beamish）

［図2］座り式タブ
（シッツ・バス、York Castle Museum）

［図3］座り式タブ
（シッツ・バス、York Castle Museum）

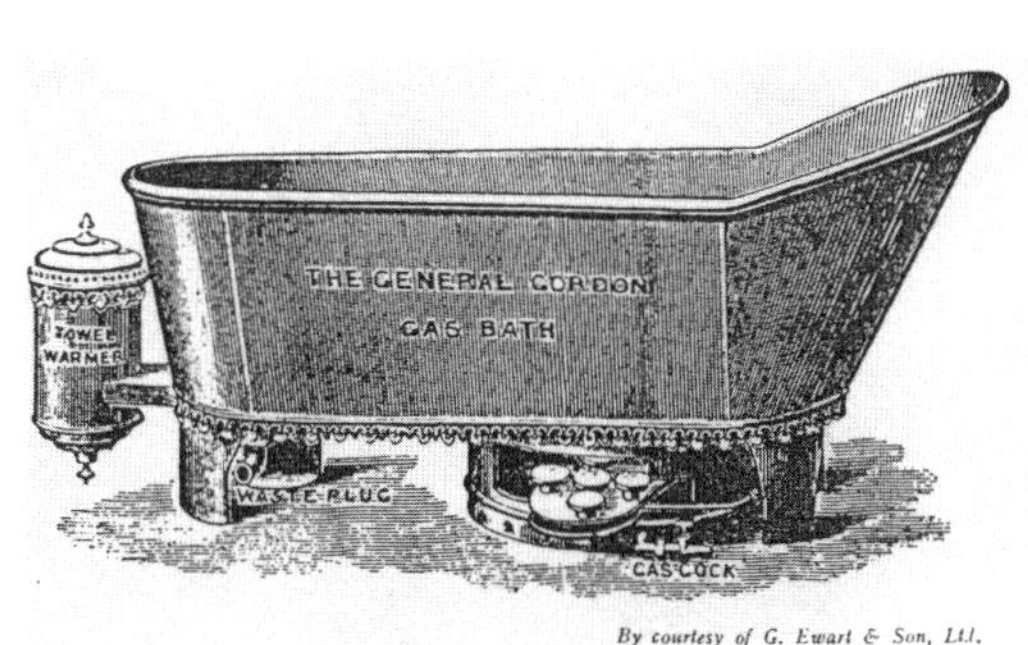

［図４］General Gordon 風呂（Ewart & Son、1880年頃）

石炭による火を使用する代わりにガスボイラーを使用した風呂もあった。ガスによって温められる銅製の小さな循環機がフローに接続され、リターンパイプは浴槽そのものに直接つながれた。初期の段階での「その場で温める」もう一つのタイプの風呂は、エワート社（Messers, Ewart & Son）によって作られたジェネラル・ゴードン（General Gordon）風呂［図４］(8)で、一八八二〜三年のクリスタルパレス展示会で公開された。これに非常によく似たものでシュルーズブリー（G. Shrewsbury）によって一八七一年に製造されたガス風呂を、ロンドンの科学博物館で今日見ることができる。

このタイプの風呂は当時湯の供給装置を備えていなかった家庭にとって意味があり、一時的に人気があった。冷たいままの水道配管を使用するときは、このタイプが暖かい風呂で入浴を行うのに最も便利な方法であると考えられた。しかし、このタイプはイギリスにおいては比較的寿命が短かった。その人気の下降の原因は明らかではないが、固体燃料につきものの汚れや適切な排気管なしでガスを使用する際の危険が原因であったかもしれない。また、温度調節が非常に困難であったとも考えられる（General Gordon タイプは浴槽の下部が直接温められ、浴槽に入る前に火を消す必要があった）。

これらの不都合によって、このタイプの風呂は狭いスペースに設置するのは難しかったと考えられる。また、バスルームの付属品が通常木製のカバーで覆われ、非常に華美であった当時において、これらの装置の少々機械的な外観は、明らかな欠点となったであろう。

後に、入浴する者の視界に入らない独立式の給湯システムが発達すると、これらの現場で温める風呂は完全に廃れてしまった（風呂に入るその場で、直接温める形式の風呂は後に日本で大いに発達し、洗練されたメカニズムが採用されることになる）。

2―3 配管による湯の供給 ――独立式ボイラーとバックボイラー

世紀の変わり目には非常に多くの給湯システムが併存し、一九六〇年代の温水によるセントラルヒーティングシステムの導入までは支配的な方法はなかった。一九一〇年代の後半、水を温める一般的な方法は、独立型の石炭ボイラー、煮洗い釜、バックボイラー、石炭暖炉、またはストーブ上で鍋を温めることによるものなどであった(9)。

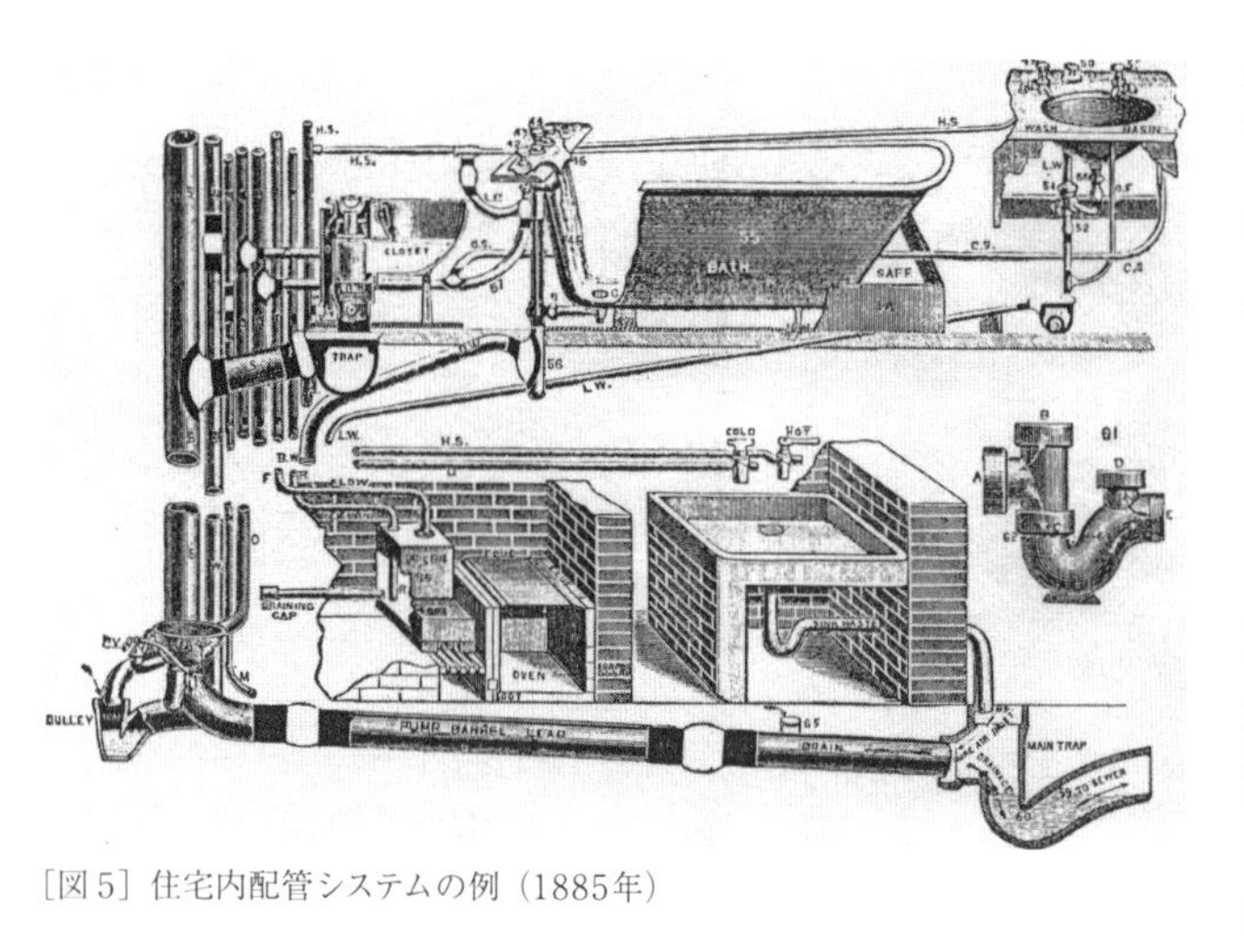

［図5］住宅内配管システムの例（1885年）

ほとんどの大きな家庭では、一九世紀の終わりまでには、キッチンレンジに取り付けられたバックボイラーもしくはサイドボイラーから供給される熱い湯のパイプが、バスルームへとつながっていた［図5］。キッチンレンジが使用されなくなった家庭においては、ガスによって料理が行われ、小さくて独立型の石炭もしくはコークスのボイラーによって熱い湯を得ていた。これはウォータージャケットのついた鉄製・円筒状のストーブであった。初期費用と運営費用の両方においてより高額であったこの独立型ボイラーは、労働階級の家庭においてはほとんど見られないものであった。

このような配管式の熱湯供給器具の一つはコンビネーションレンジ［図6］である。コーン（corne）のコンビネーションレンジは、一九〇三年のハウジングハンドブック(10)にも掲載された。浴槽は台所裏側の食器洗い場に設置され、台所のレンジにパイプでつながれる。この装置は一九三九年から一九四五年の間に一時的に大量生産された仮設住宅におけるプレハブ式の台所・バスルームセットの先駆ともいわれる(11)。コーンの装置はバタシー自治区やバーンビルト

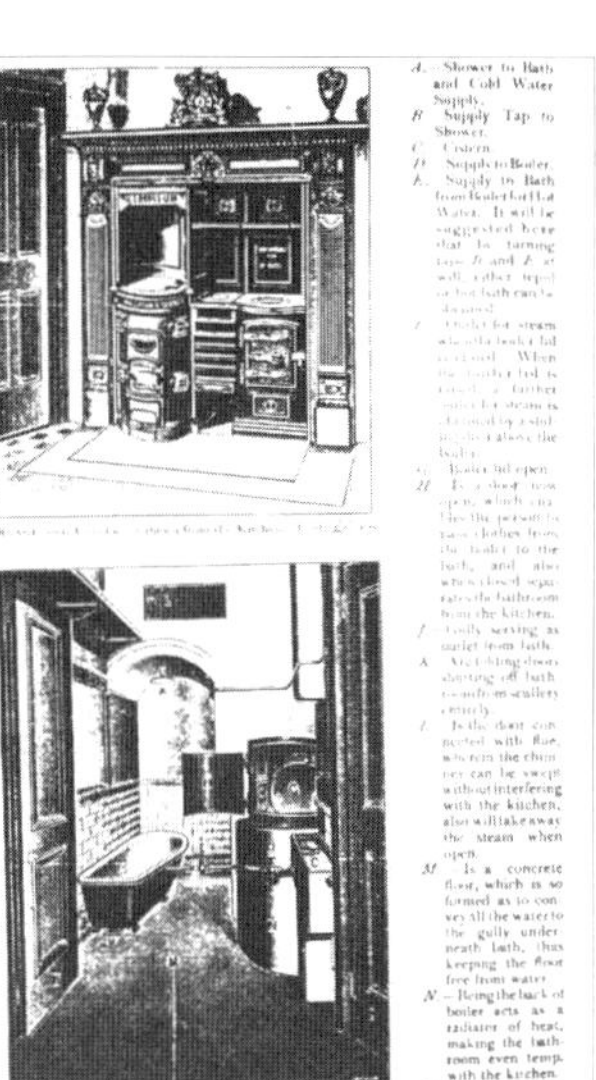

［図6］コーンのコンビネーションレンジ（1903年）

ラストといった自治体・組織によって採用され、明らかな成功を収めた(12)。

バックボイラーあるいは独立型ボイラーの使用は、一九六〇年代のセントラルヒーティングの普及に至るまでイギリス家庭で湯を得るための主要な手段だった。しかし、ここには地域差や階級差もあった。バックボイラーは北部でより多く普及した。石炭の価格が安く、炭坑夫への石炭割引があったこともその一因である。独立型のコークスボイラーは南イングランドに限って普及した。そこではガス会社が余剰コークスの市場を創出するために独立型ボイラーの使用を推奨していた(13)。後に、これら「配管式」の給湯は、暖房と給湯を同時にかなえるセントラルヒーティングシステムへと発展した。

2—4 瞬間湯沸かし器

一九二〇年代に給湯システムが中流階級の住宅に導入され始めた一方で、ギーザー（geyser）、すなわち一八六八年に発明された瞬間湯沸かし器が広まり始めた。コンビネーションレンジやバックボイラーの使用は、冬季には燃料を節約できたが、夏季には邪魔となる火をつけなければならない点で明白な不利があった。

同じような不便は労働階級の家庭において人気のあった衣類用煮洗い釜（copper）で温める浴槽にも当てはまった。煮洗い釜を温める行為は夏の部屋を暑くした。湯沸かし器の利点は、①予め火をつけておく必要がなく、水をいつでも温めることができる。②ほかの加熱器具から独立していて夏季に部屋を暑くすることがない。③複雑な配管工事なしでバスルームに簡単に設置することができること、だった。

［図7］湯沸かし器のある浴室
（Royal Doulton Catalogue、1904年）

［図8］食器洗い場に設置されたマルチ・ポイント型湯沸かし器
（Ewart & son, ‘califont-de-luxe’、1935年頃）

初期のモデルは、浴槽にのみ湯を供給するシングルポイントのタイプであり、それはしばしば浴槽の横に設置された。湯沸かし器は冷たい水の供給のみが行われる小さい家においてよく使用された［図7］。特に、コンパクトなモデルは大戦間に建築された比較的小さな家において人気が高かった。

後に、地方自治体による戦後復興計画によって、バスルームや熱湯の供給のなかった小さな家にマルチポイントタイプの湯沸かし器が導入された。アスコット社（Ascot）という非常に影響力のあるマルチポイントタイプのメーカーは、一九五五年の広報用パンフレットの中で小さな家におけるその利点を以下のように説明している[14]。①より少ない設置費用――アスコット社のマルチポイントタイプはバックボイラーに比べて台所とバスルームの使用場所により近い位置に設置することができる。フローとリターンシステム、熱湯タンクと延長パイプの除外によって配管工事のかなりの節約を可能にする。②場所の確保――ほとんどのアパートは収納場所が非常に狭いので、収納棚が巨大な水保管容器に場所を取られるわけにはいかない。

アスコット社のパンフレットはさらに、興味深い社会的、文化的要素について指摘している。「新しく改装した家や、改善された大きな共同住宅のテナントのほとんどは労働階級家族によって構成され、日中は両親が働きに出て、子供は学校に通う。このような家庭においては、短時間に、少量の熱湯を素速く供給することが求められる」と。これに対して、バックボイラーのような固体燃料を使うシステムでは、夜間の最大供給時の準備のために、火を一日中つけていなければならなかった。

一九二〇年代から一九六〇年代にかけて、小さい家においても熱湯供給システムが一般的になるまで、湯沸かし器が浴槽の片側のちょうど真上の壁に設置されたバスルームが最も一般的であった。この期間に、湯沸かし器の外観は銅製の単純な円筒状のボディーから、流線型の白い琺瑯仕上げのボディーへと変化し、バスルームそのものの外観変化にも適合するかたちになった［図8］。しかしその後、湯沸かし器は温水システムの広範囲にわたる普及によって取って代わられ、今日ブリティシュガス社では安全面を考慮して、ガス燃焼装置のバスルーム内への設置を行っていない。

3　より快適な住まいへの動きと労働者階級家庭での風呂普及

バスルームの発達と普及は、両大戦間時のより快適な住宅を目指す政府主導の動きと関係が深い。二〇世紀の初めの十年間以降、不健康さの主な理由は悪い住宅に原因があるという認識が広まり、一九一八年のチューダー・ウオルターズ報告ではすべての世帯にバスルームのある高水準の家が提唱された。イギリス政府は一九一九年に初めて国家

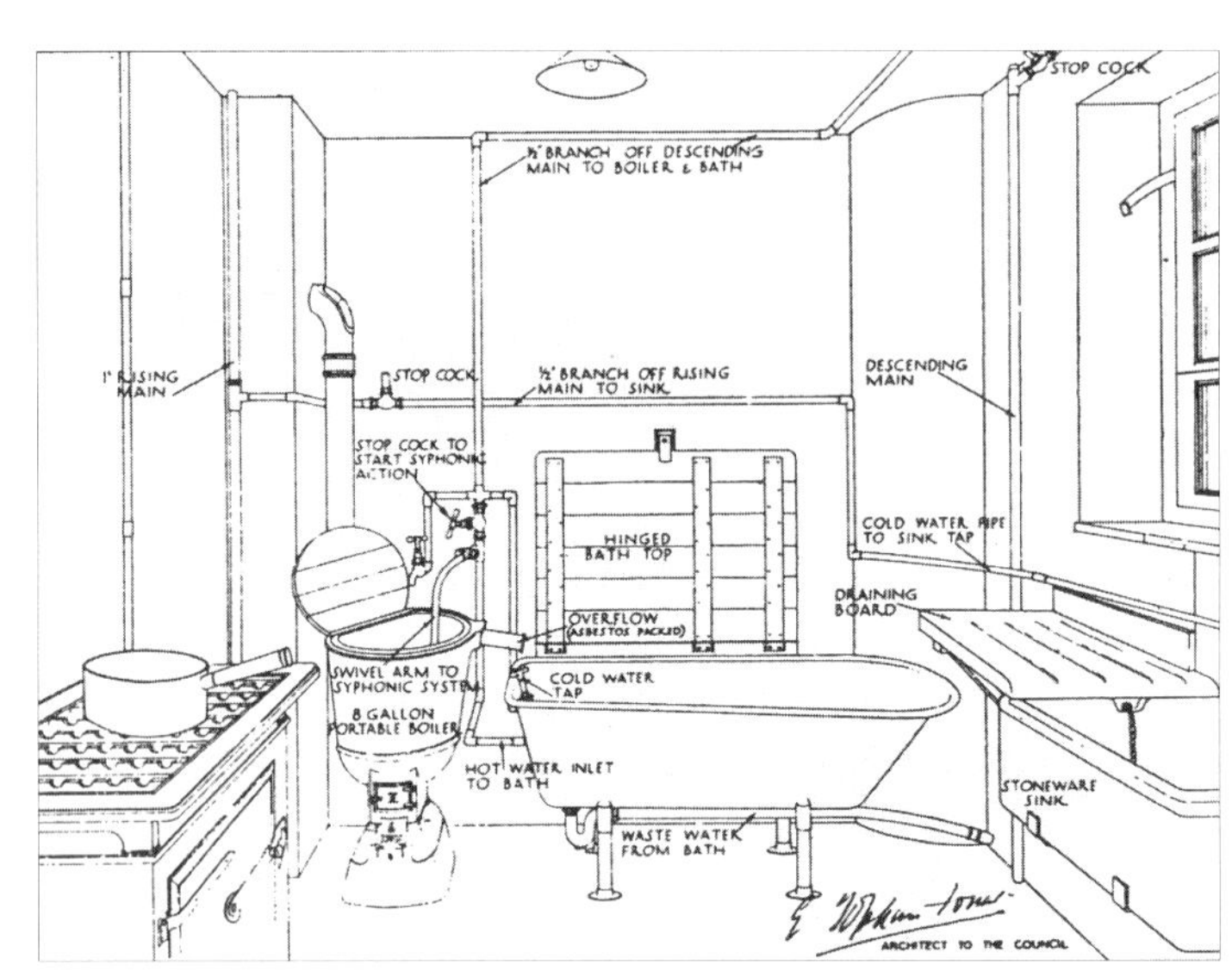

［図 9］1924年以前のLCCアパートの台所（L.C.C. Housing、1928年）

予算を住居の建築費に当てることを決めた。これを定めたアディソン法（Addison Acts）が成立し、新しい公営住宅を建てるための寛大な補助金を地方自治体にもたらした。両大戦間に建築された公営住宅の多くは、熱湯と水の供給、そしてバスルームを備えていた。当時建築された平均的な公営住宅は三、四つの寝室があり、水と湯が流れる屋内のトイレとバスルームがあった(15)。

それでもなお、その後の長い期間における労働者階級の家庭では、風呂があったとしても多くは食器洗い室（スカラリー）に浴槽があった。食器洗い室の煮洗い釜（コッパー）かストーブにかけた鍋が、水を温める主な方法であったからである。バスルームが二階にあったいくつかのケースの場合、ポンプによって一階の煮洗い釜の湯をバスルームへつなげることによって湯を供給していた。一般的に、一階にあるバスルームはパイプの設置と配管工事の両方においてより経済的であると考えられていたためである。

一九一九年の住宅基準では風呂を必要な設備と認め、公営住宅用の基準では、風呂は一階の食器洗い場にあるべきとされた。アディソン法のもとに、当時の健康省の住宅部門では、影響力のある住宅のモデルプランを立案したが、これらのプランにおいては、バスルームに専用の熱湯供給装置は設置されず、食器洗い場の煮洗い釜が半回転式のポンプによって、後にはサイフォン式器具によって浴槽につながれた(16)。

一九二〇年代のLCC(ロンドン・カウンティ・カウンシル)アパートのプラン[図9]では、省スペースのためにテーブル天板のついた浴槽を台所に設置した。石炭に火をつけて煮洗い釜を温めることによって熱湯は得られた(17)。

アディソン法に基づくいくつかの住宅では、食器洗い場に移動可能なガスの煮洗い釜があった。しかし、ガスの煮洗い釜は、多くの家庭がただで石炭を所有し、据え付けのレンガ製かまどを好んだ炭鉱地区の家庭においては人気がなかった(18)。チューダー・ウォルターズ報告は独立のバスルームを推薦したが[図10]、一九二四年の住宅法まで、すべての公営住宅が独立のバスルームを持つことはなかった。

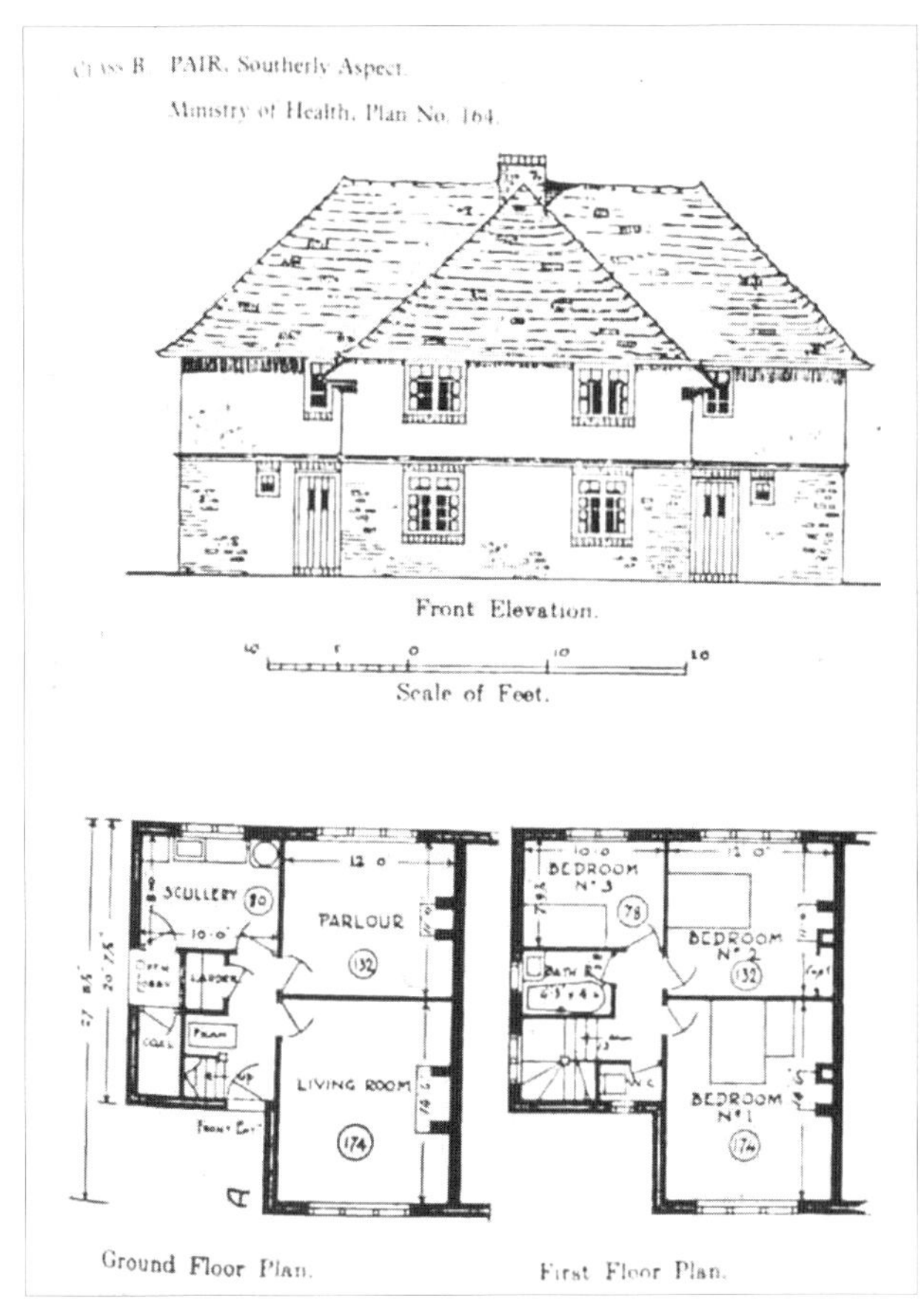

[図10] 独立した浴室のある住宅（1920年代、健康省の推奨プラン）

4　中流階級家庭における近代的バスルーム

両大戦間の時代に、旧式のバスルームの多くは、色付きでパネルに囲まれた浴槽と加熱式タオルかけがあり、タイルを使用した「モダンスタイル」の風呂へと転換した。このバスルームの「ニュースタイル」[19]は、この時代に出現した新しい郊外における中流階級住宅の特徴の一つである。この変化は労働者階級におけるバスルーム普及の影響を受けている。新式のバスルームは公営住宅のバスルームと差別化を図るためだった可能性があるのだ。それまで、労働者階級の家庭では配管された風呂を作る余裕がなかった。しかし両大戦間時代になると郊外の小さい家に住んでいた者たちも比較的素朴な、仕上げていない壁のバスルームを所有するようになった。贅沢なバスルームを所有することの主張は、裕福な者たちが社会的階級において自分たちよりも下位にある者たちを区別するためであったかもしれない。

第二次世界大戦勃発直前の世論調査（マス・オブザベーション・サーベイ、庶民住宅に関する質問、一九四三年）では、家を購入する余裕のある人はすべて、一階でも、もちろん食器洗い場でもない場所にバスルームのついた近代的住宅を欲しいと答えている。バスルームと洗面所のコンビネーションもまた不評であり、またバスルームにおける洗面台への強い要望もあった[20]。このように、バスルームがどうあるべきであるかについての選好は、明らかに中流階級のバスルームのスタイルのイメージに影響を受けていた。

5　給湯システムとそのバスルームのデザインに与える影響

ドイツ工作連盟を主導するヘルマン・ムテジウス（H. Muthesius）は、イギリスがバスルームの発展において大陸の国々をリードしているとみていた。彼はイギリスの風呂について「初期の段階での風呂の導入と手を携えるようにして、家庭に給湯システムが導入された。これが湯を沸かす厄介な器具を必要とせずに風呂を設置する唯一の方法であり、これなしではもちろん完璧な風呂など考えられない」としている(21)。彼はまた、湯沸かし器の消滅について「湯沸かし器の消滅は、時に危険をともない常に歓迎されず使用が困難であったバスルーム装置の消滅であった。そして風呂はより衛生的になり、広く、一般的な見た目がより快適なものとなった」と述べている。世紀の転換期には少なくとも裕福な家庭において、湯沸かし器やそのほかの厄介な湯沸かし装置（おそらくガスの直火炊き式風呂のような）が給湯システムに取って代わられたことを記録しているのは興味深い。しかし、この時代の大多数のイギリスの家庭は、配管工事の施された風呂を所有していなかった。よってムテジウスの見解はアッパー・ミドルクラス以上の家庭の場合に限られたものである。

一般的に、給湯システムはバスルームを湯沸かし装置から開放し、バスルームのデザインは浴槽、洗面所、シャワー、トイレなどの選択と配置のみの問題となる。熱い湯の流れ出るバスルームこそが「近代的」と考えられていたため、中流階級のための民間による開発住宅を販売促進する際には、特に訴求されるポイントとなった。

後に、湯沸かし器（最初はシングルポイントで、後にマルチポイントとなった単純な熱湯システム）は小さな（労働者階級の）家に熱い湯を提供することを可能としたが、ムテジウスが指摘しているように、初期の湯沸かし器は無骨な機械装置であり、近代的バスルームに適合するためにそのボディの外観を整える必要があった。

温水によるセントラルヒーティングシステムは第一次世界大戦後にイギリスの家庭で受け入れられるようになった。一九六〇年代まではシステムのための燃料は石炭かコークスであったが、それ以降はガスとオイルがそれに取って代わった。古いコークス用ボイラーにはオイルまたはガスバーナーが組み込まれることがあった。ガスが経済的に有利になる一九七〇年代までは安価なことを理由にオイルが先導していた(22)。

両大戦間の時代においては、電気温水装置もすでに存在していた（電気はすでに固体燃料とともに広く使用されており、それらはボイラーの代わりに夏季に使用された(23)）。しかしその値段のせいで、浸水型湯沸かし装置と温度自動調節器のついた断熱貯蔵タンクが人気となった後の時代になるまで、電気は大量の水を温めるための重要な燃料とはならなかった。ガスと電気による今日のセントラルヒーティングシステムは、バスルーム使用者の目には見えなくなり、バスルームの外観デザインは湯沸かし装置の制約からようやく開放されることになった。

6　バスルームの視覚的変化と浴槽材料

「一九一四年までに、純粋に視覚的な観点でみると、バスルームは大変貌を遂げた。風呂は木製のカバーとそれに適合した装飾の両方を失った」。一九世紀末から二〇世紀前半にかけてのイギリスのバスルームの視覚的な変化についてこう論じた建築史家のセナトン（Mark Swenarton）は、一八九〇～一九四〇年の変化を要約して三段階の理想タイプにまとめている(24)。当初の「マホガニー材バスルーム」、一九一四年以前の「衛生的なバスルーム」、そして一九三〇年代の「快適なバスルーム」である。彼の説を受けつつ、以下では浴槽とその材料に焦点を当ててみたい。

［図11］木製ケース（エンクロージャー）入りの浴槽（1904年）

世紀の転換期あたりから中流階級にバスルームが普及した原因の一つは、鋳鉄の浴槽の製造である。セナトンによれば、これらの発達は、主に鋳鉄で製造することによる風呂のコスト削減の結果であり、金属板や磁器が採用されていた従来のタイプとは異なり、鋳鉄製のものはほとんど専門技術のいらない仕事しか要求せず、一八九〇年代の浴槽製造における鋳鉄の採用は結果的に大幅な値段の引き下げへとつながったという。

セナトンはまた、浴槽がその木製ケース［図11］をなくした理由を

［図12］シャワー・ブース付きの鋳鉄製浴槽のある浴室
（1900年頃の再現展示、York Castle Museum）

二つ指摘している(25)。①サイズ――巨大なマホガニーの覆いはスペースさえあれば受容可能であった。しかしながら世紀末の邸宅においてスペースは貴重であった。②コスト――マホガニーのケースは非常に高価であった。例えば一九〇一年にタイフォード社（Twyford）によって提供されたマホガニーのケースは、それによって覆われる高品質な浴槽の三倍もの値段であった。初めて据え置き式の風呂を購入する余裕ができた人々にとって、マホガニーのケースは経済的に彼らの手の届く範囲内ではなかった(26)。

鋳鉄の浴槽は、琺瑯仕上げに関する問題が一九一〇年頃に解決されるまでは、亜鉛メッキされるか塗装されるかしていた。琺瑯によって仕上げられた二重外郭構造の鋳鉄の浴槽はアメリカで一九一六年頃から大量生産された(27)。

ムテジウスは世紀の転換時のイギリス家庭における浴槽について、「磁器製の浴槽は最も人気が高く、ほかのほとんどの浴槽に取って代わった。銅はいまだにあちらこちらで見受けられる／エナメル塗装の鋳鉄は安価なバスルームで頻繁に使用されている／しかしながら亜鉛はイギリスでは非常に珍しい。過去の良質なバスルームでは、浴槽は通常木に覆われていた／しかしながらその習慣は今完全に途絶え、すべての部位は洗浄に便利であることが期待されている」と記述している(28)。

ここでは、磁器製の浴槽は裕福な者たちのためのものであり、鋳鉄のものは中流階級の者たちのためだったこと、また衛生問題から浴槽を覆うケースがなくなっていったこと［図12］が指摘されている。

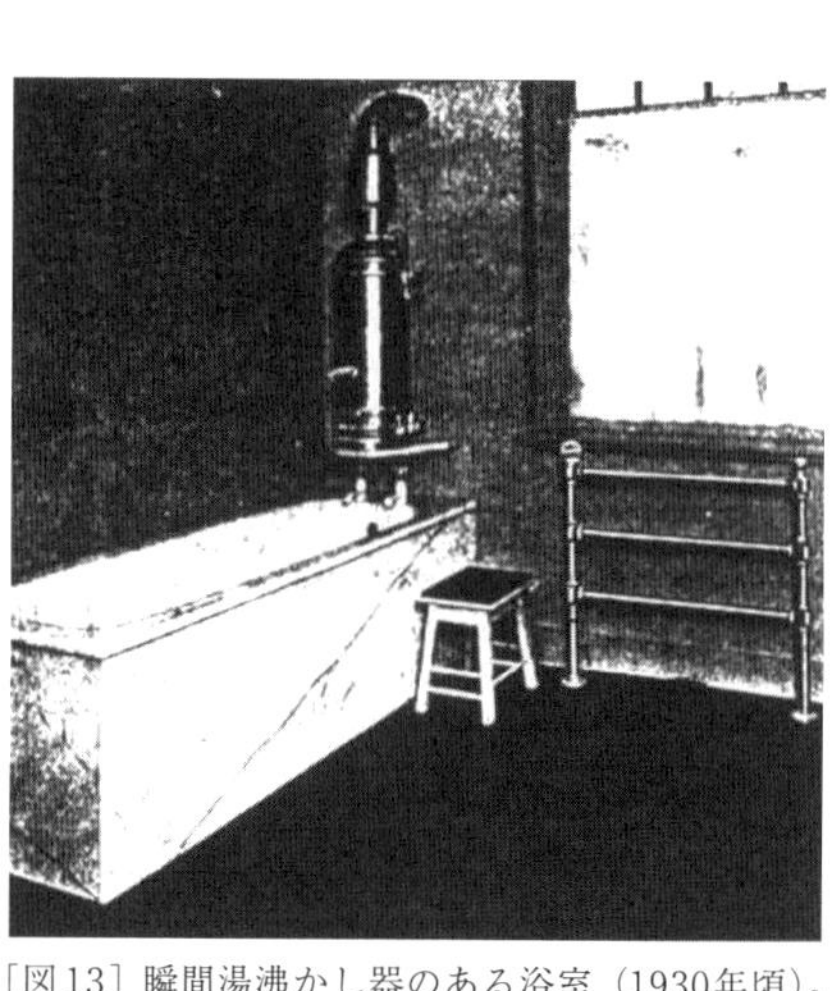

［図13］瞬間湯沸かし器のある浴室（1930年頃）。浴槽は再びパネルに囲まれた。

浴槽は、しかし、両大戦間時代に再びケースに覆われるようになった［図13］。今回のケースは木製ではなく、きちんとした清潔な家具として見えるようなほかの材料が使用された。一九三〇年代の初期に、浴槽の足を隠したり浴槽を囲んだりするためのパネルがイギリスのバスルームに戻ってきた。ケースは浴槽に新たなイメージを与え、市場に差別化の可能性をもたらした。

新たなケース付きの浴槽は、場所の確保のために壁に密着して設置することができた。露出した側面は大理石、琺瑯仕上げの鉄、または多くの近代的な合成素材のパネルによって覆われた。一九三〇年代後半のメールオーダーカタログには「白い琺瑯仕上げの鋳鉄、モールドの石綿セメント、プレス鋼板、エナメル仕上げのスレート、シシリアの大理石、木目なしのハードウッド、木目なしのハードボード」などをパネルとして使用した風呂が掲載されている(29)。一九五〇年代の建築雑誌の記事(30)はケースと本体が一体化された鋳鉄浴槽を紹介し、これはケースに囲われているタイプからの論理的な発達であると言及している。同じ記事はまた、「vitrolite」というおそらく合成樹脂のパネルを使用した浴槽を紹介している。

鋳鉄浴槽の人気はその後も持続するが、ほかの材料も使用されるようになってくる。一九五〇年代以後には、プレスされたスチールの浴槽がライバルとなり、それは車のボディを製造するのと同様の技術を使用していた。スチールの浴槽は鋳鉄のものよりも早く暖まり、鋳鉄の三分の一というその軽さもまた利点になる。それは鋳鉄浴槽と見た目では区別することができないように通常の琺瑯によって仕上げることができた。

鋳鉄の浴槽のもう一つの代替品はプラスチックである。もとは船体に使用されていたガラス繊維強化ポリエステルやアクリルが一九五〇年代の浴槽製造において使用されるようになった。今日、多くの浴槽を覆うためのパネルはプラスチックであり、いくつかの新しい浴槽の形態がプラスチックによって作られた。また、プラスチックはユニットバスにおいても広範囲に利用される。これらの軽量浴槽は設置が簡単であり、自前で配管工事を行う家庭にとって大きな利点となった。

7 プレハブ浴槽とバスルームユニット

ギーディオンが指摘しているように、コンパクトなバスルームのレイアウトはアメリカのホテルのバスルームに影響を受けたとみられる。浴槽、洗面所、トイレを一つの場所に収める現代のコンパクトなバスルームは一九二〇年頃のアメリカでその標準化された形態が成立したと考えられている(31)。

バスルームのレイアウトが標準化されてから、ユニット化の実験的なアイデアがアメリカで提案された。これらのアイデアは設置と配管工事の簡素化と大量生産によるコスト削減に向けられたが、そのほとんどは実際に実行されなかった(32)(バックミンスター・フラーはすべての構成備品が金属板でプレスされたプレハブのバスルームを一九三八年に提案している)。

イギリスでは、プレハブ化されたバスルームの初期の設置例の一つは、第二次世界大戦後の政府による一時的な住宅建築計画において現れた。一五万棟以上の仮設住宅の建設が一九四五~四八年の間に計画された。住宅(仮設宿泊施設)法は一九四四年に成立し、この法律は、政府が仮設住宅に一五億ドルを費やす権利を与えた(33)。すべての仮設住宅は、建設省がデザインしたスチール製のプレハブ式台所・バスルームに適合するように計画された〔図14〕。

台所とバスルームは背中合わせの位置に配置され、居間側にはバックボイラーのついた低速燃焼ストーブが組み込まれた。しかしながら、供給と生産の問題が原因で、そのうちの二万八五〇〇のみが一九四八年一月までに実際に建築されるにとどまった。その後、水の加熱装置がついておらず、熱湯システムにつなぐタイプのプレハブのバスルームも登場してくる(34)。この「バスルームユニット」は備品の揃った完全なバスルームを構成することができた〔図15〕。

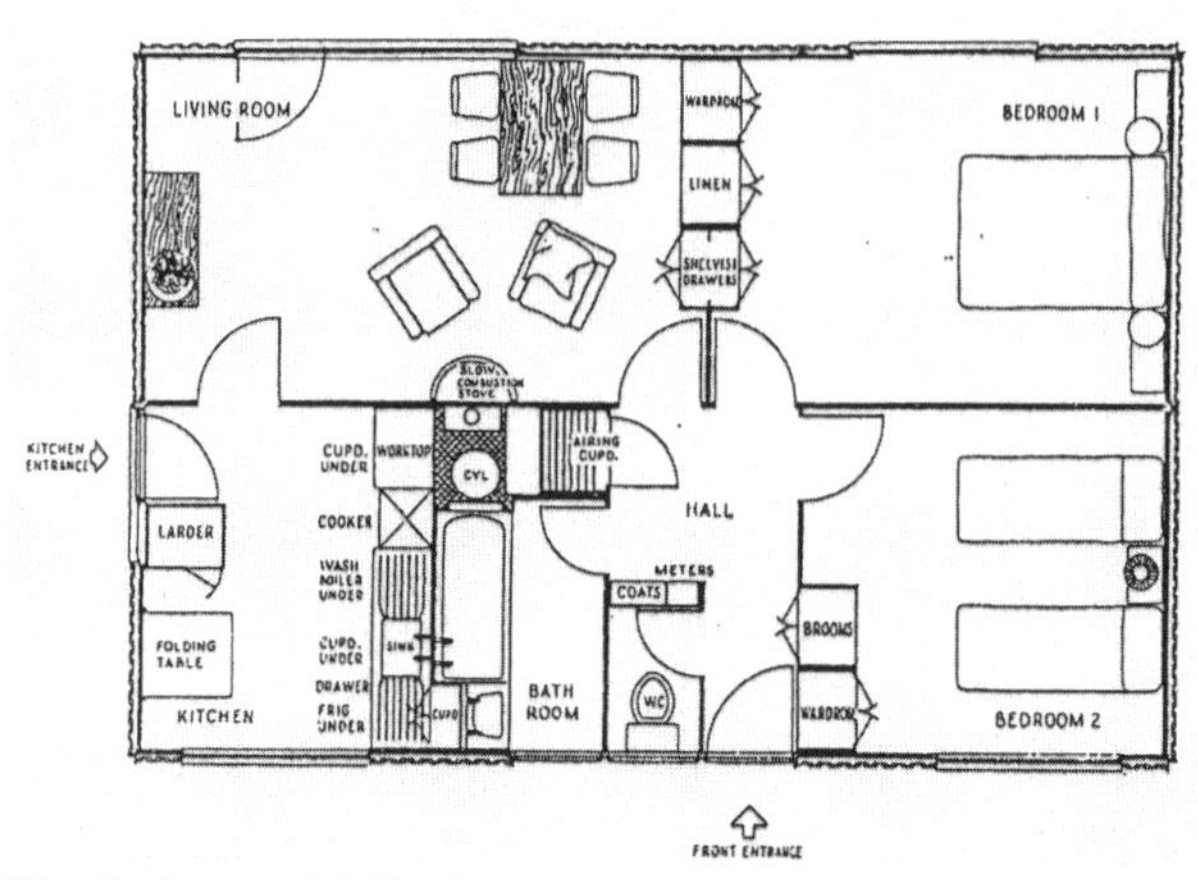

［図14］プレハブ式台所・浴室セットのある住宅プラン
（Arcon house、1940年代後期）

［図15］FRP製バスルームユニット
（Ideal Standard社、1960年代）

ある種のハーフユニット、繊維ガラスとアクリル製の途切れがなくすべて一体になっているシャワーと風呂のユニットが、現在のイギリス市場で販売されている。水漏れがないために、ホテル、病院、新しいビル、既存のバスルームの改造用に最適だとその効果が宣伝されている。

これらのプラスチックのユニットは住宅改善計画や浴室の改造に有用であるかのように思えるが、その使用は今のところイギリスでは限られたものである。その一つの理由として、イギリスにおける浴槽の設置スペースは多様であり、標準化されたユニットを設置することは実際の状況に応じて個別の器具を設置することに比べて実用的でないことが挙げられる(35)。これは、ユニット形式がより一般的である日本のバスルームと非常に対照的である。

8　風呂近代化の背景

この節で見てきたイギリスにおける風呂の庶民家庭への普及の背景には、大戦間を中心とする住宅改善の動きと、給湯技術の発展があった。同時代に併存した給湯装置の普及には地方差、階級差がみられた。据え置き式風呂の急速な普及の要因にはこのほか、浴槽素材・加工法の転換（板金・陶製から鋳物へ、鋳物からプレス鋼板へ）によるコストダウン効果も挙げられる。しかしより大きな社会背景として、二〇世紀初頭からの衛生観念の変化が指摘できる。その社会的階層にかかわらず、すべての家庭に風呂があるべきだとする観念はしだいに社会的強制力となって、労働者階級の家庭でも中産階級の風呂のスタイルを要望するようになっていった。

富裕層のバスルームにおいても、一九世紀には木製キャビネットに浴槽を組み込んだタイプや浴槽の外周に装飾的な模様を付けたタイプが主流だったが、二〇世紀に入ると、掃除がしやすく汚れの溜まりにくいキャビネットなしのタイプに変わり、外周模様のない、衛生的イメージの白色浴槽が主流となった。しかし、浴室の普及が進んだ一九三〇年代以降、浴槽は再びパネル（今度は木製でなく、当時のさまざまな新素材製の、あるいはマーブル柄やカラーのついたパネルに）囲まれるようになる。このパネルを含んだ「ニュースタイル」の浴室は、労働者階級の住宅にも据え置きの風呂が設置されるようになる一九三〇年代以降、郊外に建てられる中産階級の住宅に向けたプロモーションだった。

ここには新たな階級的差別化の意図をみることもできる。このような清潔意識、階級意識などの変化に連動した風呂の文化的・社会的ステータスの変化が、各時代の風呂の外観デザインに反映されてきたと言えるだろう。

注

（1）記述の参考とした資料は、最も全般的なものとしてWright, L., *Clean and Decent*, Routledge & Kegan Paul, 1960（邦訳＝ローレンス・ライト『風呂トイレ賛歌』晶文社、一九八九年）およびGiedion, S., *Mechanization Takes Command*, Oxford University Press, 1948（邦訳＝S・ギーディオン『機械化の文化史』鹿島出版会、一九七七年）等がある。その視覚的変化についてはSwenaton, M., "Having a Bath", in *Leisure in the Twenties Century*, Design Center Publications, 1977を参照した。

（2）Local Government Board, *Report of the Committee appointed to consider Questions of building constraction in connection with the provision of dwelling for the working classes in England, Wales and Scotland and report on methods of recurring economy and dispatch in the provision of such dwellings* ('Tudor Walters Report') 1918.

（3）Forty, A., "Electric Home", in *British Design*, Open University, 1975, p. 49.

（4）Walters, T., *The Building of Twelve Thousand Houses*, Ernest Benn, 1927 p. 30.

（5）Forty、前掲書（3）、四五頁。

（6）Ministry of Housing and Local Government, *Old Houses into Homes*, HMSO, 1968, pp. 20–23.

（7）Wright、前掲書（1）邦訳、二四頁、およびGiedion、前掲書（1）邦訳、六五三頁。

（8）Ewart, G., "Water Heating", in *West Gas*, vol.13, no.7, 1935, 55–57.

（9）Forty、前掲書（3）、四九頁。

（10）Davies, P. J., *Standard Practical Plumbing*, Vol.1, E.& F. N. Spon, 1885, pp. 147–148.

（11）Thompson, W.A., *Housing Handbook*, National Housing Reform Council, 1903, quoted in p. 12.

（12）White, R.B., *Prefabrication: A history of its development in Great Britain*, HMSO, 1965, pp. 20–21.

（13）Billington, J., *Building Services Engineering*, Pergamon, 1982, pp. 358–360.

（14）Ascot Gas Water Heater Ltd., *Houses into Homes*, c.1955, pp. 18–22.

（15）Burnett, J., *A Social History of Housing, 1815–1985*, 2nd ed., Methuen, 1986, pp. 222–224.

（16）Burnett、前掲書（15）、二三二頁。

（17）Forty、前掲書（3）、四八頁。

（18）Burnett、前掲書（15）、二二八頁。

（19）Yorke, F.R.S., "The Modern Bathroom", in *Architectural Review* Vol.72, Oct., 1932, 149–154.

（20）Burnet、前掲書（15）、二三七頁。
（21）Muthesius, H., *The English House*, Crosby Lockwood Staples, (English edition of Das Englische Haus, 1904 and 1905), 1979, p. 235.
（22）Wilson, G.B.L., “Domestic Appliances”, in T.I. Williams (ed.), *A History of Technology*, Vol. 7, Clarendon Press, 1978, pp. 1142–1144, .
（23）Billington、前掲書（13）。
（24）Swenarton、前掲論文（1）、九二―九九頁。
（25）Swenarton、前掲論文（1）、九四頁。
（26）*Royal Doulton Potteries Catalogue of Fitted Sanitary Appliances*, 1904では、木製ケース（エンクロージャー）は浴槽自体とほぼ同等の価格である。
（27）Giedion、前掲書（1）邦訳、六七一―六七三頁。
（28）Muthesius、前掲書（21）、二三六頁。
（29）The Metal Agencies Co. Ltd., ‘Catalogue 66’, 1937.
（30）Yorke、前掲論文（19）。
（31）Giedion、前掲書（1）邦訳、六六二―六六九頁。
（32）Kira, A., *The Bathroom: Criteria for design*, Bantam Books, 1966, p. 5.
（33）White、前掲書（12）。
（34）Whittck, A., *The Small House*, Crosby Lockwoad & Son, 1947, pp. 131–132(revised1957), and Goulden, G., *Bathrooms*, Design Center, 1966, p. 61.
（35）Department of the Environment, *Spaces in the home: bathrooms and WCs*, HMSO, 1972, p. 25.

第二節
日本の風呂

Section 2
The Bath in Japan

日本人は風呂好きといわれる。現代のほとんどの住宅には浴室があり、あるアンケート調査によると、夏は九割、冬でも七割の人が一日一度以上入浴しているという(1)。しかし、庶民家庭で住宅内に浴室を設けるのが常識化したのはかなり新しく、一九六〇年代以降のことである。また、欧米をモデルとして近代化・西洋化してきた生活習慣が多い中で、日本では独自の入浴習慣（熱い湯温、浴槽の中で体を洗わない、入浴者ごとに湯を換えず、家族や客が同じ湯に入ることを厭わない）を守り続けている。この意味でも現代の家庭風呂はきわめて独特の装備である。

本節では、この家庭風呂（内風呂）がどのような発展・普及の過程をたどって、現在みるようなデザインとして成立してきたのかを探り、その背景となった諸要因について考察する(2)。このために、近年盛んになった日常生活の思い出を記した個人史記録なども用いながら、庶民家庭の典型的な内風呂デザインの変遷について説明を試みる(3)。

1　第二次世界大戦前までの発展

一八七〇〜八〇年代の日本の生活習慣・風俗を活写したアメリカ人E・S・モースは、当時のいくつかの風呂を描写する中で、桶型の木製浴槽の胴部に銅製の窯を設けた風呂［図1］が最も一般的とし、このほかに桶型浴槽の中に筒型窯を設けた風呂（「鉄砲風呂」）、外窯付きの桶型、鉄釜型の底のついた桶型（「五右衛門風呂」）の四種を挙げている(4)。後には、浴槽の形として、熟練した桶職人によって作られる桶型よりも安価に製造できる箱形が現れる。

　これらの風呂は専用の浴室（叩き土間あるいは板敷き）に置かれたものとは限らない。据え付け型の五右衛門風呂を除き、これらの風呂は、土間あるいは庭にしばしば移動して（適当な場所に据えて）使われた。庶民家庭では、専用の浴室を設ける場合でも、おそらく防火上の理由から住戸（主屋）の中ではなく、主屋から離した小屋に置くことが多かった。

　内風呂の近代化は、燃料のガス化の試みに始まる。従来型の箱形・桶型の木製浴槽にガスバーナーを内蔵したガス風呂は明治末期（一九一〇年）に現れている。これに先立ち、西洋式のバスタブとガス瞬間湯沸かし器も日本に紹介されていたが、ともに大きく普及することはなかった。一九三九年の住宅設備の調査（東京都内）でも、風呂用のガス釜を使用していたのは調査五〇戸中五戸。中流以上の家庭でもガス風呂は一般的ではなかった(5)。庶民家庭でガス燃料による内風呂が普及するのは、戦後のことになる。

［図1］モースが描いた桶風呂

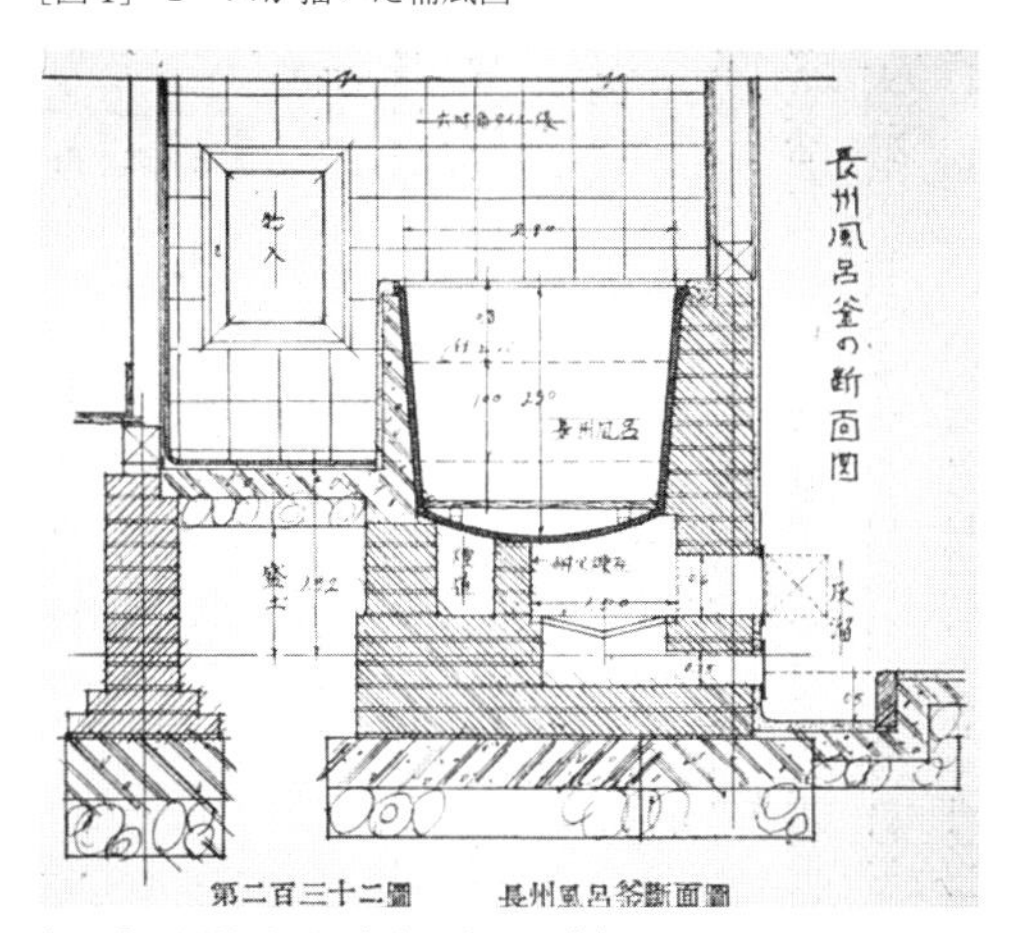

［図2］長州風呂釜断面図（1931年）

　一九一〇年代になると、可動の風呂から据え付け型の風呂への転換が起こってくる。特に専用の浴室内に、土あるいは煉瓦の基礎を設けて「長州風呂」と呼ばれる鋳鉄製一体型の浴槽を据え付けることが推奨されるようになった。また一九三〇年頃には熱効率を改良した風呂釜の開発も盛んになる(6)。一九四〇〜五〇年頃の風呂の思い出の記録の中では、鉄砲風呂、五右衛門風呂(ないしは長州風呂［図2］)が多いが、これには、西日本で五右衛門風呂、東日本では鉄砲風呂が多い、という地方差が見られる(7)。このような地方差はその後も長く残り、第二次世界大戦後のガス熱源の内風呂にも、関西式と関東式の違いが見られる。関東式では釜と煙突は浴室内にあり浴槽は床に据え置き、関西式では釜は屋外にあり、浴槽は床に埋め込みにするなどの違いがある(8)。

2 浴槽の素材と外観

内風呂の様相を左右する要素として、給湯・湯沸かしの方式のほかに、浴槽そのものの素材と外観がある。従来から最も多く使われていた桶型および箱型の木製浴槽のほかに、鋳鉄、琺瑯、陶器、コンクリート(タイル張り)、石材などの浴槽は、すでに戦前からあった。当時の内外の住宅設備情報を満載した啓蒙書・増山新平著『新時代の住宅設備』(一九三一年)では、陶器製や鋳鉄・琺瑯引きの洋式浴槽(当時の日本の浴室の実態からかけ離れた理想レベルのもの)を詳細に紹介した後、上記の素材の日本の浴槽について次のように論評している(9)。

まず木製のものは「一般に肌触りがよく湯の保温性が大」であり、特に槇材は「木肌色がいつもクリーム色の美しさを保っている」と推奨しているが、木製は「腐食することと貧弱にみえること及び入り隅の掃除が困難なことが欠点」としている。次に石材浴槽(花崗岩、大理石等)については、「耐久性は永久的であり湯の保温作用も良いが、初め温まるまでは熱の吸収量が大であることが欠点」と言い、「肌触りは木材には及ばないが見た目には立派にみえる」が、大理石浴槽などは「贅沢物であって住家用には使用されることが稀」だとしている。コンクリート・タイル張り浴槽については、「湯がさめ易いのと、冬冷たい感じを與えることが欠点であるが、夏は却って涼しい感じを與(あた)える」とし、また「美しく晴れやかなかんじのするもの」と評している。陶器浴槽(角丸の矩形型)については、「日本式の陶器製は極く最近のもの」といい、「保温の点はタイル張りのものより一層不良であり、破損の心配もある」としている。最後に長州風呂のように鋳鉄そのままのものについては、「永久的であることと価格が安く保温作用も多い点が有利であるが肌ざわり悪く見た目にも美しく感じられない」とし、「その形も鍋の中で煮られる様な気がして入浴の気持を殺ぐことが多い」と不満を表している。

庶民家庭の内風呂として普及していった木製と長州（鋳鉄）を別格として、戦前からの浴槽素材の中で注目すべきは、コンクリート・タイル張りの浴槽であろう。タイルは、風呂ばかりでなく、便所、台所などの水周り空間の内装材として明治以来多用されてきた。戦後の農村の住宅改善などにおいてもタイル張りの浴室がしばしば推奨されている。床・壁にタイルを使うとき、浴槽もタイルなら見た目にもよく、施工にも（タイル職人にも）都合がよい、という点もあったろう。タイルは銭湯の浴室でも多用された。

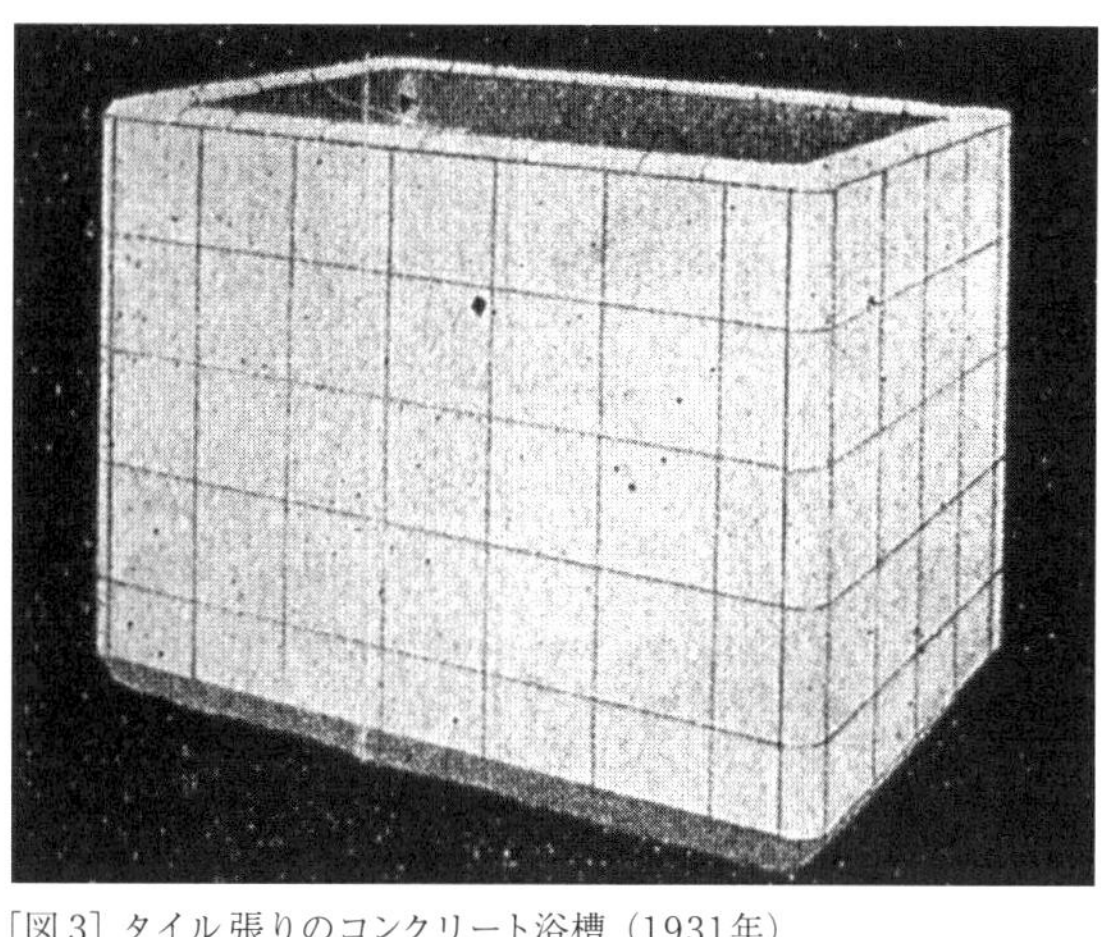

［図3］タイル張りのコンクリート浴槽（1931年）

各地の工務店の職人技術で、ときには浴室工事の現場に合わせるかたちで造り付けにされるタイル張り浴槽については、その普及度合いも不明な点が多いが、戦後になって多くの家庭で内風呂がポリバスや琺瑯、ステンレスなどの量産型浴槽に代わるようになっても、これらと併存してタイルの浴槽［図3］が作られ続けてきたことは確認しておきたい(10)。

タイル張り浴槽に注目するもう一つの理由は、その外観にある。前出の増山も「美しく晴れやかなかんじ」とその外観を特筆しているように、タイル（白色が多い）張りの浴槽は、それまでの木製や鋳鉄の素材感とははっきり異なる。庶民にとって、西洋式浴槽は受け入れ難かったが、浴室を洋風化・近代化する最も手軽な方法として、タイル張りが採用されたとも言える。あるいは、従来型の木製浴槽が庶民家庭へ内風呂として入ってきたとき、中流以上の家庭で、それらとの差別化を図るために、タイル張りをはじめとする木製以外の浴槽が喜ばれたのかもしれない。都市においては戦前まで、内風呂は一種のステータスシンボルでもあったからである(11)。

3 戦後の内風呂の普及と近代化の流れ

第二次世界大戦中の被災による戦争直後の風呂なしの時代を経て、内風呂の普及は急激に高まる。この現象は、公衆浴場(銭湯)の衰退と並行していた。公衆浴場数は一九六〇年代〜七〇年代初頭を頂点として以後減少し、内風呂の普及率は一九六三年の五九パーセントから、一九八八年の九一パーセントへと高まる(12)。庶民にとっての内風呂は、戦後の所得の向上にともない、それまでの銭湯の利便性や快適性を自宅でも得たい、という求めに発している。しかし、それを実現するためには、この大きな新市場に向けた内風呂の様式と設備・機器を開発する供給者側(ガス供給会社、設備機器メーカー、公共住宅供給会社、住宅メーカー、工務店など)の協同・競争を待たねばならなかった。

内風呂化への先鞭を切ったのは一九五五年に設立された住宅公団であった。公団は、中所得者に向けた集合住宅を大量に建設していく。この公団住宅の主な特徴は、2DKと呼ばれる畳間二室とダイニングキッチンのプランに代表されるが、当時の公営住宅よりも高額な家賃に見合うためのいわばセールスポイントが、ステンレススチールの台所シンクと、鉄扉のシリンダー錠、そして箱形木製浴槽のガス風呂であった(公団住宅初期は、浴室はあっても浴槽と風呂釜の設置は入居者に任されていた)。一九六五年からは、BF型(バランス型)外焚き釜とホーロー(琺瑯)浴槽が標準品となった。

急速な内風呂の普及にともない、これまでの半屋外や開放的な構造になっていた浴室ではなく、コンクリート造・

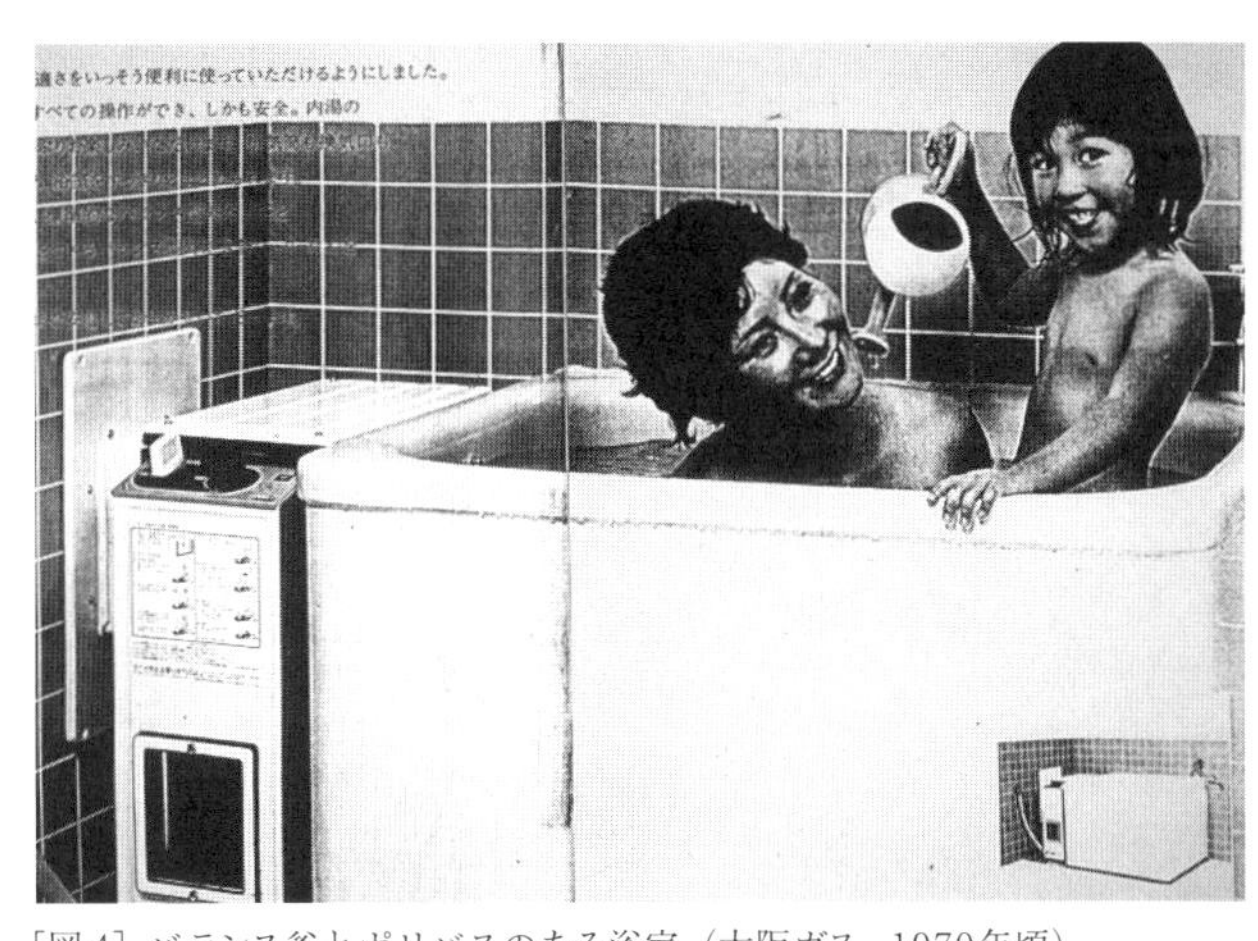

［図4］バランス釜とポリバスのある浴室（大阪ガス、1970年頃）

アルミサッシ窓の住宅のような気密性の高い屋内にもガス釜を設置することが多くなり、排気漏れによる中毒や爆発事故の危険が増えた。ＢＦ型風呂釜の開発は、そのような事故を防ぎ、ガス風呂の一層の普及を図るためにも急務であった。このホーローバスの横にＢＦ釜が置かれる浴室では、煙突が姿を消し、排気漏れによる事故も減少する。このタイプの浴室は、集合住宅などでその後も一九七〇年代までの典型となる。

かつての風呂の思い出を記した体験記録(13)の中では、一九六五年以降に風呂場を改造・増改築した例が多い。このとき多くの家庭で、ホーローやポリバス（ＦＲＰ）浴槽とガス釜の組み合わせが選ばれている［図4］。内風呂化だけではなく、浴室自体の景観や使い勝手の近代化が希求されるようになってきたと言える。思い出語りでは、改造以前の水汲みや風呂焚きの苦労、煤けた、あるいは開放的な（小屋架けの、あるいは露天の）「風呂場」の光景に言及する例が多い。

この頃までの内風呂の普及とそれに対応した新製品の登場は、風呂設備の供給に関わる産業の変化をもたらした。それまで町工場で家内工業的に作られていた銅や鉄鋳物の風呂釜は、アルミ製のガス釜（屋外設置の外釜）やバランス釜に取って代わられ、手作業で作られる木製浴槽は、工業的に量産されるホーローやＦＲＰの新しい素材の浴槽に代わられていった。風呂設備機器の標準化が進み、風呂を施工する水周り設備の工務店は、ガス供給会社などに系列化されていった。設備の標準化は、内風呂の地方差を小さくする結果にもなった。

4　浴槽素材の転換

戦後の内風呂デザインでおこった最も大きな変化の一つは、浴槽の材質転換、つまり木製からほかの新しい素材への転換である。一九六〇年代の間にプラスチック（ＦＲＰ・ポリバス）と琺瑯（鋼板あるいは鋳鉄）が、木製に取って代わり、七〇年代にはステンレススチールが人気となる。六〇年代は住宅建設が大幅に増えたばかりでなく、それぞれの家が個々に内風呂を設けることが一般化してくる。この大きな市場に向けて、各素材メーカー、浴槽メーカーが新素材の量産型浴槽を開発して次々に参入したのである。

例えば、戦前から陶磁器浴槽を製造していた東洋陶器（現在のＴＯＴＯ）は、アメリカでＦＲＰ浴槽が開発されたことを知り、これが陶製浴槽にとっての脅威になるとの判断からＦＲＰ浴槽の研究開発を開始している（一九五八年に発売）(14)。折からのホテル建設ブームに乗って量産体制に入っている。軽量のＦＲＰ浴槽は、大型のホテルや集合住宅に設置するのに有利だった［図5］。

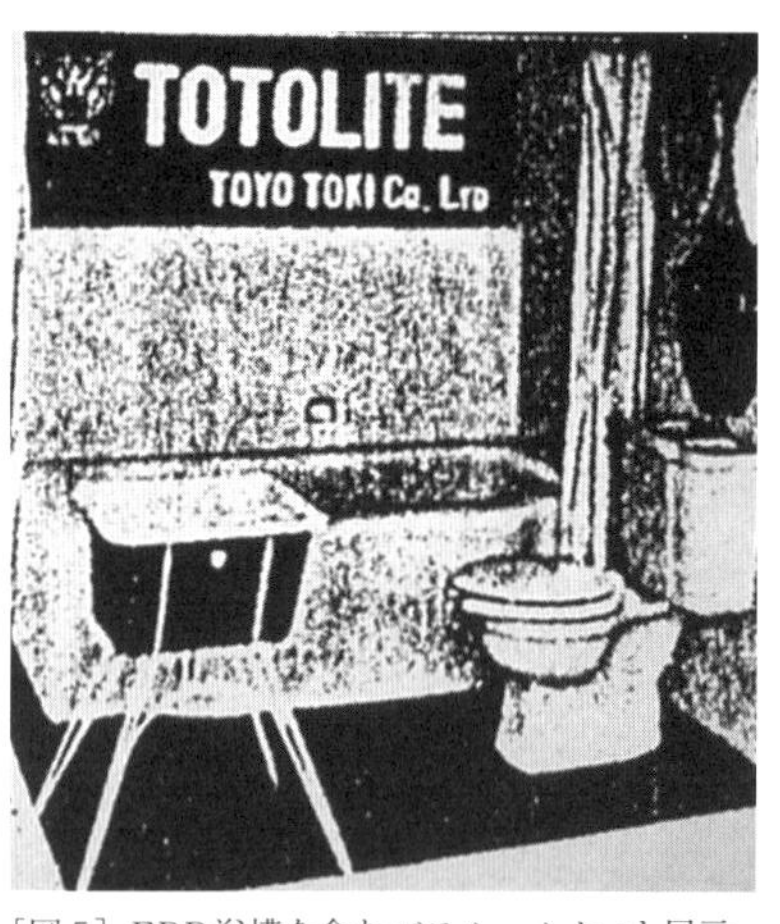

［図5］ＦＲＰ浴槽を含むバスルームセット展示
（東洋陶器、1959年）

また、大手プラスチックメーカーの積水化学は、一九六一年に欧州各国のＦＲＰ事業を調査し、六三年には西ドイツ製の大型プレス機によるプラスチック浴槽の生産を開始している(15)。この浴槽は当初から従来の木製箱形に近い寸法の「和風」浴槽で、ホテルなどではなく、内風呂市場に向けた製品だった。

ホーロー浴槽も住宅公団による採用を契機にメーカーの参入が進み、一九六八年には一一社が競合。一九七〇年代になるとステンレススチール浴槽が急激にシェアを伸ばす。ステンレス浴槽は、発売当初その外観からのイメージが中に体を浸すにはあまりに「ハイ

［図6］ステンレス浴槽（サンウェーブ、1980年代）

テック」すぎ、実験器具のようであると不評だった。メーカーは外壁に装飾的な色・柄を施したり、タイル張りにしたりしてこれに対処し、やがて七〇年代末からプラスチック浴槽を抜いて独立型浴槽のシェアのトップを占めるまでになった［図6］。プラスチック浴槽が再びトップになるのは、「人造大理石」浴槽などと呼ばれるタイプが普及し始める八〇年代後半以降である。これは透明感のある石材に似た質感をもたせた合成樹脂素材で、この頃からの浴室の高級化動向にともない、高級タイプから定着し始めている。

木製の木肌や鋳造のままの粗い肌の素材から、以上のような滑らかな、あるいはカラフルな素材へと、浴槽そのものの素材感が変化してくるのと並行して、浴室全体の景観も変化してきた。かつて中流以上の家庭の内風呂で主に行われていたタイル張りが、庶民家庭にも増える。初めは腰下壁だけをタイル張りにする例が多かったが、やがては壁全体や床面までと、タイル張りにする面積も多くなる。

現在の量産型浴槽は、その素材感を見る限りでは、伝統的な木製よりもむしろ西洋型浴槽に近い。しかし、そのサイズに目を転ずると、今でも、日本の浴槽は西洋型とは異なっている。標準的な西洋型バスタブ（長さ約一五〇センチ、深さ約四〇センチ）に比べて、日本の浴槽は短く（八〇～一三〇センチ）、深い（六〇～六五センチ）。いわば、外見は西洋風を装いつつ、入り心地は伝統を守っている、とも言える。しかし、新しい素材に囲まれた浴室の清潔な明るさや光沢は、かつての風呂が持っていたであろう野趣や瞑想的な性質を失わせることにもなった。

5　ユニットバスの台頭

ユニットバス（浴槽とその付帯設備を組み込んだプレハブ形式の浴室）は、諸外国にもある。しかし戦後日本ほどこの形式の浴室が普及している国はないだろう。この要因としては、日本では狭小な住戸にあっても個々に内風呂が求められたこと、そして独特の入浴習慣（浴槽の外で体を洗うために、完全に排水できる床面・洗い場が必要なこと）が挙げられる。

一九六〇年代は建設ブームであり、高層ホテルなどの建設も進んだ。建設業では労働力不足・労働賃金の高騰が経営を圧迫していた。このため、プレハブ工法による工期の短縮・工事の簡便化が求められたことをきっかけに、プレハブ工法の浴室が開発されていく。当初は高層ホテル用の特注品だったが、やがてアパートやマンション、ビジネスホテルなどの浴室として量産するために構成部材や工法も標準化されていった。FRP製あるいは鉄枠・鋼板製のユニットバスが一九六〇年代から市場に出ている。例えば、東洋陶器が一九六三年に最初に開発したユニットバスは、工期の限られた高層ホテル建設用で、床パネル上に鉄フレームを組み立てた中に、西洋型浴槽・便器・洗面台を取り付けたものを建設現場で据え付けるというものだった。続いて同社は、さらにコンパクトな一般のアパート向けユニット（和式浴槽付き・パネル方式）も開発している(16)。浴槽・便器・洗面台を一つの空間に収める西洋風・ホテル式のプランは、一般家庭ではついに定着しなかったが、浴槽・洗面台を一室に収めるプランは規模の小さな住宅で一九五〇年代までよくみられた(17)。その一方で、浴槽・便器・洗面台を一括したユニットバスは、面積のごく限られた独身者用アパートやホテル用として定着していく［図7］。

ユニットバスは通常、住宅建設時にビルトインされる。しかし、工期の短縮・工事の簡便化以外にも、ユニットバスには意外な使い道があった。それは、これまで浴室を設ける面積の余裕がないと思われていた住宅でも、小型の

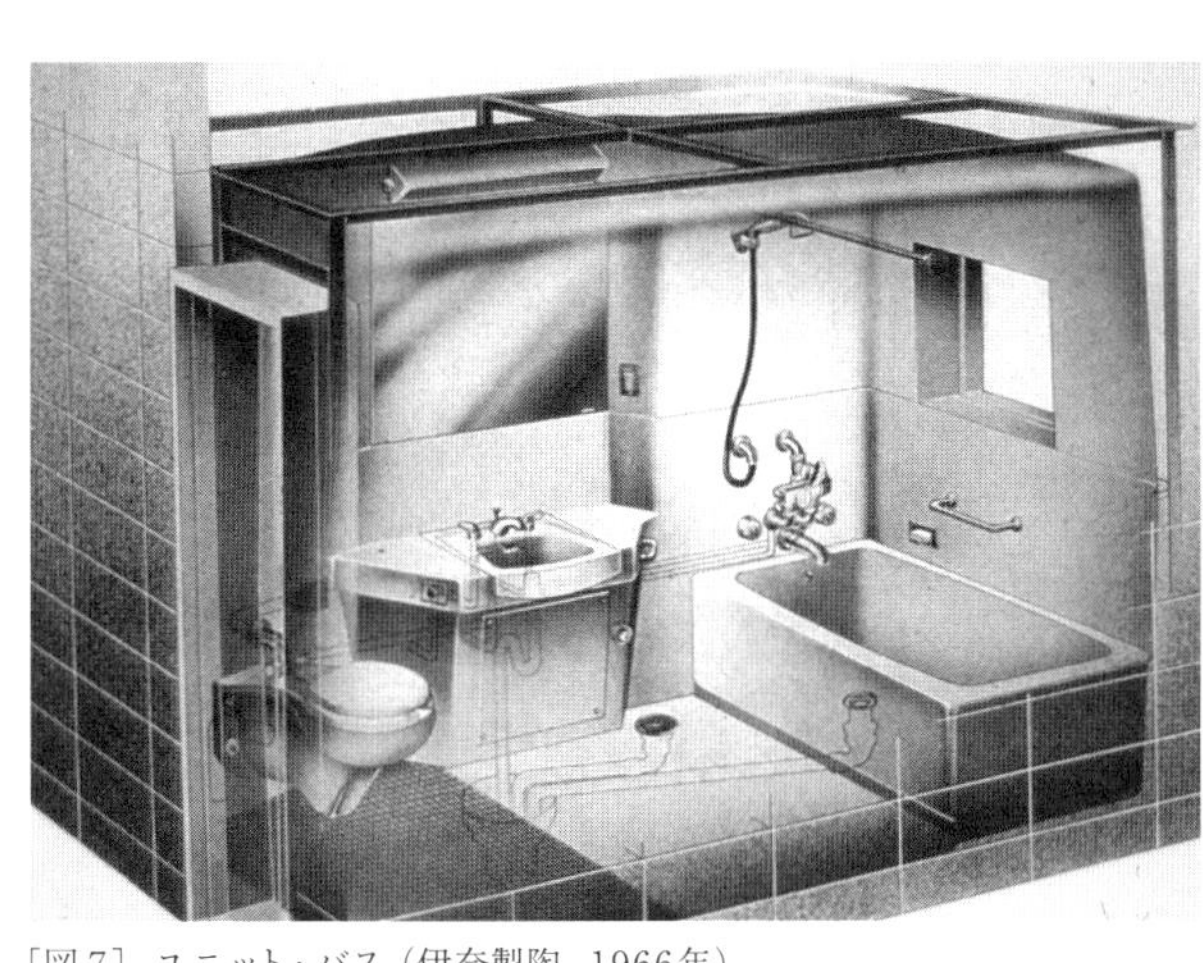

［図7］ユニット・バス（伊奈製陶、1966年）

ユニットバスで簡便な内風呂ができる、との着眼だった。これまで、アパートなどの内風呂を設ける空間のない小さな住戸では、住人は公衆浴場へ通うしかなかった。しかし、ユニットバスを使えばなんとか内風呂が作れる。ある小型ユニット（カプセル型および箱型のＦＲＰ製、給湯はガス瞬間湯沸かし器による）の一九六七年の広告は、「もうお風呂場をつくる必要はありません」、「三〇万人のかたにご愛用いただいています」、「月々二千円でうち風呂が持てます」とした上で、その「人気のヒミツ」として、①銭湯代の三分の一　シャワーも入浴もワンタッチ　②入浴しながら湯加減・湯温の調節ＯＫ！　③鉄よりも強く、アルミより軽いＦ・Ｒ・Ｐ製　④浴室がいらず二階でも居間でも台所でもＯＫ！　とうたっている［図8］(18)。

　この広告でわかるように、この時代にはまだ多くの家庭が風呂を持っていなかったのである。庭に風呂場を増築するための屋外用のユニットもあったが、その原型とも言える木製組み立て式・桶型浴槽付きのものはすでに一九三〇年代から現れている(19)。庭先、ベランダ、廊下の端、ときには居間の中に、ユニットバスを据えてしまうことは、狭小な住宅におけるいわば苦肉の策だが、当時の内風呂への求めの切実さを物語る。庶民の多くが初めから内風呂付きの住宅を獲得するまでの、過渡期の現象だったと言えよう。

　しかし、後になるとユニットバスは、日本の内風呂の様相を左右するほどの力をもつようになる。住宅の増改築にあたって、工期の短いことは大きな利点になる。ユニットならば水じまいなどの精度の良い施工が保証される。初め

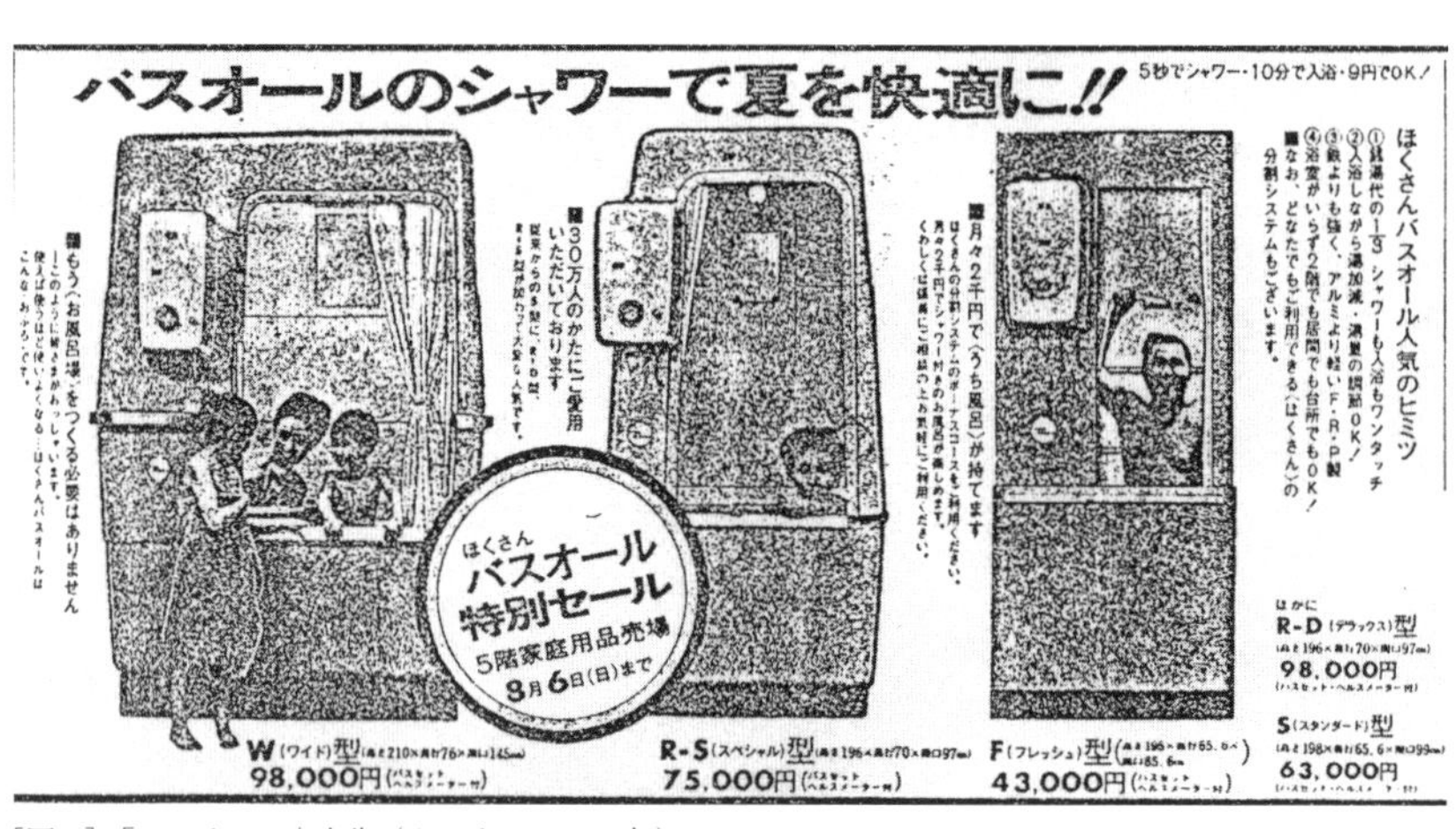

［図8］「バスオール」広告（ホクサン、1967年）

は嫌われたユニットの密閉感や狭さも徐々に解決された。あるいは旅行などの機会が増え、狭くとも清潔感のあるユニットバスに多くの人が慣れてしまったのかもしれない。内装にタイルパネルを使用したり、素材感の異なる内装材を組み合わせることによって、「ユニットらしく見えないユニット」が現れてくる。現在では、特に注意しなければ、それがユニットバスであるかどうかさえ、わかりにくいものさえある。アパートやマンションなどの集合住宅ばかりでなく、一九八〇年代からは、戸建て住宅においてもユニットバスが一般化する。現在では、新たに作られる浴室の半数以上がユニット工法である(20)。

6 内風呂化への求めと浴室作りの工業化

ここまで見てきた各時代の庶民の風呂の典型像は、およそ以下のように描くことができる。まず、①第二次世界大戦前から戦後一九五〇年代にかけては、木製あるいは鋳鉄製浴槽＋薪あるいは石炭による湯沸かし＋板あるいはコンクリートの壁面。次いで、②一九六〇～七〇年代にかけては、ＦＲＰ・琺瑯・ステンレスなどの量産型浴槽あるいはタイル張り浴槽＋ガス釜による湯沸かし＋タイル張りの壁面。そして③一九八〇年代以降は、量産型浴槽＋浴室外設置の給湯器による給湯＋タイルパネルの壁面、あるいはユニットバス(21)。この①〜③の変遷は、浴室づくりの工業化の進展の過程であった。

第二次世界大戦前はもちろん、戦後しばらくまでの庶民家庭の浴室は、便所や台所と同様、その美観が重視される空間ではなかった。どのようなものであれ、まずは各家庭が個々に内風呂を備えることが、（初めは、暮らしに余裕ができてきた証のささやかな贅沢として、後には近くの銭湯が廃業していったためにしかたなく、という違いはあっても、）大多数の庶民の願いになっていった。

この内風呂化への求めに応えるかたちで、日本の入浴習慣に合った給湯機器や量産型浴槽、ユニットバスなどの新商品が次々に開発され、家庭用風呂設備の市場は急成長を遂げた。ただし、よくいわれるように、量産浴槽ができたから、ガス風呂ができたから、内風呂が普及したのではない。内風呂への求めはすでに需要者の側にあった。一連の設備・機器の開発（浴室づくりの工業化）は、内風呂化への流れを促進し、それに具体的な姿を与えることに貢献したと言える。各時代の内風呂の景観（見え方）は、家庭の風呂とはどのようなものであるべきか、という社会全体（供給者と需要者）の意識が表現されていたと考えることができる。

風呂に入るのは、清潔のためだけではない。体を洗うのは清潔のためだとしても、熱い湯に入るのは快楽・心地よさのためでもある。内風呂への求めは、銭湯あるいは温泉で体験してきたこの快感を自宅で得たい、ということでもある(22)。しかし大多数の内風呂は、銭湯・温泉を追体験するにはあまりにも狭小だった。それでも、浴槽なしの（シャワーだけの）浴室や、中で体を洗う洋式浴槽がこれまで一般化しなかったことは、日本の入浴習慣・入浴文化の根強さ、温泉体験とのつながりの深さを示唆している。

日本とイギリスでは、近代化初期条件としての入浴習慣・動作の基本的な違い（浴槽内で体を洗う・洗わない、一人ごとに湯を落とす・落とさない）に由来する直火炊き系（日本）と給湯系（イギリス）という技術発展系譜の違いはありながら、その装備の近代化過程には、ガス供給会社の主導的活動や公共住宅での先導など、共通するいくつかの社会・経済的要因も見いだされた。また、イギリスとの比較を通して、日本におけるユニットバスの普及がその入浴習慣と不可分な特異なものであること、近年の日本の浴槽の外観が「洋風化」されながらも、その寸法は深い在来型浴槽を受け継いでいること（一方のイギリスでも浴槽の基本形は不変であること）など、入浴習慣の根強い継承にもあらためて気付かされる。

注

（1）都市生活研究所・風呂文化研究会『現代人の入浴事情'96』、一九九七年、一七頁。
（2）本研究で参考とした過去の製品カタログおよび関係資料の閲覧にあたって、大阪ガス（株）総務部資料センター、東京ガス（株）都市生活研究所、（株）ＩＮＡＸ・環境美研究所の協力を得た。
（3）戦後の各年代の風呂の典型像については、風呂文化研究会（都市生活研究所が中心となり風呂関連の企業七社が参加）の収集資料に多くを負っている。風呂文化研究会『わが家のお風呂五〇年史』、一九九六年等。
（4）Ｅ・Ｓモース（斎藤正二・藤本周一訳）『日本人の住まい』八坂書房、一九九一年、二一五―二一八頁（原著一八八六年）。
（5）中根君朗・江面嗣人・山口昌伴『ガス灯からオーブンまで』鹿島出版会、一九八三年、一三七―一三八頁。
（6）金指甚平「東京ガスを中心としたガス風呂の思い出ばなし」、『がす資料館年報九』、一九八二年、三一―五四頁、大場修『物語ものの建築史・風呂のはなし』鹿島出版会、一九八六年、九七―一〇三頁。
（7）鶴見俊輔（編）『現代風俗通信'77・'78』学陽書房、一九八七年、東京ガス株式会社『思い出の風呂』、一九九六年。
（8）大阪瓦斯（株）技術開発室『大阪ガスにおける技術開発のむかし・いま』、一九七九年、一四頁。
（9）増山新平『新時代の住宅設備』太陽社、一九三一年、三五二―三五五頁。
（10）商品科学研究所＋ＣＤＩ『生活財生態学Ⅲ』、一九九三年、一六五―一六六頁。
（11）タイル張りによる浴室景観の差別化については、一九三〇年代イギリスに前例がある。Swenarton, M., "Having a Bath", *Leisure in the Twentieth Century*, Design Council, 1977, p. 96.
（12）鎌田元康（編）『給湯設備のＡＢＣ』ＴＯＴＯ出版、一九九三年、八頁。
（13）前掲注（7）と同じ。

（14）東陶機器株式会社『東陶機器七十年史』、一九八八年、二二〇―二二頁。
（15）積水化学株式会社『積水化学三〇年の歩み』、一九七七年、四七―四八頁。
（16）『東陶機器七十年史』、前掲書（14）、二三二―三七頁。
（17）今井範子・田中理恵「戦後における住宅の浴室関連空間・家事の推移」、『家政学研究』第三二巻第一号、一九八五年、一九―四五頁。
（18）ほくさん「バスオール」新聞広告、一九六七年。
（19）金指、前掲書（6）、五三頁。
（20）都市生活研究所ほか、前掲書（1）、七頁。
（21）風呂文化研究会、前掲書（3）、四―三〇頁。
（22）日本の風呂・入浴習慣の「快楽性」および温泉体験との関連については、橋本峰雄「風呂の思想」、『現代風俗』一号、現代風俗研究会、一九七七年、一四三―一五八頁、吉田集而『風呂とエクスタシー』平凡社、一九九五年、松平誠『入浴の解体新書』小学館、一九九七年を参照。

第六章
家庭機器のモダナイゼーションとは

Chapter 6

What was the modernisation of household objects?

1 「家庭機器」というアイデア

本書ではこれまで、アメリカ・イギリスと日本での家庭機器の近代化過程をたどってきた。以下では、それを振り返りつつ、家庭機器の近代化（モダナイゼーション）とはどのような出来事だったのか、改めて考察していきたい。

まず、近代における「家庭機器」というアイデアについて考えてみる。近代、具体的には一九世紀の後半から一九二〇年代頃にかけて、それまでの機械工業製品とは性格の異なる一群の製品が、初めは欧米で（特にアメリカで）成立してきた。例えば、ミシン、真空掃除機、電気アイロン、ラジオ、タイプライター、自転車、そして自家用の自動車など、どれもが、機械的機構を含んだ構成をもち、大量生産され、大衆市場に向けた、非専門家用の（つまり家庭用の）製品群である。大衆消費財としての性格を持った、家庭用の機械的製品とも言える。この中で特に大衆にとって高価なもの（例えば、自家用車や家庭用電化製品など）はやがて「耐久消費財」と呼ばれるようになる。

本書で考えてきた「近代家庭機器」は、耐久消費財とほぼ重なるものの、もう少し広い範疇の製品を指している。本書で見てきた事例に当てはめて考えると、まず、電気ケトル・魔法瓶・電気ポット、そして真空掃除機は、近代に入ってから現れた製品であり、「耐久消費財」の範疇に入るだろう。次いで、風呂は、その浴槽や湯沸かし装置を個々にみるなら耐久消費財とも言えそうだが、浴槽、湯沸かし装置、浴槽を設置する空間、給湯・排水のための配管までを含めた全体は、耐久消費財とは言い難い。しかし据え置き型浴槽を含む浴室の大衆的普及は、近代以降の現象である。また鍋は、普通、耐久消費財とは呼ばれない（高価でないこと、機械的要素が含まれないこと、そして近代以前から日常の必需品であったことが理由だろう）が、近代に入って変容してきた製品である。

近代になって現れ、人々の生活習慣を変えてきた新製品は、自動車や大型家電製品などの、注目されやすい「耐久消費財」ばかりではない。耐久消費財を含む大小さまざまな家庭機器が、新たな製品として現れ、それらが新しい生活様式を形成してきたのが近代という時代だった。

ともあれ、これらの新しい製品群が成立し、普及するには、そのための経済的、技術的、社会的条件が揃わなくてはならなかった。これが、近代家庭機器のうちの多くが、一八八〇〜一九三〇年頃のアメリカで最初に成立（発明ではなく、量産と大量普及が開始）した理由であると考えられる。工業（特に機械工業・金属工業・電気工業など）の規模と量産技術力、商業的成功を収められるだけの市場の規模と消費者の購買力（つまりは同じ種類の機械に対する大きな標準化された需要があること）などが、この時期のアメリカに生まれ、新しい家庭機器の成立に結びついたといわれている。

アメリカにおける家事用家庭機器の成立については、すでにさまざまな議論がなされている。アメリカにおける熟練労働力不足が量産技術を発展させ、また、家事労働者の不足や、家事の科学的管理の思想、女性の権利意識の高まりなどが、家庭用省力機器（いわば家事機械）をアメリカで発展させたとする見方が、最も一般的である(1)。ただし、近年の女性史研究では、「省力機器」が家事の担い手である主婦を「解放」したとの通説に対して、省力機器は主婦の家事負担を減少させず、逆に家事の要求水準を上げ、新たな家事に主婦を追いやって、結果としては女性を主婦という社会的役割に固定させたとする批判もなされている(2)。

また、これに関するイギリスでの議論として、家事労働者の不足が初期の家事省力機械を普及させたとする通説に対して、イギリスで初期の高価な家事機械を購入できたのは、家事労働者を雇える余裕のある裕福な家庭に限られており、初期の家事機械を使用したのは、主婦ではなく、その家の家事労働者だったはずだとの批判がある(3)。

日本では、初期の高価な家事機械を導入できた家庭は、イギリスよりもさらに限られていた。戦前の日本は余剰労働力が豊富に存在し、中流以上の家庭には女中が雇われていた。このような機械の市場は、実質的にほとんど存在しなかった（一割程度の家庭に普及していたアイロンなどを除けば、多くの家電製品は一九三七年でも普及率〇・一パーセント以下だった(4)）。

近代家庭機器（そして家庭機器産業）という「アイデア」は、実際の多くの製品とともに、まずアメリカで生まれたと見てもよいだろう。このアイデアが（現実には、このアイデアを実現させるための産業や技術、宣伝販売などのノウハウ、それらを使って営まれる生活様式までも含めて)、その後、アメリカ以外の各国に伝播・影響して、それぞれの国で家庭機器の近代化が始まっていった、というのが最も概括的な流れであろう。もちろん、実際の個々の製品が必ずしもアメリカ起源というわけではではない。もともとは同じアイデアの製品でも、異なった文化においては異なった変容過程を経てきたことを、本書で繰り返し見てきた。議論のレベルは少し違うが、家庭機器という包括的アイデアもまた、アメリカを離れて異なる文化、別の社会に移植されたとき、異なる発展をしていったと見るべきだろう。

ところで、本書は、日英米比較の視点を取り入れながら、近代家庭機器の変容過程の事例をみてきた。日本もイギリスもともに、近代家庭機器の分野において、アメリカの強い影響を受けていたが、日本とイギリスの間では、この分野における「直接的」な影響関係(製品の輸出入、技術移転、デザイン模倣など)が特に顕著だったわけではない(もとより、本書は、そのような直接的な日英関係を扱ったものではない)。しかし、この分野において、日本とイギリスは、アメリカからの影響度の高さという点で、共通性がある。

ただし、日本とイギリスでは、アメリカで生まれた近代家庭機器という前述の「アイデア」の受容の仕方、受容の時期に、大きな違いがあった。イギリスではアメリカで生まれたこの分野の新製品のほとんどが一九世紀末の非常に早い時期から輸入され、市場に出ていた。購買力のある消費者はごく限られていたものの、その存在は広く知られていた。またアメリカの大手家電メーカーなどにはイギリス法人を設立し、現地生産に入ったものもあった。もともとイギリスにとって、アメリカは完全な異文化ではなく、本書で言うところの製品の近代化初期条件としての日常生活の文化に連続性があったため、経済力さえ許せばそのままのかたちで英国市場でも受け入れられるアメリカ製品が多かったと考えられる。

一方の日本では、第二次世界大戦以前からアメリカの直接的影響(製品の輸入、技術・資本提携、アメリカ企業の日本法人設立など)は少なくなかったが、それでも、英米においてのような密接な影響関係はなかった。これが密接になるのはむしろ戦後、アメリカがこの分野の日本製品の主たる輸出市場となり、同時に日本の生活全般にわたってアメリカ文化が流入してきてからであろう。進駐軍家族のための家庭機器をアメリカ仕様で生産したことを嚆矢として、以後、製品のための技術・デザイン手法などが多くアメリカから移転されたばかりか、これに続く高度成長期には庶民までがアメリカ的生活様式にあこがれを持って、耐久消費財などが一気に普及した。

では、近代家庭機器は、日英両国のようにアメリカとの関係が強かった国にのみ普及し、そのデザインもアメリカの影響を強く受けてきたのだろうか。これはどうみても事実ではない。だとすれば、近代家庭機器の成立・普及は、その時期こそ異なっていても、近代化を遂げてきたどこの国・地域にも共通する、(近代の文明の)普遍的・必然的な出来事だったのだろうか。この問いに充分に答えることは本書の範囲を越える。ただ、しかるべき経済的・技術的・社会的条件が揃った国・地域で、近代家庭機器の成立・普及が起こったこと(そしてそれはアメリカが先駆だったこと)は、歴史的な事実である。

2 家庭機器の近代化——新しい類型への転換

本書では家庭機器のさまざまな近代的変容(近代化)の過程を観察してきた。この変容過程の中のそれぞれの製品に着目するなら、それらは従来の型(類型・タイプ)の製品から、それに取って代わる新しい型の製品へと、徐々にあるいは急激に、類型が転換していく(つまり、各時代の最も典型となる類型が入れ替わってくる)過程だったととらえることができる。

そこで以下では、アメリカとイギリスと日本の家庭機器において、近代化とはどのような事態だったのか、新しい類型への転換がなぜ、どのようにもたらされたのかを振り返ってみたい。

2—1 新しいエネルギーの導入

近代の家庭機器に、そしてそれを使って営まれる日常生活に、最もインパクトのあったのは、新しいエネルギーとしての電気とガスの家庭への導入である。新しいエネルギーの導入のためには、多くの場合、機器の変更（専用の機器の開発）をともなわねばならず、必然的に新しい類型の機器が生まれてくるためである。

電気が、そしてガスが、家庭で利用可能になったとき、この新しいエネルギーを使うべく、さまざまな機器が開発・試行され、その中のいくつかが新しい類型となって家庭に定着していった。真空掃除機がその典型である。イギリスの電気ケトル、アメリカのコーヒーメーカーなども同様と言える。初期の家庭用電気器具、ガス器具は、今日みるそれらと比べれば技術的には原始的なものであり、また一般への普及もごく限られていた。早くから普及した照明用を別にすれば、この分野の機器が庶民生活にまで重大な関わりを持つようになるのは、日英米ともに二〇世紀中頃以降であった。

そのうち、家庭生活の変化に関して最も注目される分野は、電気利用の家庭機器、つまり家庭用電化製品ということになる。ただし、熱系機器に限ってみると、暖房、調理、風呂の各分野では電気とガスとの競合があった。これら熱系家庭機器においては、ガスの相対的重要さが指摘できる。これらのコントロールしやすい新しい「火」は、全体として家事の大きな変化をもたらした。ガスと競合しない家電分野には、新しい類型の電気製品が多く生まれている。

電気とガス、二つの新しい流体エネルギーの家庭生活への導入の経緯については、これまでもすでにさまざまな議論が行われている。ここでそのあらましを繰り返さないが、次の諸点を指摘しておく。まず電気は、初めに産業用としての利用が広がり、発電設備の効率化のために、日中ばかりが多かった電力使用量の変化を一日のうちで平準化すべく、（夕方から翌朝までの）家庭での使用が電力・電気産業によって「開発」されてきたこと。そして、ガスは、照明用として電気に対する競争力を失ったために、家庭での用途開発（まず調理と暖房、やがて風呂での利用開発）が一貫してすすめられてきたこと。そして、この二つのエネルギーが家庭での利用をめぐって激しい競争関係にあったこと、である。以上の点については、日英米で基本的に共通していた。

ちなみに、アメリカとイギリスと日本とでは、二〇世紀初頭から半ばにかけて、家庭でのエネルギー使用の様相は、根本的に異なっていた(5)。第二次世界大戦前、日本家庭は薪に、イギリス家庭は石炭に、過度に(ともに七〇〜八〇パーセント)依存し、世帯当たりエネルギー消費量では日本はイギリスの半分以下(約四割)、アメリカの五分の一であった。しかし興味深いことに、家庭用の電力普及率では、日本は英米を大きく上回っていた(アメリカでの普及率の低さは国土の広さ、居住地の分散などのためだが、英国での普及率の低さは、ガスとの相対的な価格の高さが原因だったといわれる)。しかし、これは主に電灯用であった。その一方で、ガスの普及率ではガス事業発祥の地であるイギリスは非常に高く(一九三〇年代で九〇パーセント以上)、アメリカはそれほどでもないが(一九三〇年代で四〇パーセント台)、対照的に日本では家庭でのガス利用は非常に遅かった(一九四〇年でも普及率一六パーセント)。

2―2 新しい材料への転換

家庭機器においては、新しい材料の転換が、新しい機器の類型を生み出すこともあった。新しい材料への転換は、量産性の良さが大きな動因の一つであった。量産の効果によって価格が下がり、その結果として製品の普及が増して、新しい類型として定着することが多かった。イギリスの風呂における鋳鉄製浴槽などがその例だろう。この転換にはまた、限られた地域市場から大量生産に見合う全国市場へ、ときには海外市場への広がりを求める企業活動の発展が関係していた。本書では鍋の事例などがそれにあたる。

主たる材料の転換、典型の交代はいっぺんに起こるとは限らない。異種の材料の製品が市場で競合を続けることが多く見られた。第二次大戦後の日本の浴槽市場などがその好例である。また材料の転換は多くの場合、それを主導する企業群の交代を意味していた。特定の素材に特化したメーカーは、新素材への転換ができないか、転換が遅れてしまうためであろう。

熱系機器の変容においては、材料転換の占める重要さはほかの種類の機器に増して大きいかもしれない。鍋でも、浴槽でも、また電気ポットでも、素材の熱伝導特性や耐久性が最も問題となる。一例を挙げれば、イギリスの電気ケトルのジャグ型への転換に耐熱性プラスチックの果たした役割は決定的であった。

新しい材料に変わるとき、そこには必然的に質感の変化がともなう。後述するが、デザインには、この質感（いわば人間にとってその材料がどう感じられるかということ）をどう操作するのかが、形態上の操作と同様、新しい類型を生み出す上で大きな関心事になる。

以上の「新しいエネルギーの導入」「新しい材料への転換」の二項が、主として機器の「生産」に関わる論理であったとすれば、次の二項でみるのは、主として機器の「消費」に関わる論理である。

2―3 新しい生活習慣への適合

アメリカに続き、イギリスでも日本でも、進展の時期に多少の違いがあるものの、二〇世紀半ば以降になると、大量生産された機器が広く普及してゆき、その結果、庶民・大衆の選好が市場を、つまりは機器の変容過程をますます動かしていくようになった。その意味で、作り手・メーカーが作った製品を、常に使い手・生活者がただ受け入れるという（見込み生産の）図式、あるいは使い手が注文したとおりに作り手が作る（注文生産の）図式はしだいに成り立たなくなっていった。大衆市場では、生活者はメーカーの提案に対して必ずしも常に受け身というわけではなく、製品への選好を通して機器の変容に関わってくる。メーカーと生活者とが何らかの妥協点を探し合い、その結果が、機器の新しい類型（その時代と社会の典型）となってくるような過程である。

家庭機器が用いられる生活行為（例えば料理、入浴、飲茶など）は、伝統的生活様式に根を持っていることが多い。本書でいう近代化初期条件の制約が大きい分野と言える。その意味で生活者は、この分野の機器に対して、どちらかと言えば保守的（ほかの分野の機器、例えば、電話・ラジオなどの情報・娯楽系機器などに対して比べた場合）であり、古い類型から飛び離れた新奇な類型の機器は、なかなか受け入れられなかった。

しかし、日常の生活習慣というものは、伝統的生活様式に根を持つものの、まったく不変というわけではない。家庭機器の普及によって、生活習慣自体が微妙に変化してくることもある。本書の事例では、入浴の習慣（入浴の仕方や頻度など）、料理の習慣（調理法や食べ方を含めた食文化）、飲茶の習慣（飲み物、頻度、作法など）、居室にカーペットを敷く習慣（真空掃除機が促進した）などが、関連する家庭機器の普及に合わせて、それぞれ変化してきたことを観察した。これらの生活習慣の変容は、おしなべて言えば、儀式張らない（カジュアルな）、時間に制約されない、手間のかからない、そして選択の幅の広い方向への変化、いわば便利化だった。これは生活機器との関わりから見た現代生活の特徴でもあろう。新しい生活習慣と新しい類型の機器とは、相互に関係しながら成立してきたのである。

2—4 新しい外観とイメージの付加

家庭機器が大衆商品になってくると（アメリカでは一九世紀末から一九二〇年代にかけて、イギリスではおよそ一九三〇年代以降に始まり、本格化したのは一九五〇年代以降とされる。日本では一九五〇年代後半からであろう）、機器の外観とイメージが以前にも増して注目されるようになってくる。製造者が作った製品を消費者の購買行動に結びつけるために、製品に何らかのイメージを纏わせ、消費者の欲望をそそるべくその外観を操作することが、（狭義の）製品デザインや広告によって行われるようになってくる。このような現象、つまり耐久消費財の外観を、その時代において望ましいとされたイメージに整え、販売に貢献する「インダストリアルデザイン」（特にその中でも「スタイリング」と称されるデザインのあり方）は一九三〇年代アメリカで本格的に始まったとされている。このような現象は、さほど高価ではない、また単体の商品ではないようなほかの家庭機器の分野にも徐々に波及していった。

家庭機器が購入されるのは、あるいは新しいものに買い換えられるのは、単なる生活上の必要からばかりではなかった。所得水準が上がり、ある程度の豊かさが得られたとき、その「豊かさ」を実感するために（豊かさの証としての「新しい生活」

を自他で分かち合うために）、しばしば、これらの新しい機器が購入されてきた一面がある。これはステータスシンボルというほど高価な耐久消費財ばかりでなく、家庭機器一般にも当てはまった（本書の事例の中では、例えば、第二次世界大戦後のある時期、日本では花柄のついた鍋を買ったり、贈答品にしたりすることが盛んに行われた。また、例えば、家庭電化ブームの頃〔一九五〇年代後半〜〕の日本の広告には、家電製品を購入することによって、新しい豊かな生活が始まると思わせるイメージがあふれていた）。

機器の外観やイメージを、その時代にあって望ましきもの（と思われるもの）へと変化させることは、もちろん、一九三〇年代に始まる「インダストリアルデザイン」以前にも、頻繁に行われていた。デザイナーという専門職が行ったものではないが、製品の市場をめぐる企業家と消費者（あるいはその中間業者）の間の何らかの相互作用によって、各時代で好まれる製品の類型が定まってくるような過程である。このような過程（作者が特定されないアノニマスな「デザイン」の過程）は、本署の事例研究の中で、これまで数多く見てきた。

なお、「インダストリアルデザイン」における「スタイリング」と、ここでいうアノニマスなデザインの明らかな違いを以下に挙げると、アノニマスなデザインは、

一、変化が遅い（同じデザインが長期間にわたって生産されることが多い）
二、非個性的（異なるメーカーでほぼ同型の製品が生産されていることが多く、製品の「差別化」はあまり意識されない）
三、折衷的（伝統的形態要素を部分的に残していることが多い。装飾柄を付けることもこれに含まれる）
四、即物的（機械による効率的生産のために、特に「美観」を意識せずにできあがってきたような形態、モダンデザインで意識的に再現しようとしてきたような、装飾なしの形態が多い）

その一方で、

五、表面性（立体的造形フォルムを変更せず、材質や表面仕上げを変更して高級感やバリエーションを出すことが多い）

などの特徴がある。

時代性によるこのような性格の違いがあったものの、何らかの「デザイン」が施された結果、家庭機器に新しい類型が生み出されることがあったことは確認しておきたい。

3 近代化過程の構図

3―1 家庭の「産業化」

以上に見てきたような家庭機器の近代化（新しい類型への転換）および、それらの家庭への導入・普及は、「家庭の産業革命」（industrial revolution in the home）、あるいは「家庭の産業化」（domestic industrialization）といわれるような大きな変化(6)を、家庭に引き起こしてきた。「家庭電化」もこの変化の主要な部分である。この変化はアメリカでは一九二〇年代頃から始まったとみられているが、日本でも、そしてイギリスでも、本格化したのは遅く、一九五〇～六〇年代からである。日本では戦後の家庭電化ブーム、高度成長期がこれにあたる。イギリスでは、アメリカからあまり遅れることなくこれらの機器は市場に現れていたが、庶民つまり労働者階級の所得水準が徐々に上がり、家庭機器を実際に購入するようになるのは、一九五〇年代以降であった(7)。

このような「家庭の産業化」の背景には何があったのか。そこにはどんな力関係が働いていたのか。本書はこの大きな問いに充分に答えることはできなかったが、ここでは、家庭機器の近代化がおこり、それらが家庭に受け入れられていった背景について、おおまかに粗描しておきたい。

大局的にみるなら、家庭の産業化とは、水道、電気、ガス、通信、そしてさまざまな新材料などの技術的インパクトが、家庭生活にもたらした諸変化だった（「産業革命」の比喩が使われるのもこのためである）。家庭は、これらの新技術を何らかのかたちで受け入れることを通して、その内実としての生活習慣・生活様式を変化させてきたことになる。産業革命の比喩からも明白なように、産業はすでに新技術によって大きく変化してきていた。そのような変化を、産業からはだいぶ遅れて、家庭も受け入れることになったとも言える。では、なぜ、家庭は、これら新技術を（本書との関わりで言えば、新技術を体現した近代家庭機器を）、受け入れてきたのだろうか。

家庭の産業化を、技術・産業側からの一方的な要請の結果とだけとらえることは誤りであろう。家庭の側にもこのような変化への求め、変化の兆しはあった。所得水準が上がった庶民家庭において、例えば、掃除の仕事をもっと楽にしたい、家に居ながらにして毎日風呂に入りたい、手軽に暖かい飲み物が飲みたい等の生活習慣の変化への希求は、自然に芽生え、潜在していたのではないか。これらの希求に答える技術的手段として、新しい機器が普及したのだとすると、家庭に最も受け入れられやすいような方向に、それぞれの機器は（家庭をはじめとする大衆的・社会的な要請によって）進化させられてきたことになる。だとすれば、「家庭の産業化」という社会的プロセスは、家庭機器を受容する側（家庭）と、家庭機器を供給する側（産業）とが、ともに変化してくるようなプロセスだったと言えるだろう。

3―2「家庭―市場―産業」の構図

おそらく、家庭は、産業側の提供するものすべてを単純に受け入れてきたのでは決してなかった。そこには何らかの選択があり、家庭に受け入れられやすいものとそうでないものとがあった。家庭機器の選択的受け入れには、どんな力関係が働いていたのだろうか。家庭と社会の関係は、どのような構図であったのだろうか。

ここで考えなくてはならないのは、家庭機器は、資本主義的生産様式のもとで、商品として開発され、商品として購入されたことである。そのために家庭機器には、商品としての買い安さ・売りやすさが強く求められてきた。私たちは、単純な〈産業―家庭〉の関係に加えて、商品同士の競争、消費者の選択的購買などがおこる場としての、市場を含めた、家庭機器をめぐる〈産業―市場―家庭〉の関係を考えなくてはならない。この関係の中でいう「産業」には、機器メーカーとその販売業者、住宅供給業者（建設業者と販売業者）、材料メーカーなどを考えに入れる必要があろう（材料メーカーは、家庭に直接関わるのでなく、機器メーカー、住宅供給業者に材料を供給する）。

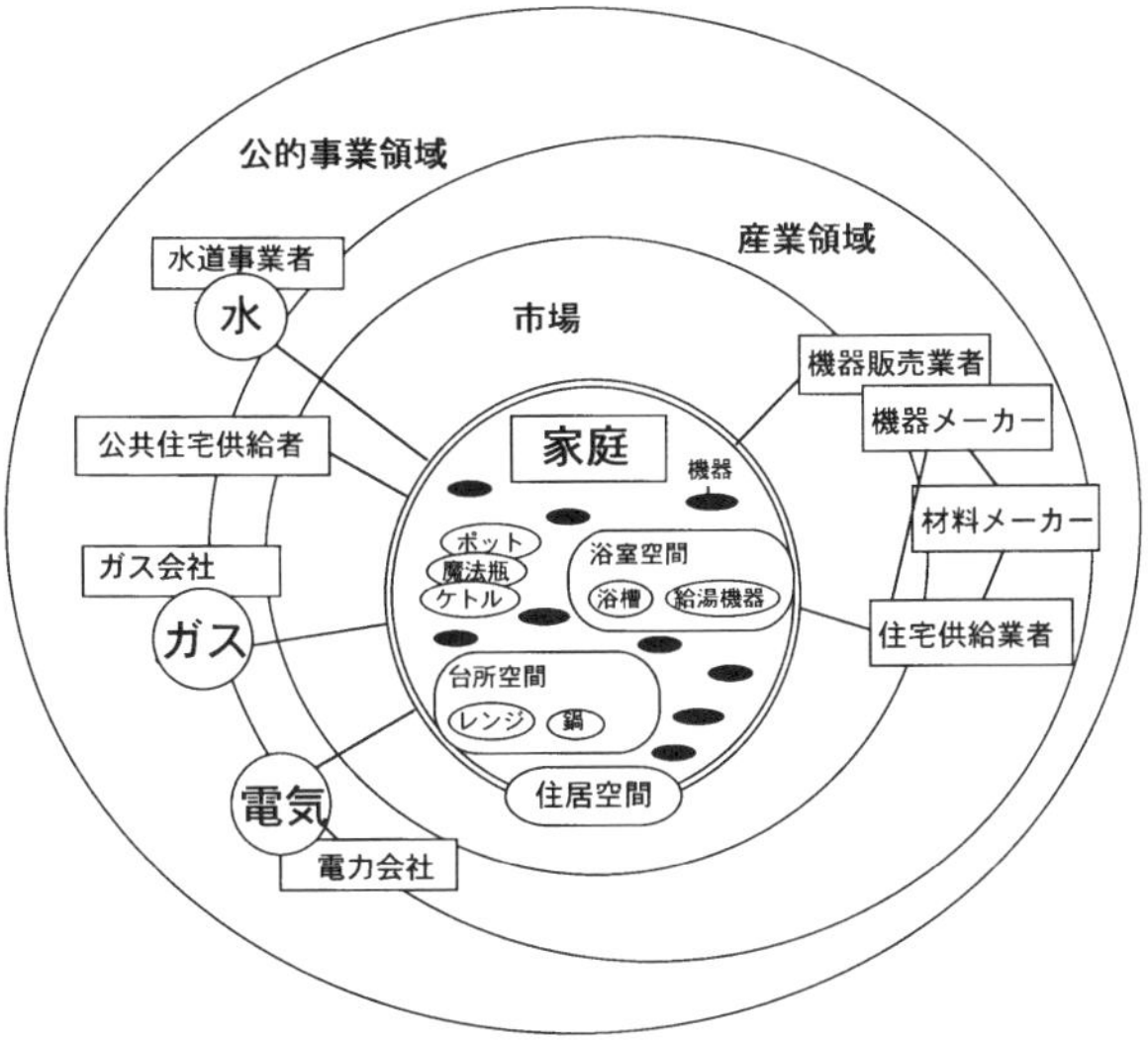

［図1］「公的事業–産業–市場–家庭」の全体的構図

さらに、熱系の家庭機器に特に関わることとして、〈産業–市場–家庭〉とはまた性質の異なる関係がある。それは、水道、電気、ガスの家庭への供給に関してである。これら近代的な「社会的インフラ」（インフラストラクチャー）は、社会政策の一つとして、公的に整備・育成されてきた。家庭の器としての住宅も、公共住宅の整備・貸与というかたちで、先に見た市場とはまた別の（家庭への）関わり方がなされてきた（電気・ガスは、市場で競争し合ってきたことからも、また、それぞれの供給産業が存在していることからもわかるように、市場との関係を持ちつつ家庭に関わってきたが、これらを公共企業とするか私企業とするかは、国や時代によって異なり、これが近代エネルギーの普及過程に大きく関与している。例えば、イギリスで電力普及が遅れた理由は、ガス・電気の供給が各都市の管轄する公益企業によって行われていたために、先に整備が進んでいたガスが優先されたからだといわれている）。このような関係性を〈公的事業–〈市場〉–家庭〉の関係としておく[8]。

家庭機器の導入をめぐる〈産業–市場–家庭〉の関係（および〈公的事業–〈市場〉–家庭〈の関係〉）からなる全体的構図［図1］は、資本主義的生産様式のもとで近代化を遂げた多くの国・地域で、基本的に共通するものだろう。このような構図がいっそうはっきりとしてきた社会が、歴史的には、一九二〇年代以降のアメリカ、一九五〇年代以降のイギリス・日本だったということになる。

ただし、近代化の過程の各時代で、また国・地域によって、この構図の中のアクター（構成要素）の間での力関係や、各アクターの勢力の強弱などは、それぞれ違っていた。例えば、ガス・電気事業が公的企業として行われるのと、私企業として行政から比較的自由に行われるのとの違い、機器メーカーの規模や勢力、市場競争の激しさの違い、家庭の平均的所得水準の違い、住宅の平均的広さや構造の違いなどによって、機器の受容が進むか否かが大きく違ってきた、とみることができる。

3—3 住居空間との関わり

最後に、これらの諸関係の集まる、受け入れ側の「家庭」について、その空間的側面としての（家庭の器・ハードウェアとしての）住居について考えてみたい。

まず、家庭機器が受容され、大きく変貌した空間とそうでない空間があった。住居の中で、台所と風呂（浴室）は、日本でもイギリスでもアメリカでも近代になって最も大きく変わった空間である。特に台所では調理用熱源機器（レンジなど）が変わるとともに空間デザインや住居内の配置までが変わった。この変化に沿うかたちで、事例で扱った鍋のようなマイナーな道具も変化してきた。機器が空間を変貌させたのは風呂においてもっと著しい。庶民住宅においても独立した浴室を設けることが、設置が容易なガス瞬間湯沸かし器などの給湯機器・システムによって可能になったからである。このように、家庭が「産業化」されるときの、個々の機器の受容されやすさ、されにくさには、住居空間との関係を無視することができない（風呂のように、専用空間を設けて「ビルトイン」しなければならない機器と、多くの家電製品のように、設置する空間を特に問わない機器とでは、受容のしやすさに差がある。ガス機器に対する電気機器の優位性の一つも、ここにあった）。

なお、本書では、家庭内のいっそう本質的な関係、すなわち、小さな社会としての家族成員間の関係、家事の主な担い手（「産業化」されてきた家庭の「専業労働者」）であった主婦という役割、家族以外の家事労働者の有無などについては、充分に触れることができなかった。ただ、本論の事例で扱った領域で言えば、だれが料理を準備するのか、だれが掃除機をかけるのか、だれが風呂の準備をするのか、だれが茶を淹れるのかなど、多くの生活習慣の中には、日本でもイギリスでもアメリカでも、性別による役割分業が内在していたこと、今その是非が問われていることを指摘しておく。以上に粗描したような、家庭を中心とした、家庭内・家庭外の複雑な絡み合い・社会的関係の構図の中で、近代家庭機器の普及は進んできたのである。

3―4 近代化過程の構図における日英米の相違

これまで、家庭機器近代化の過程における日英米の違いを事例研究のさまざまな場面で見てきた。ここではそれらをすべて繰り返すことはしないが、先に粗描した〈産業‐市場‐家庭〉および〈公的事業‐（市場）‐家庭〉の構図と関連して指摘するなら、次のようなことが挙げられよう。

まず、このような構図が立ち上がる「産業化」の開始が、英米は早く、日本は遅かった（しかしイギリスでは、多数を占める庶民・労働者家庭の購買力が弱かったため、高額な機器は大量普及しなかった。アメリカでは、一九二〇〜三〇年代から家事用機械の量産が始まっている）という基本的な違いがある。そして、ガスの家庭への普及にみるように、公的セクターの力がイギリスおよびアメリカの都市部では強く、社会資本（この場合、ガスのメイン配管など）の整備に非常に大きな違いがあった。住宅政策でも同様である。イギリスおよびアメリカ都市部では二〇世紀前半から公共住宅の整備が進み、この点においても日本は大きく遅れた。第二次世界大戦の被害の大きさも違うが、日本では住宅供給が進んで数の上で住宅不足が解消されるのは一九七〇年頃までかかった。この面での日英米の違いは大きかった。

以上はみなよく知られた日英米の基本的違いだが、本書で扱ってきた家庭機器の普及にいっそう引きつけてみると、住宅のあり方の違いが、大量普及が始まってから（二〇世紀後半）の、新しい機器の受け入れ方の違いに影響していたことが指摘できる。イギリスやアメリカ都市部では、二〇世紀前半に至るまでに、庶民・労働者向けのものを含めて、二〇世紀後半の日本と比べても広く、耐久性のある住宅が供給されてきていた。これがその後も住宅ストックとなって多く存在している。このような住宅の内部を少しずつ更新しながら、住み続け、あるいはこのような住宅間で住み替えていくのが、イギリスとアメリカ都市部の基本的住まい方である。これに対して、日本にはこれに対応するような住宅ストックに乏しく、多くは新しい様式・構造の住宅を新築して、あるいは比較的短期間で改築して、住み替えていくという住まい方が一般的である。

このような住宅（および住まい方）の違いから、イギリスでは日本に比べて、新しい機器が導入されにくい場合があった。本書の事例で言えば、ユニットバスの発展・普及がイギリスで少ないのも、入浴スタイルの違いに加えて、新築が少なく大きな市場がないことも一つの理由だったろう（アメリカにおけるユニットバスの普及については今後の研究課題である）。

なお、現在のイギリスで新しい機器の導入が一般に遅いことに対して、俗論では、伝統に執着するイギリス人は、古い物を好み、モダンすぎるものを受け入れないのだと「国民性」による説明がよくなされる。本書ではこの「国民性」という曖昧な概念を説明に用いることは一切してこなかった。しかし、もしもそういう「国民性」が本当に存在するのだとしたら、そういう「国民性」を今日まで支えてきた物質的基礎は、イギリス（そしてアメリカ都市部）の住宅のあり方（耐用年数の長い住宅ストックの存在）に求めてもよいだろう。

上記のことと関連して、英米では日本と比べて、室内空間への美意識、室内空間をコーディネイトしようとする意識が、庶民家庭でも一般に高いように感じられる。これはあくまで程度の問題ではあるが、先述の住宅ストックの存在と関係づけるなら、英米では現在でも室内外の景観に安定した「スタイル」があるのに対して、現在の日本ではそれにあたるものがない。特に視覚文化としてのインテリアにおいて、伝統からはほとんど断絶してきた今日の日本と、それが今日まで連続的に変化してきたイギリス・アメリカとの違いが、明らかにある。英米の家庭では、インテリア景観に適合しにくい（視覚的に新奇な外観デザインの）機器は、日本と比べると、受け入れられにくいかもしれない（今日の日本の機器デザインの状況は、家電量販店の店頭などで見るとおり、視覚的な混沌に近い。今後、日本の家庭内景観に安定したスタイルが定まってくるときがあるとしても、それまでには、非常に長い年月がかかるであろう）。

一方の日本の、英米にはない特性としては、前出の構図の中の機器メーカーの力が第二次世界大戦後から一貫して強くなってきたことであろう。家電・自動車をはじめとして世界的にみても有力な製造企業が国内にいくつも存在し、互いに激しく競争している。日本の家庭は、この強力な国内企業が競争し合う市場に、常に曝され続けている。この状況は、その是非はともかく、新しい機器を家庭に導入することへの情報的な「圧力」として働いてきた。これは戦後日本社会のほかに類を見ない特性であった。

注

（1）ペニー・スパーク『近代デザイン史』ダヴィッド社、一九九三年、四〇―四四頁。
（2）Cowan, R.S., *More Work for Mother*, Basic Books, 1983. など
（3）Forty, A., *Objects of Desire*, Tames and Hudson, 1986. など
（4）青山芳之『産業の昭和社会史四　家電』日本経済評論社、一九九一年、二八頁。
（5）牧野文夫『招かれたプロメテウス――近代日本の技術発展』風行社、一九九六年、一七五―一九二頁。
（6）Chant, C.(ed.), *Science, Technology and Everyday Life 1870–1950*, Routledge, 1990, pp. 105–106, .
（7）一九六二年の時点で、イギリス世帯の八二パーセントにテレビ、七二パーセントに真空掃除機、四五パーセントに洗濯機、三〇パーセントに冷蔵庫が普及していたが、このうち、洗濯機のほぼ半数、冷蔵庫の半分以上、テレビの三分の一以上は一九五八年から一九六二年の間に初めて購入されたものだった（エリック・ホブズボーム『産業と帝国』未来社、一九八四年、三二二頁）。
（8）機器の購入・選択に関係する全体的構図（社会的関係のネットワーク）という視点は、以下も参考にしている。Cowan, R.S. "The Consumption Junction: A Proposal for Research Strategies in the Sociology of Technology", in Bijker, W.E. et al. *The Social Construction of Technological Systems*, MIT Press, pp. 261–280, 1987.

結びに代えて　今後のデザインのために

本書の最後に、これまでの知見・議論から得られた、今後の製品デザインについての指針を手短に示すとするなら、いずれもやや言い古されたことではあるが、以下の諸点を挙げることができる。

一．望ましい生活様式・生活習慣を、支え、新たに作り出すようなデザイン

本書でみてきた家庭機器の分野においては、各時代、各社会の生活様式、生活習慣への適合性が、そのデザインの長期的な成否に影響していた。従来からの生活様式・生活習慣を維持するのにその製品デザインが適していたというものばかりでなく、新しい製品（デザイン）によって新しい生活習慣が育ってくる場合もあった（ここで問題になるのは、何が望ましい生活習慣であるのか、という高次元での判断だが、この方向性は、その社会の動向が決めていく性質のものであろう）。ともあれ、変わりゆく日常の生活習慣への、これまで以上の着目・接近が、今後のデザインに求められる。

二．時代の流行に流されることなく、長く典型として定着していくような、息の長いデザイン

これまでに見てきたように、製品のデザインは時代の流行と無関係では存立しない。しかし、その中でも、多数に受け入れられ、その後も長く典型として残るデザインはあった。新しい典型を作り出すことを意識したデザインの提案に、今後も大きな注力がなされるべきだが、それを実現していくためには、そのための知的・社会的・産業的環境の整備がなくてはならないだろう。

三．製品のデザインの長期的な変容を見極めた上で、その適切な「進化」を促進するようなデザイン

長期的な視野で見た場合、製品とは（個々のデザインを超えて、半ば自律的に）進化していくものであるとするなら、その進化の適切な方向とはどの方向なのかを見極め、その製品を育てる（進化を助ける）ようなデザインがなされるべきであろう（この場合も、何が適切な進化の方向なのか、ということが問題になるが、それを考えるためにも、これまでのその製品の進化について、深く理解しておく必要がある）。

以上の三点は、結局は同様のデザイン像を、視点を変えて三通りに言い換えてみたにすぎない。要は、まず現在に至るまでの歴史をよく見据え、その上で、長期的かつ広い視野に立った適切なデザインがなされるべき、との主張である。

デザインに関わる者は、自らの関わってきた歴史、先達たちの関わってきた歴史に、もっと目を向けるべきではないだろうか。その意味でも、今現在の市場だけしか眼中にないようなデザインおよびデザイン論のあり方には深い危惧を覚える。確かに、デザインは現代のビジネスの重要な一部である。しかしそれと同時に、広く生活文化の創造に関わる社会的な活動でもあると思うからである。

本書でも繰り返してきたように、近代以降の量産品のデザインは、専門職であるデザイナーだけが決定してきたのではない。上記のようなデザインが行われ、現実のものになるためには、デザイン、特に製品デザインという社会的規模の活動・現象に関わるすべての者が（デザイナーばかりではなく、ここには、製造業の経営者、エンジニア、流通販売業者などの産業人、行政関係者、そして一般の消費者・生活者までもが含まれる）、このデザインという現象への理解を深めていくことを、欠かすことができない。そこで、最後の指針としては、自戒も込めて、次の点になろう。

四．製品のデザインという現象に対する理解を深めるための研究と、その成果を社会に広めていくための教育と広報

良質の製品デザインが生み出され、社会に定着するためには、その社会全体のデザイン理解（リテラシー）が進まなくてはならない。製品デザインの基礎学としてこの分野の研究が進み、その成果が広く社会的に認知されることが、製品の長期的な「進化」を良い方向に進めていくためには不可欠だろう。

本書でその一端を試みた「モノのデザイン史」研究が、この最後の指針に沿うものであることを願っている。

本書は著者の学位論文「英国と日本における近代家庭機器の発展過程およびデザイン変遷に関する研究――熱系家庭機器を中心に」（二〇〇四）を元に、その後行ってきたアメリカの事例研究そのほかの論考を加えて、再構成したものである。これまでの私の一連の研究を指導・協力・支援していただいた多くの方々、特に榮久庵憲司、山口昌伴、ジリアン・ネイラー（以上、故人）、そして宮崎清の各氏に深く感謝したい。また議論に加えていただいた関連諸学会・研究会の皆様にも感謝する。また著者が現在副会長を務めている「道具学会」の会員諸氏には今後この分野の研究を進めることに改めての協力をお願いしたい。

本書の草稿はかなり以前に書き終えていたが、この種の本の出版は昨今の出版業界の状況から難しく、半ば諦めかけていた。ところがある時、故・榮久庵憲司氏を追悼する本（『榮久庵憲司とデザインの世界』二〇一六年刊）に思いあたり、その出版元である美学出版の黒田結花氏に相談すると、快く引き受けていただけることになった。細部にわたって校正の労を執っていただいた黒田氏をはじめとする美学出版の方々にあらためて深く感謝したい。

二〇二〇年四月

面矢慎介

From June Bride to July Homemaker

... IN SIX EASY STEPS!

WHY not play fairy godmother when you select a present for a bride? Why not give her the prolonged youth, the smooth unruffled brow, the success in cooking that comes with handsome easy-to-use General Electric Hotpoint home appliances?

Here are six gifts every bride really wants. Choose one, choose all. There's magic in their performance and beauty in their being. And the whole world knows that when a gift bears the General Electric Hotpoint trademark, it *has* to be good. Your nearest General Electric Hotpoint dealer has these appliances on display. See them. They settle the question of what to give your favorite bride, or mother—or yourself.

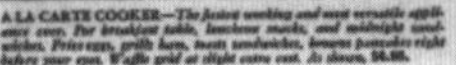

You'll always be glad you bought a G-E

GENERAL ELECTRIC

参考文献

英語文献

Ackrill, M., *Manufacturing Industry since 1870*, Oxford, Philip Allan 1987.

Alexander, W. and Street, A., *Metals in the Service of Man*, Hammondsworth, Prican, 1968 (first published in 1944).

Alflatt, F. E., "Tea-Makers: Britain's Great Contribution to Civilisation", in *Antique Machines & Curiosities*, vol.1, no.1, 1979.

Andersen, K., "The Golden Age (an article on Japanese Design)", in *Time*, September 21, 1987.

Apmann, A. M., *Domestic Gas Appliances*, NewYork, American Gas Journal, 1931.

Army and Navy Stores, Ltd., *Army and Navy Stores Limited General Price List 1935–36*, 1935.

Ascot Gas Water Heater Ltd., *Houses into Homes*, London, c. 1955.

Banham, R. and Bayley, S., *Mechanical Services*, Milton Keynes, Open University Press, 1975.

Bayley, S., *In Good Shape: Style in Industrial Products 1900–1960*, London, Design Council, 1972.

Baxter, J., *A Sainsbury Guide: Tea and Coffee*, Cambridge, Martin Books, 1987.

Beeton, I. M., *The Book of Household Managament*, London, Ward, Lock, and Tyler, 1868.

———, *The English Woman's Cookery Book*, London, Bickers & Bush, 1863.

Bennett Brothers, Inc., *1966 Bennett Blue Book* (a mail-order catalogue), Chicago.

Bijker, W. E., "The Social Construction of Bakelite: Toward Theory of Invention", in Bijker and others (eds.), *The Social Construction of Technological Systems*, Cambridge (USA), Masachusetts Institute of Tecnology, 1987.

Billington, N. S., *Building Services Engineering*, Oxford, Pergamon, 1982.

Black, M., *Food and Cooking in 19th Century Britain*, London, English Heritage, 1985.

Bloon, S., *The Laundrette: A History*, London, 1988.

Bowers, B., "Electricity", in Williams , T. I. (ed.), *A History of Technology*, vol. 6, Oxford, Clarendon, 1978.

Bramah, E., *Tea & Coffee: A Modern view of Three Hundred Years of Tradition*, London, Hutchnson & Co., 1972.

Bramah, E., & J., *Coffee Makers*, London, Quiller Press, 1989.

British Gas, *Manual of Appliance Identification*, non-dated (c. 1960s).

———, *Watson House Bulletin*, 1931–.

British Ironmongers Catalogue Co., *The Official Metal Trade Catalogue Annual*, 1903–.

Burkhardt, F., *Product, Design, History: German Design from 1820 down to the Present Era*, Stuttgart, Institute for Foreign Cultural Relations, 1985.

Burnett, J., *A Social History of Housing 1815–1985*, London, Methuen, 1986 (first published 1978).

Byers, A., *Centenary of Service: A History of Electricity in the Home*, London, Electricity Council, 1981.

Catterall, R. E., "Electrical Engineering", in Buxton, N. K. and Aldcroft, D. H. (eds.), *British Industry between the Wars*, London, Scolar Press, 1979.

Chant, C. (eds.), *Science, Technology and Everyday Life 1870–1950*, London, Routledge & Open University, 1989.

Church, R. A., *Kenricks in Hardware: A Family Business 1791–1966*, Newton Abbott, David & Charles, 1969.

Clark, C. F. JR., *The American Family Home 1800–1960*, North California, The University of North California Press, 1986.

Cowan, R. S., *More Work for Mother: The Ironies of Household Technology from the open Fire to the Microwave*, New York, Basic Books, 1983.

———, "The Consumption Junction: A Proposal for Research Strategies in the Sociology of Technology", in Bijker, W. E. and others (eds.), *The Social Construction of Technological Systems*, Cambridge (USA), Massachusetts Institute of Technology, 1987.

Daily Mail, *Ideal Labour-Saving Home*, London, Associated Newspapers Ltd., 1920.

Darwent, C., "NO Pax for VAX" (an article on VAX vacuum cleaner), in *Management Today*, October 1989.

Daunton, M. J., *House and Home in the Victorian City: Working-Class Housing 1850–1914*, London, E. Arnold, 1983.

David, E., *French Country Cooking*, Hamondsworth, Penguin Books, 1959 (first published 1951).

———, *Cooking with Le Creuset & Cousandes*, Andover, Clarbat, 1969.

Davidson, C., *A Womans Work is Never Done: A History of Housework in the British lsles 1650–1950*, London, Chattc & Windus, 1982.

Davies, J., *The Victorian Kitchen*, London, BBC Books, 1989.

Davies, P. J., *Standard Practical Plumbing*, London, E.&F.N.Spon, 1885.

Design and Components in Engineering, "The evolution of the Vacuum Cleaner" (an anonymous article) in *Design and Components in Engineering,* 15 April, 1970.

Department of the Environment, *Spaces in the Home: Bathrooms and WCs*, London, HMSO, 1972.

Doulton & Co.Ltd., *Catalogue of Fitted Sanitary Appliances*, 1904.

Drummond, J.C. Wilbraham, A. and Hollingworth, D., *The Englishman's Food*, London, Jonathan Cape, 1957.

Dunnett, H. M., "Bathroom Equipment", in *Architectual Review*, vol. 112, Sep.1952.

Dunning, J. and Thomas, C., *British lndustry*, London, Hutchinson, 1961.

Eco, Umberto., "Phenomena of this sort must also be included in any panorama of ltalian design. Otherwise it is hard to grasp an idea of Italy itself or of design", in Sartago, P. (ed.), *Italian Re-Evolution: Design in Italian Society in the Eighties*, California, La Jolla Museum of Contemporary Art, 1972.

Ehrenkranz, F. and Inman, L., *Equipment in the Home*, New York, Harper & Brothers, 1958.

Ellacot, S. E., *A History of Everyday Things in England 1914–1968*, London, Batsford, 1968.

Eveleigh, D. J., *Firegrates and Kitchen Ranges*, Aylesbury, Shire Publications, 1983.

———, *Old Cooking utensils*, Aylesbury, Shire Publications, 1986.

Ewart, G., "Water Heating", in *West's Gas*, vol. 13, no.7, 1935.

Fearn, J., *Domestic Bygones*, Aylesbury, Shire Publications, 1977.

Feild, R., *Irons in the Fire*, The Crowood Press, 1984.

Forrest, D., *Tea for the British: The Social and Economic History of a Famous Trade*, London, Chatto and Winds, 1973.

Forty, A., *Objects of Desire: Design and Society 1750–1980*, London, Thames and Hudson, 1986.

———, "The Electric Home: A Case Study in the Domestic Revolution of the Inter-War Years", in Newman, G. and Forty, A. (eds), *British Design*, Milton Keynes, Open University, 1975.

———, "Wireless Style: Symbolic Design and the English Radio Cabinet 1928–33", in *Archtectual Association Quartely*, vol. 4, Spring 1972.

———, "Electrical Appliances 1900–60", in Faulkner, T. (ed.), *Design 1900–1960: Studies in Design and Popular Culture of the 20th Century*, Newcastle, Newcastle upon Tyne Polytecnic, 1976.

Friday, F. and White, R. F., *A Walk Through the Park: The History of GE Appliances and Appliance Park*, Kentucky, Elfin Historical Society, 1987.

Gantz, C., *The Vacuum Cleaner: A History*, North California, McFarland, 2012.

Gamege Ltd., *Catalogue of A. W. GAMAGE, Ltd*, 1926.

Gas Council, *The. Domestic Gas Handbook for Architect and Builders*, 1948.

Gas Journal., "Gas Utilisation", in *Gas Journal*, centenary volume, 1949.

General Electric Co., *Home of Hundred Comforts 3rd.ed.*, Bridgeport, Conn., 1925.

George, W. F., *Antique Electric Waffle Irons 1900–1960: A History of Appliance Industry in 20th Century America*, Victoria, B.C, Trafford Publishing, 2003.

Giedion, S., *Mechanization Takes Command: A Contribution to Anonymous History*, New York, Oxford University Press, 1948.

Goldberg, M. J., *Groovy Kitshen Designs for Collectors 1935–1965*, Pennsylvania, Schiffer Publishing, 1996.

Gordon, B., *Early Electrical Appliances*, Aylesbury, Shire Pulications, 1984.

Goulden, G., *Bathrooms*, London, Design Center, 1966.

Greb, F. J., "Origin, development, and design of minor resistant-heated appliances" (dissertation), Illinois Institute of Technology, 1957.

Griffith, C., "Filling A Vacuum", in *Antique Machines and Curiosities*, vol. 1, no. 5, 1980.

Hall, F., *Water Installation and Drainage Systems*, Lancaster, Construction Press, 1978.

Hampson, J., *The English at Table*, London, W. Collins, 1944.

Hann, D., *Antique Household Gadgets and Appliances*, Poole, Blandford Press, 1977.

Hardyment, C., *From Mangle to Microwave: The Mechanization of Household Work*, Cambridge, Polity Press, 1988.

Harrod's, *Get It at Harrod's: A Selection from Harrod's General Catalogue 1929*, Newton Abbot, David & Charles, 1985 (reprint).

———, *Victorian Shopping* (a facsimile edition of Harrod's 1895 Catalogue), Newton Abbot, David & Charles, 1972 (reprint).

Hartley, D., *Food in England*, London, Macdonald, 1954.

———, *Water in England*, London, Macdonald, 1964.

Heskett, J., *Industrial Design*, London, Tames and Hudson, 1980.

_______ , *Design in Germany 1870–1918*, London, Tyefoil Books, 1986.

Hewison, R., *The Heritage Industry: Britain in a Climate of Decline*, London, Methuen, 1987.

Hill, J., *The Cats Whisker: 50 Years of Wireless Design*, London, Universal Books, 1978.

Hine, T., *Populuxe*, New York, Alfred A. Knopf, 1986.

Hobbs, E. W., *Domestic Electrical Appliances*, London, Cassel & Co., 1930.

Hobsbawm, E. J., *Industry and Empire*, Harmondsworth, Penguin Books, 1969.

Hudson, K., *The Archaeology of the Consumer Society: The Second Industrial Revolution in Britain*, London, Heineman, 1983.

Jackson, A. A., *Semi—Detached London*, London, Allen & Unwin, 1973.

Jephcott, W. E., *The House of Izons: The History of a Pioneer Firm of Iron-founders*, Murray-Watson, 1948.

Julier, G., "Warming Buildings by Hot Water: Technology and the Home Interior 1880–1910", in RCA/V&A Working Papers 1, *Studies in Design and Technology*, London, 1987.

Katz, S., *Early Plastics*, Aylesbury, Shire Publications, 1986.

Kenrick, W., "Cast Iron Hollow-Ware, Tinned and Enamelled, and Cast Ironmongery", in Timmins, S. (ed.), *Birmingham and Midland Hardware District*, London, Robert Hardwicke 1866.

Kira, A., *The Bathroom: Criteria for Design*, Ithaca, N.Y., Cornell University, 1966.

Ladies' Home Journal, Vol. 40 (1923) –141 (1955).

Lantz, L. K., *Old American Kitchenware 1725–1925*, NewYork, T. Nelson, 1970.

Levenstein, H., *Paradox of Plenty: a social history of eating in modern America*, California, University of California Press, 2003

Lifshey, E., *The Housewares Story*, Chicago, National Housewares Manufacturers Association, 1973.

Little, W. B., *Science in the Home*, London, Pitman & Sons, 1932.

Lucie-Smith, E., *A History of Industrial Design*, Oxford, Phaidon, 1983.

MacCarthy, F., *British Design since 1880*, London, Lund Humphries, 1982.

Mackenzie, D. and Wajcman, J. (eds.), *The Social Shaping of Technology*, Milton keynes, Open University Press, 1985.

Mackenzie, C., *The Vital Flame*, London, British Gas Council, 1947.

Maitland, D., *5000years of Tea*, New York, Cralley Books, 1982.

Matranga, V. K., *America at Home*, Rosemont, IL., National Housewares Manufacturers Association, 1997.

Mcfeely, M. D., *Can She Bake: American Women and the Kitchen in the twentieth century*, Massachusetts, University of Massachusetts Press, 2001.

Medows, C. A., *The Victorian Ironmonger*, Aylesbury, Shire Publications, 1978.

Metal Agencies Co.Ltd., *The. M.A.C.Catalogue 66*, Bristol, September 1937.

Ministry of Housing and Local Government, *Old Houses into Homes*, London, HMSO, 1968.

Montogomery Ward & Co., *Catalogue and Buyers Guide: Spring &Summer, 1895*, New York, 1969 (reprint).

Morgan, A. D., *British Imports of Consumer Goods: A Study of Import Penetration 1974–85*, Cambridge, Cambridge University Press, 1988.

Mortimer, G., *Aluminium: Its Manufacture, Manupulation and Marketing*, London, Sir I. Pitman & Sons, 1919.

Muthesius, H., *The English House*, London, Crsby Lockwood Sraples, 1979 (origially published 1904, 1905).

Muthesius, S., *The English Terraced House*, London, Crosby Lockwood Staples, 1982.

National Coffee Department of Brazil, *A Story of King Coffee 2nd ed.*, Rio de Janeiro, National Coffee Department of Brazil, 1942.

Norwak, M., *Kitchen Antiques*, London, Ward Lock, 1975.

Nicholls and Clarke Ltd., *Catalogue No. 35*, London, c.1935.

Niesewand, N., *Bedrooms and Bathrooms*, London, Conran Octopus, 1986.

Nye, D., *Electrifying America*, Cambridge, Mass., the MIT Press, 1990.

Oakley, A., *Housewife*, Harmondsworth, Allen Lane, 1976.

Orwell, G., *The Road to Wigan Pier*, Harmondsworth, Penguin Books, 1962 (first published 1937).

Pevsner, N., *Pioneers of Modern Design*, Harmondsworth, Penguin Books, 1960 (New York, Museum of Modern Art, 1949. London, Faber, 1936).

Reeves, M. P., *Round About A Pound A Week*, London, Bell, 1979 (first published 1913).

Pendergrast, M., *Uncommon Grounds: The History of Coffee and How it transformed Our World*, New York, Basic Books, 1999.

Plante, E.M., *The American Kitchen 1700 to the present*, New York, Facts On File, 1995.

Reyburn, W., *Flushed with Pride: The Story of Thomas Crapper*, London, Pavillion Books, 1989 (first published 1969).

de Rijk, T., Drukker, J.W. and Kooman, C., "introduction", in *Collected Abstracts of Papers submitted to the Design History Society Annual Conference 2006 Design and Evolution*, Delft, Delft University Press, 2006.

Schaefer, H., *Nineteenth Century Modern: The Functional Tradition in Victorian Design*, New York, Praeger Publications, 1970 (The Roots of Modern Design, London, Studio Vista, 1970).

Seymour, J., *Forgotten Household Crafts*, London, Alfred A. Knopf, 1987.

Shea, W., *Carpet Making in Durham City*, Durham, Co. Durham, 1984.

Show, H., *The use of Gas in Home*, non-dated (c.1930s).

Sparke, P., *Electrical Appliances*, London, Unwin Hyman, 1987.

_______, *Japanese Design*, London, Joseph, 1987.

_______, *An Introduction to Design and Culture in the Twentieth Century*, London, Allen & Unwin, 1986.

Steadman, P., *The Evolution of Designs: biological analogy in architecture and the applied arts*, Cambridge University Press, 1979.

Stevenson, J., *British Society 1914–45*, Hamondsworth, Penguin Books, 1984.

Stille, E., *Doll Kitchens: 1800–1980*, Pennsylvania, Shiffer Publications, 1988.

Strasser, S., *Never Done: A History of American Housework*, New York, Pantheon Books, 1982.

Sun Electrical Co. Ltd., *SUNCO: Catalogue of Electrical Appliances for Domestic and Industrial Purposes*, London, 1935.

Swan Houseware Ltd., *60 Years of Electric Kettles*, non-dated (c. 1985).

Swenarton, M., "Having a Bath", in Wilkins, B. (ed.), *Leisure in the Twentieth Century*, London, Design Center Publications, 1977.

Taylor, D. D. C., "Domestic Equipment", in *Journal of Royal Society of Arts*, vol. 83, 1935.

Tobey, R.C., *Technology as Freedom*, University of California Press, 1996.

Ukers, W., *All about Coffee 2nd ed.*, New York, Tea and Coffee Trade Journal, 1935.

Tompson, W. A., *Housing Handbook*, London, National Housing Reform Council, 1903.

Votolato, G., *American Design in the Twentieth Century*, Manchester, Manchester University Press, 1998.

Walker, J. A., *Design History and the History of Design*, London, Pluto Press, 1989.

Walters, T., *The Building of Twelve Thousand Houses*, London, Ernest Benn, 1927.

Walton, D., "Mr. Coffee", in *Encyclopedia of Consumer Brands,* vol.3, Detroit, St James Press, 1994.
Weaver, R., and Dale, D., *Machines in the Home*, London, British Library, 1992.
Weightman, G. and Humphries, S., *The Making of Modern London: 1914–1939*, London, Sidwick & Jackson Ltd., 1984.
White, R.B., *Prefabrication: A history of its development in Great Britain*, London, HMSO, 1965.
Whittick, A., *The Small House: Today and tomorrow*, London, Crosby Lockwood & Son, 1947 (revised 1957).
Whitton, M.O., *The New Servant: Electricity in the Home*, Doubleday, Page & Co., 1927.
Wiener, M. J., *English Culture and the Decline of the Industrial Spirit 1850–1980*, Hamondsworth, Penguin Books, 1985 (first published 1981).
Wilson, G. B. L., "Domestic Appliances", in Williams , T. I. (ed.), *A History of Technology*, vol. 7, Oxford, Clarendon Press, 1978.
Wilson, M., " Old Flames and Pioneers", in *Antique Machines and Curiocities*, vol. 1, no. 2, 1979.
Woudhuysen, J., "Form Follows Fluff" (an article on Cyclon vacuum cleaner), in *Design* 416, Augst 1983.
Wright, L., *Clean and Decent: The History of the Bath and Loo*, London, Routledge & Kegan Paul, 1960.
———, *Warm and Snug: The History of the Bed*, London, Routledge & Kegan Paul, 1962.
———, *Home Fires Burning: The History of Domestic Heating and Cooking*, London, Routledge & Kegan Paul, 1964.
Yarwood, D., *The British Kitchen: Housewifery since Roman Times*, London, B. T. Batsford, 1981.
———, *Five Hundred Years of Technology in the Home*, London, B. T. Batsford, 1983.
Yorke, F. R. S., "The Modern Bathroom", in *Architectural Review*, vol. 72, Oct. 1932.

日本語文献

青山芳之『産業の昭和社会史四　家電』日本経済評論社、一九九一年。

朝岡康二『鍋・釜』法政大学出版局、一九九三年。

アドリアン・フォーティ『欲望のオブジェ――デザインと社会1750–1980』（高島平吾訳）、鹿島出版会、一九九二年。

阿部久三「田茂山の鋳物」、『水沢市史6　民俗』水沢市史刊行会、第二章第五節、一九七八年。

池田雅美「水沢市羽田町の鋳物業」、『岩手の伝統産業』熊谷印刷出版部、一九七三年。

今井範子・田中理恵「戦後における住宅の浴室関連空間・家事の推移」、『家政学研究』第三二巻第一号、一九八五年。

エリック・ホブズボーム『産業と帝国』（浜林正夫ほか訳）、未来社、一九八四年。

大阪瓦斯（株）技術開発室『大阪ガスにおける技術開発のむかし・いま』、一九七九年。

大場修『物語ものの建築史・風呂のはなし』鹿島出版会、一九八六年。

大西正幸『生活家電入門』技法堂出版、二〇一〇年。

――――『にっぽん家電のはじまり』技法堂出版、二〇一六年。

家庭電気文化会『家庭電気機器変遷史』、一九七九年。

金指甚平「東京ガスを中心としたガス風呂の思い出ばなし」、『がす資料館年報』第九号、一九八二年。

鎌田元康（編）『給湯設備のABC』TOTO出版、一九九三年。

カル・ラウスティアラ、クリストファー・スプリグマン『パクリ経済――コピーはイノベーションを刺激する』（山形浩生・森本正史訳）、みすず書房、二〇一五年。

産業工芸試験所意匠第一部「掃除の研究Ⅰ」・「同Ⅱ」、『工芸ニュース』第三三号・第三四号、一九六六―六七年。

『暮らしの手帖』一九五九年九月五日号、一九七六年四一号。

ジェームス・ダイソン『逆風野郎――ダイソン成功物語』（樫村志保訳）、日経BP社、二〇〇四年。

商工省工芸指導所「工芸研究座談会記八生活必需品・調理用煮器鍋類湯沸を語る」および「工藝市場調査・調理用鍋及湯沸器」、『工芸ニュース』六―八巻、一九三七年。

商品科学研究所＋CDI『生活財生態学Ⅲ』、一九九三年。

積水化学株式会社『積水化学三〇年の歩み』、一九七七年。

全国魔法瓶工業組合『日本の魔法瓶』、一九八三年。

象印マホービン株式会社『象印マホービン七〇年史』、一九八九年。

総理府統計局『全国消費実態調査報告第四巻耐久消費財編』、一九五九―六四年。

タイガー魔法瓶株式会社『タイガー魔法瓶五〇年のあゆみ』、一九七三年。

鶴見俊輔（編）『現代風俗通信'77～'86』学陽書房、一九八七年。

東京ガス株式会社『思い出の風呂』、一九九六年。

東京芝浦電気株式会社『東京芝浦電気株式会社八五年史』、一九六三年。

都市生活研究所・風呂文化研究会『現代人の入浴事情'96』、一九九七年。

――――『わが家のお風呂五〇年史』、一九九六年。

東陶機器株式会社『東陶機器七十年史』、一九八八年。

栃内淳志「水沢の鋳物」、『総合鋳物』、一九八〇年三月。

中根君朗・江面嗣人・山口昌伴『ガス灯からオーブンまで』鹿島出版会、一九八三年。

西清『家庭電化入門』井上書房、一九六〇年。

日本アルミニウム工業株式会社『社史――アルミニウム五十五年の歩み』、一九五七年。

――――『最近二十年史――創業七十周年記念』、一九七一年。

日本インダストリアルデザイナー協会『精緻の構造』六耀社、一九八三年。

日本硝子製品工業会『日本ガラス製品工業史』、一九八三年。

日本事務機械工業会『事務機械工業三〇年史』、一九九〇年。

日本電気機器工業会「日本の家電デザイン1950–1980」、『Design News』第一一〇号・第一一一号、一九八一年。

日本電器工業会『家庭電器読本』日刊工業新聞社、一九六五年。

橋本峰雄「風呂の思想」、『現代風俗』一、現代風俗研究会、一九七七年。

冨山房『国民百科大辞典』、一九三三年。

ペニー・スパーク『近代デザイン史――二十世紀のデザインと文化』(白石和也・飯岡正麻訳)、ダヴィッド社、一九九三年。

――――『パステルカラーの罠――ジェンダーのデザイン史』(菅靖子ほか訳)、法政大学出版局、二〇〇四年。

牧野文夫『招かれたプロメテウス――近代日本の技術発展』風行社、一九九六年。

増山新平『新時代の住宅設備』太陽社、一九三一年。

松下電器産業株式会社『松下電器の技術五〇年史』一九六八年。

松平誠『入浴の解体新書』小学館、一九九七年。

まほうびん記念館『まほうびんの歴史』象印マホービン株式会社、二〇一五年。

水田鋳物株式会社『水田鋳物カタログ』、一九五三年。

モース、E.S.『日本人の住まい』(斎藤正二・藤本周一訳)、八坂書房、一九九一年(原著一八八六年)。

望月史郎「電気掃除機の変遷過程に関する研究」、『デザイン学研究』第九三号、一九九二年。

柳田国男『明治大正史世相篇』講談社、一九九三年（原著一九三一年）。
山口昌伴「掃除の意味と道具の変遷」、『GAガラス』第一二号、一九八二年。
山口昌伴・GK研究所『図説・台所道具の歴史』柴田書店、一九七三年。
山田正吾「台所が電化するまで」、『科学朝日』一一号、一九六一年。
山田正吾・森彰英『家電今昔物語』三省堂、一九八三年。
吉田集而『風呂とエクスタシー』平凡社、一九九五年。

初出一覧

序　モノのデザイン史の試み

書き下し

第一章 第一節（イギリスの電気ケトル）

「英国における電気ケトルの発展過程——近代家庭機器のデザイン史」、『デザイン学研究』第五〇巻第三号、日本デザイン学会、二〇〇四年、二五—三二頁。

第一章 第二節（日本の魔法瓶・電気ポット）

"The Development of Modern Household Objects: Electric Pots and Thermos Bottles in Post-war Japan", *Proceedings of the First China-Japan Joint International Symposium on INDUSTRIAL DESIGN*, pp. 27–32, 1996. "Why Flower Pattern: An aspect of product design history in postwar Japan", *International Committee of Design History and Design Studies, Back to the Future* [ICDHS 10+1Conference] Proceedings Book, pp. 20–23, 2018.

第二章 第一節（イギリスの鍋）

「英国における鍋の近代化——近代家庭機器のデザイン史」、『デザイン学研究』第五二巻第一号、日本デザイン学会、二〇〇五年、一一—二〇頁。

第二章 第二節（日本の鍋）

"The Development of Modern Household Objects: Modernization of Pots and Pans in Japan, 1900–1970", *Third Asia Design Conference Proceeding* Vol. 1, pp. 295–300, 1998.

第三章 第一節（アメリカのコーヒー抽出具）

"The Development Process of Modern Household Objects; Coffee Making Devices for Homes in the United States 1900–1980", *Bulletin of the 5th Asian Design Conference* (CD-Rom), 2001.「アメリカの家庭用コーヒー・メーカー――その発展・普及・デザインの変遷」、『嗜好品文化研究』第四号、嗜好品文化研究会、二〇一九年、七三―八二頁。

第三章 第二節（アメリカの小型調理家電）

「米国における小型調理家電の発展過程」、『デザイン理論』第四六号、意匠学会、二〇〇五年、一七〇―一七一頁。"The Development of Small Electric Cooking Appliances in the U.S.: from the 1920s to the 1950s"『デザイン学研究』第六二巻第一号、日本デザイン学会、二〇一五年、五九―六八頁。

第四章 第一節（イギリスの真空掃除機）

「イギリスにおける真空掃除機の発展過程――一八九〇―一九九〇」、『道具学論集』第二二号、道具学会、二〇一七年、一七―二六頁。

第四章 第二節（日本の真空掃除機）

書き下し

第五章 第一節（イギリスの風呂）

「英国の家庭用風呂の近代化――近代家庭機器のデザイン史」、『デザイン学研究』第五〇巻第三号、日本デザイン学会、二〇〇四年、一七―二四頁。

第五章 第二節（日本の風呂）

「近代家庭機器の発展・普及過程――日本の家庭用風呂の近代化を事例として」、『Design Studies』No.22 : '97 Korea-Japan Joint Symposium on Design Studies、韓国デザイン学会、一九九七年、二五三―二五八頁。

第六章（家庭機器のモダナイゼーションとは）

書き下し

図版出典一覧

序　モノのデザイン史の試み

図1　著者撮影（ロンドン、サイエンス・ミュージアム）。

図2　〈左〉*Antique Machines and Curiosities*, Vol. 1, No. 1, 1979, p. 11. 〈右〉BSR Housewares Ltd. カタログ。

第一章第一節（イギリスの電気ケトル）

図1　The Milne Museum 所蔵資料。

図2　General Electric 社カタログ、一八九八年。

図3　Efesca-Surves (Folk, Stadelmann & Co.) カタログ、一九三八年頃。

図4　サイエンス・ミュージアム所蔵写真。

図5　著者撮影（デザイン・ミュージアム）。

図6　著者撮影（デザイン・ミュージアム）。

図7　BSR Housewares Ltd. カタログ、一九八三年頃。

図8　Mellerware 社カタログ、一九八三年頃。

図9　著者撮影（デザイン・ミュージアム）。

第一章第二節（日本の魔法瓶・電気ポット）

図1　東芝デザインセンター『Toshiba Design 1953→2003』、一七頁。

図2　家庭電気文化会『家庭電気変遷史』、一九七九年、三八頁。

図3　サンビーム社広告（部分）、一九五〇年代。

図4　日本インダストリアルデザイナー協会『精緻の構造――日本のインダストリアルデザイン』六耀社、一九八三年、一二二頁。

図5　全国魔法瓶工業組合『日本の魔法瓶』、一九八三年、三四四頁。
図6　タイガー社カタログ、一九七三年。
図7　象印マホービン社カタログ、一九八〇年。
図8　雑誌記事、一九八九年頃。
図9　日本セブ社 T-fal、二〇〇一年。
図10　日本インダストリアルデザイナー協会編『日本のインダストリアル・デザイン』鳳山社、一九七二年、三九頁。

第二章第一節（イギリスの鍋）

図1　Norwalk, M., *Kitchen Antiques*, 1975.
図2　Henry Marriot 社広告、一八一三年。
図3　Mrs.Beeton, *The English Women's Cookery-Book*, 1863.
図4　Cannon Iron Foundries 社広告、一九一〇年頃。
図5　Swan Brand（Bullpit & Sons 社）カタログ、一九五三年。
図6　William Sugg 社広告、一八六六年。
図7　Wittick, A., *The Small House*, 1957.
図8　Wittick, A., *The Small House*, 1947.
図9　The Metal Agencies 社カタログ、一九三七年。
図10　Wittick, A., The Small House, 1957.
図11　著者撮影（ロンドン市内家庭）。
図12　Tower ブランドのカタログ。
図13　Arga カタログ。

第二章第二節（日本の鍋）

図1　著者撮影（岩手県奥州市水沢羽田町）
図2　朝岡康二・田辺律子『暮らしの中の鉄と鋳物』ぎょうせい、一九八二年、一七六頁。

図3　（株）日本アルミ所蔵写真。
図4　水田鋳造所カタログ、一九一三年。
図5　日本アルミニウム工業株式会社製品カタログ、一九一五年。
図6　日本アルミニウム工業株式会社『社史――アルミニウム五十五年の歩み』、一九五七年。
図7　『工芸ニュース』六―八号、一九三七年。
図8　ＧＫ道具学研究所調査写真（東京都内家庭、一九八九年）。

第三章 第一節（アメリカのコーヒー抽出具）

図1　Rochester Stamping Works 社カタログ、一八九五年。
図2　Landers, Frary & Clark 社広告、一九〇五年。
図3　Manning-Bowman 社カタログ、一九三〇年代頃。
図4　Silex 社広告、一九四〇年頃。
図5　Sunbeam 社広告、一九四〇年頃。
図6　Pulos. A., *The American Design Adventure*, 1988, p. 148.
図7　Matranga, V. K., *America at Home*, 1997, p. 182.
図8　日本ネスレ社ホームページ、二〇一七年。
図9　Landers, Frary & Clark 社広告、一九一八年。
図10　Landers, Frary & Clark 社広告、一九三五年頃。
図11　Greb, F. J., "Origin,development. and design of minor resistance-heated appliances" (dissertation, Illinois Institute of Technology), 1957.
図12　Sunbeam 社広告、一九三〇年代。
図13　Matranga, V. K., *America at Home*, 1997, p. 52.
図14　Universal（Landers, Frary & Clark 社）広告、一九五〇年頃。

第三章 第二節（アメリカの小型調理家電）

図1　*Montgomery Ward, the 1954 Christmas Book*, p. 246.
図2・3　著者撮影（アメリカ歴史博物館）
図4　Griswold 社広告、一九二〇年代。
図5　L-W BookSales, *Toasters and Small kitchen Appliances*, 1995, p. 121.
図6　Goldberg, M. J., *Groovy Kitchen Designs for Collectors1935–1965*, 1996, p. 57.
図7　同上、五九頁。
図8　The Fishback 社広告、一九二九年。
図9　Goldberg, M. J., *Groovy Kitchen Designs for Collectors1935–1965*, 1996, p. 125.
図10　Hotpoint 社広告、一九二九年。
図11　著者所蔵品。
図12　Landers, Frary & Clark 社広告、一九五二年。
図13　Clark, C. E., *The American Family Home 1800–1960*, 1986, p. 152.
図14　同上、一六四頁。
図15　Toastmaster 社広告、一九五七年。
図16　*Saturday Evening Post*, Feb.26, 1955.（表紙）
図17　General Electric 社広告、一九三七年。
図18　Toastmaster 社広告、一九五六年。
図19　General Electric 社広告（*The Saturday Evening Post*, October 1958）.

第四章第一節（イギリスの真空掃除機）

図1　〈上〉Bissell's 社広告（Army & Navy General Price List 1935–36 掲載）。〈下〉*Design and Components in Engineering*, 15, April, 1970.
図2　*Design and Components in Engineering*, 15, April, 1970.
図3　〈右〉*Antique machines & curiosities*, vol. 1, No. 2, 1980.〈左〉*Design and Components in Engineering*, 15, April, 1970.
図4　Bayley, S., *In Good Shape: Style in Industrial Products 1900–1960*, p. 111.

図5　〈右〉Rex Import Co. 広告（*Daily Mail*, Ideal Labour-saving Home,1920). 〈左〉The Daisy Vacuum Cleaner 社広告（*Daily Mail*, Ideal Labour-saving Home,1920).
図6　著者撮影（ミルン・ミュージアム収蔵品）。
図7　フーバー社広告（*Army & Navy General Price List 1935–36* 掲載）。
図8　SUNCO（The Sun Electrical Co, Ltd）カタログ、一九三五年。
図9　著者撮影（ジェフリー・ミュージアム収蔵品）。
図10　Bayley, S., *In Good Shape: Style in Industrial Products 1900–1960*, p. 181.
図11　著者撮影（ミルン・ミュージアム収蔵品）。
図12　著者撮影（ボイマンス・ベニンゲン・ミュージアム展示）。
図13　VAX Appliance 社カタログ表紙、一九九〇年頃。
図14　一九八九年頃のイギリスの雑誌記事。

第四章 第二節（日本の真空掃除機）

図1・2　山田正吾・森彰英『家電今昔物語』三省堂、一九八三年、一二六頁。
図3　一九五七（昭和三二）年七月一二日の朝日新聞広告。
図4　一九五六（昭和三一）年六月一三日の朝日新聞広告。
図5　一九六一（昭和三六）年七月一一日の朝日新聞広告。
図6　松下電器産業株式会社『松下電器の技術五〇年史』、一九六八年、五五七頁。
図7　東芝クリーナー総合カタログ、一九八五年。
図8　掃除機カタログ、一九八〇年代後半。

第五章 第一節（イギリスの風呂）

図1　著者撮影（Beamish 屋外博物館）。
図2・3　著者撮影（York Castle Museum）。
図4　West's Gas, *Jubilee Number*, 1935, p.55.

図5　Davis, P.J., *Standard Practical Plumbing*, 1885.
図6　Thompson, W.A., *Housing Handbook*, 1903.
図7　Royal Doulton 1904 カタログ。
図8　*West's Gas, Jubilee Number*, 1935, p. 57.
図9　*Open University Press, British Design*, 1975.
図10　Sayle, A., *The House for Workers*, 1928.
図11　Royal Doulton 1904 カタログ。
図12　著者撮影（York Castle Museum）.
図13　Little. W.B., *Science in the Home*, 1932.
図14　White. R.B., *Prefabrication: A History of its development in Great Britain*, 1965.
図15　Goulden, G., *Bathrooms*, 1966.

第五章 第二節（日本の風呂）

図1　E.S.morse, *Japanese Homes and Their Surroundings*, 1886.
図2・3　増山新平『新時代の住宅設備』太陽社、一九三二年。
図4　大阪ガス・カタログ、一九七三年。
図5　東陶機器株式会社『東陶機器七十年史』一九八八年、二二二頁。
図6　サンウェーブ工業株式会社カタログ、一九八七年。
図7　伊奈製陶株式会社カタログ、一九六六年。
図8　一九六七（昭和四二）年七月二一日の朝日新聞夕刊広告。

第六章（家庭機器のモダナイゼーションとは）

図1　著者作図。

＊コラム図版は、すべて著者撮影。

付録1　英米における関連既存研究

本書でその一端を示した「モノのデザイン史」は、アカデミックなデザイン史研究の中で「アノニマスヒストリー（Anonymous history）」と呼ばれる研究あるいは「オブジェクティブアプローチ（objective approach）によるデザイン史」と類似点が多い。デザイナーの思想よりも、各製品の成立背景となった社会・経済・技術的条件を重視する点、そしてその研究の対象とするデザインのタイプ（いわゆる有名デザイナーの手になる「グッドデザイン」ばかりを扱うのでないこと）等、「モノのデザイン史」と大きく一致する傾向である。

工業製品を対象としたアノニマスヒストリーの先駆的著作とされるギーディオン（S. Giedion）の *Mechanization Takes Command*（1948、邦訳＝『機械化の文化史』）（1）は、重要な先行研究である。

ギーディオンの著作に触発されつつ、さらに個々のプロダクトをめぐる社会・経済条件をふくめたリアリティある考察を行ったのが、エイドリアン・フォーティ（A. Forty）の *Objects of Desire*（1986、邦訳＝『欲望のオブジェ』）（2）である。彼のギーディオンに対する批評（同書）をみるように、ギーディオンのとった方法論には疑問・批判もあるが、このアノニマスヒストリーの重要さについてはフォーティも同意している。

以上の二点の著作は、本書にとって最も有効な、研究スタイルのモデルとなった。

J・ヘスケットによる『インダストリアル・デザインの歴史』（3）も、社会・経済条件からプロダクトデザインの歴史を説明している点で一貫している。しかし、この著作は、あくまでインダストリアルデザインの一般史をつづることに主眼があり、個々のプロダクトのケーススタディは最小限に抑えられている。

P・スパークのいくつかの著作にも「ソーシャルコンテクスト」重視の傾向が現れている。*An Introduction to*

Design & Culture in the Twentieth Century(4)は題材を広くとった概説であるが、プロダクトの成立・普及の技術的背景、社会、経済的影響に着目したものに*Electrical Appliances*(5)がある。本書でも電気器具を取り上げたが、電気器具デザインの歴史的認識について同書に負うところは大きい。

以上のような「モノに即したデザイン史」については、まだ少数の研究者が活動を始めたばかりであるとも言えるが、このような研究の傾向が特に英米を中心として確かに存在し、さらに今後発展していくものと考えられている。日本でも、スパークの*Electrical Appliances*を除いて、上記の著作は翻訳・刊行されている。しかしこのようなアプローチによる「モノのデザイン史」研究は、日本ではまだ本格的には手がつけられていない。

今日、日本においてもアメリカ・イギリスと同様に、デザインの活動は日々その重要さを増している。日本でも学としてのデザイン史研究が近年盛んに行われるようになってきた。しかし、一般庶民が実際に使用したような「モノ」のデザイン史はまだまだ見落とされている。特に、二〇世紀に入って以後の、量産による工業製品のデザイン史については、研究者の数もまだ少なく、研究的著作の刊行も少ない。

日本のデザインは、その過去を充分に理解することなく、順調に先へ先へと進んでいるように見える。しかし、デザイン活動の基礎として、自らの過去から現在に至る道程を理解することは、我々の将来にとっておそらく重要な意義を持つのではなかろうか。アメリカのデザイン史家ディルノットは、アメリカにおけるデザイン史研究の現状を概観する論文の中で、デザイン史研究の今日的意義について、「もし、デザイン史研究者がしていることが、デザインという活動を理解するために不可欠な社会的・歴史的知識を増やすことであるなら、彼らの果たす役割はきわめて重要である」と主張していた(6)。デザインというアクティビティ（社会全体が行う活動）をよりよく理解するために、英米におけるデザイン史研究が果たそうとしてきた役割が、ものつくり大国といわれてきた日本では、特に「モノのデザイン史」研究が果たすことを求められているとは言えないだろうか。

そこで以下では、本書のテーマに関連して、イギリスおよびアメリカでこれまでどのような既存研究・著作があり、どのようなアプローチがなされてきたか、について概観する。

(1) アノニマスヒストリー

先にふれたように、本研究の主旨に最も近い研究として、ギーディオンらによる Anonymous history および、近年の objective approach によるデザイン史（A. Forty ら）がある。ここでは、ギーディオンのアプローチの主旨を確認するとともに、それに対するフォーティによる以下のような批判があることを指摘しておく。

ギーディオンは、彼の言うアノニマスヒストリーの主旨として、「道具やモノは世界に対する基本的な態度から立ち現れてくるもの」であるとし、研究対象となる物に関して、「歴史家はその出現の前と後の（その物をめぐる）『星座』を確定し、その物の意味を確定しなければならない」と言う。そしてアノニマスヒストリーの責務は、「我々の現代生活が、その基本的な構成要素と混沌とした要素の混合が、どのようにして成立してきたのかを探求することにある」と述べている(7)。

フォーティはギーディオンの著作を、「デザインを理解可能な仕方で社会の歴史と関係づけようとしたこれまでに唯一の試み」であると高く評価しているが、いくつかの限界があることも指摘している。

まず、ギーディオンの機能主義重視のデザイン観についてフォーティは、「彼（ギーディオン）の機能主義への執着と、すべての尊敬すべきデザインは新しい用途の発見から出てくるはずだと信じようとする決意とは、彼をいくつかのきわめて無理のある議論に向かわせている」と言う(8)。

そしてさらに重要な批判と思われるのが、ギーディオンの論の中で、すべてのデザインに影を落としているところの、極端に一般的で支配的なアイデア（extremely general dominating ideas）（この本の主題である「メカニゼーション」）が、どこから来ているか不明であることである。つまり、なぜ、その一般的アイデアが、その時代に突然現れてきたのか、の合理的な説明ができないのである。すべての物質性（materiality）を、あまりにも一般的なアイデアに結びつけようとするやり方は、歴史研究にとって危険な傾向だろう。なぜなら、**objective approach** によるデザインの歴史研究（そして「モノのデザイン史」）は、デザインをめぐる生産と消費の物質的現実（material realities）を探ることに主眼がおかれるべきであり、個々の製品の成立事情は、それぞれが、決して単純に抽象化できない複雑さを持っているはずだからである（A・フォーティのいう物質的現実〔material realities〕を追究した研究の好例として、両大戦間のイギリスの住生活環境の変化と生活機器の発展を扱ったA・フォーティ自身の "The Electric Home"〔1975〕(9)、今世紀のイギリスの家庭用風呂のデザイン変化を扱ったM. Swenarton の "Having a Bath"〔1977〕(10)などがあった）。

(2) デザイン史（デザイン改良・啓蒙的視点からのデザイン史）

ニコラス・ペブスナー（N. Pevsner）の著作 *Pioneers of Modern Design*（1949）および *The Sources of Modern Architecture and Design*（1968）(11)に代表される、モダンムーブメントによるデザイン改良をテーマとした歴史研究は、その啓蒙の効果、その後のデザイン史研究の成立・発展に及ぼした効果は限りなく大きい。しかし、アノニマスヒストリーの研究に貢献する部分は意外に少ないと言わざるを得ない。特に二〇世紀の生活様式の近代化に決定的な力をもつことになった機械製品への言及が少なく、そしてまた、モダンデザインの審美眼に照らしての「グッドデザイン」のみが優先的に取り上げられ、たとえ「バットテイスト」であっても市民生活の用を果たしていた製品（その多くはデザイナーの手によらずにデザインされたもの）が無視されているためである。アノニマスヒストリーの視点からは、そのデザインの造形上の「新しさ」よりも、その時代の支配的な製品であるかどうか、つまり「平凡さ」に注目しなければならないだろう。

デザイン史文献には、アノニマスヒストリーとは対照的なアプローチの著作が多かった。典型的なものとして以下の二点の例を挙げておく。

例えばフィオナ・マッカシー（F. MacCarthy）の *British Design since 1880*（1982）(12)は、イギリスのデザインの造形

上および造形思想の流れを知るには有益だが、著述の重点はクラフト製品にあり、二〇世紀初期からの機械製品の発展はほとんど取り上げられていない。ところが、一九六〇年代になって初めて、機械製品の事例が扱われる。歴史的に特筆するに値する機械製品のデザインが、この頃になって突然に出てくるかのような構成には、同感できない。

これと対照的にスチーブン・ベイリー（S. Bayley）の *In Good Shape*（1979）[13]は、その後半部で、インダストリアルデザイン、それも長い期間にわたって生産されたプロダクト製品を事例に選んでいる。しかし、ここでもやはり、今日の目から見た（つまりモダンデザインの美意識にかなう）造形上の美しさ・先駆性が選択基準になっていること、および、個々の事例が、独立した「作品」として年代順に配列されているために、各製品のプロダクトとしての発展の過程、その製品の成立の社会背景はほとんど理解できない。

以上の二つのタイプ（造形スタイルおよび造形思想の流れを描くデザイン史、歴史的に有名な製品を集めた作品集）、そして歴史上有名なデザイナーおよびグループをテーマとした著作が、今日に至るまで、デザイン史に関する著作の大半を占めている。この現状は、デザイン史に対してやや偏った認識を世に与えているかもしれない。アノニマスヒストリーを含めた学術的なデザイン史研究は、単独の著作としてよりも、デザイン史学会（Design History Society）の機関誌 *Journal of Design History*[14]などに発表されている。

（3）技術史

技術史の中でも、特に従来見過ごされてきた家事についての技術（household technology）に関する研究、そして技術発展の社会的コンテクストを重視するこの二、三十年ほどの傾向は、製品の外観変化への記述は少ないものの、モノのデザイン史にとって有益な先行研究と言えるだろう。

この社会的コンテクスト重視の傾向は英米で著しい、といわれている。技術史学会（The Society for the History of Technology）の機関誌である、*Technology and Culture*[15]がその研究発表の代表的な媒体になっている。

今回の研究にあたっては、技術と社会（あるいは技術とそのソーシャルコンテクスト）に焦点を当てた二つの論集が特に有益であった。D・マッケンジー（D. Mackenmzie）ほかの *The Social Shaping of Technology*（1985）(16)は、技術が社会に及ぼす影響に注目する技術決定主義に対して、社会がどのように技術を形成してきたのかに注目する視点を提示している論文を集めたもの。一方、W・E・バイカー（W.E. Bijeker）らの *The Social Construction of Technological System*（1987）(17)は、技術、社会、経済、政治に等しく重きを置く、技術の社会学ともいうべき領域に関心を置く研究者の論集である。ここでも技術決定主義（technological determinism）を否定し、社会的環境がものの技術的性格を形づくるとする視点が主張になっていることは前論文集との共通点である。自転車の歴史に例をとったピンチとバイカー（Pinch and Bijker）の論文“The Social Construction of Facts and Artifacts”やベークライトの発展に例をとったバイカーの論文“The Social Construction of Bakelite”が特に興味深い。

上記二つの論文集、および *Technology and Culture* にも寄稿しているこの分野の代表的研究者に、アメリカのR・S・コウワン（R.S. Cowan）がいる。その著書 *More Work for Mother*（1983）(18)では、新しい household technology（家事についての技術）が女性の家庭での位置づけにどう影響してきたのかを豊富な家庭機器の成立・発展・普及の過程とともに考察している。扱われている事例は当然、アメリカにおけるものに限られており、その考察のポイントも家庭機器の発展そのものより、家事労働の性質の変化の仕方に力点があるが、本書にとって、ギーディオン、フォーティの研究と並んで最も益するところの多い著作であった。

（4）家事・家庭生活研究および女性研究

上記のコウワンの研究も、この範疇の中に入れることもできるが、そのほか、道具（家事道具）の発展に注目しているいくつかの研究著作にあたることができた。

最も参考になったものにC・デヴィッドソン（C. Davidson）の *A Woman's Work is Never Done: A History of Housework in the British Isles*（1982）[19]がある。この著作は今世紀における家事労働の変化よりも、もっと対象とする年代を広くとり、一七世紀以後の変化（一六五〇～一九五〇）を扱っている。膨大な資料を駆使し、著述のスタイルは、文化史・社会史のそれに近い。

C・ハーディメント（C. Hardyment）の *From Mangle to Microwave: The Mechanization of Household Work*（1988）[20]は一九世紀後半以後の主要な家事道具の発展を扱って、要領よくまとめられている。D・ヤーウッド（D. Yarwood）の *The British Kitchen: Housewifery since Roman Times*（1981）[21]は、対象とする年代がローマ時代から、と少々広すぎる感はあるが、イギリス国内の数多くの博物館を巡り、その収集品をよく拾い出して図化しているところが有益である。テキストは、広く一般読者向けに書かれている。

また、女性史研究者によるものではないが、近代化以前の伝統的家事道具についての概説、しかも豊富な図版を含むものに、J・セイモア（J. Seymour）の *Forgotten Household Crafts*（1987）[22]がある。これも研究書というより、もっと広い読者を想定しているようである。ちなみに、この本はフランス、ドイツ、日本でも翻訳・出版されている。

（5）ものに関するモノグラフ、その他

特定のものをテーマとして書かれた著作も、時として有用である。イギリスの代表的なモノグラフのシリーズに *Shire Album* がある。小冊子であり、この判型の中に複雑な多くの情報を盛り込むことはできず、製品の成立・変化の社会背景にまで言及されることは少ないものの、各オブジェクトに関して主要なタイプの変化はおさえられる。シャイアー・アルバム・シリーズの中で、特に下記のものが参考になった。*Firegrates and Kitchen Ranges*（1983）[23]、*Old cooking Utensils*（1986）[24]、*Early Electrical Appliances*（1984）[25]、*The Victorian Ironmonger*（1978）[26]。

また、今回のケーススタディにはふくめなかったが、近代道具をめぐる社会史として興味深いモノグラフに、例えばセルフサービス洗濯業の歴史を扱ったS・S・ブルーム（S.S. Bloom）の *The Launderette: A History*（1988）[27]等があ

る。また、例えばラジオデザインの変遷はイギリスの近代道具の中で比較的よくドキュメントされているもので、豊富な図版と機構の解説を中心としたJ・ヒル（J. Hill）の *The Cat's Whisker: 50Years of wireless design*（1978）[28]のほか、いっそう分析的にこのテーマを扱ったものにフォーティの"Wireless Style; Symbolic Design and the English Radio Cabinet 1928–1933"（1977）[29]等がある。

アンティックのコレクター向けと思われる著作は英米で多く、代表的な出版社にSchiffer社等がある。その中に時に研究的な内容を多く含んだものを発見することもある。本書のケーススタディでもW・F・ジョージ（W.F. George）の *Antique Electric Waffle Irons 1900–1960*（2003）[30]が非常に有用だった。

経験を積んだデザイナーによる製品デザイン史の記述は、デザイナーでしか知りえないデザイン現場の状況を知ることができるはずだが、著作例は多くない。例外として、アメリカデザイナー協会の元会長C・ガンツ（C. Gantz）の二冊の著作 *Refrigeration*（2015）、*The Vacuum Cleaner*（2012）[31]がある。

以上のような、道具に関して一般読者向けに書かれた著作が多く出版されていることはアメリカ・イギリスに特有の現象かもしれない。これには、アンティックへの一般の関心が高いことが理由の一つとして考えられる。アメリカ・イギリスの（趣味としての）アンティックコレクションが必ずしも学術的な歴史研究に益するとは限らないが、少なくとも過去を尊重する性向が、歴史の資料の消失を防いでいることは確かであろう。充実したコレクションを誇る博物館とともに出版物の状況が、アメリカ・イギリスには「ものの歴史」の大衆的なファン層とでもいうべきものが広汎に存在することを示している。

アメリカの家庭用機器のアンティックコレクターたちもおそらく基本的なレファレンスとしている著作に、全米家庭用品工業会から出版された業界史、E・リフシー（E. Lifshey）の *The Housewares Story*（1973）[32]がある。業界の歴史記述以外にも、例外的なことだが、個々の製品史の情報が多く含まれている。

注

(1) Giedion, S., *Mechanization Takes Command, a contribution to anonymous history*, 1948.(邦訳＝『機械化の文化史』鹿島出版会一九七七年)
(2) Forty, A., *Objects of Desire, design and society 1750–1980*, 1986.(邦訳＝『欲望のオブジェ』鹿島出版会、一九九二年)
(3) Hesket, J., *Industrial Design*, 1980.(邦訳＝『インダストリアル・デザインの歴史』晶文社、一九八五年)
(4) Sparke, P. , *An Introduction to Design & Culture in the Twentieth Century*, 1986.(邦訳＝『近代デザイン史』ダヴィット社、一九九三年)
(5) Sparke, P. , *Electrical Appliances*, 1987.
(6) Dilnot, C., "The State of Design History", Part II, *Design Issues*, Vol.1, No.2, 1984, 3–20.
(7) Giedion、前掲書(1)。
(8) Forty、前掲書(2)。
(9) Forty, A., "The Electric Home, Newman", G. and Forty, A.(eds.), *British Design*, 1975.
(10) Swenarton, M., "Having a Bath, Wilkins", B.(ed.), *Leisure in the Twentieth Century*, 1977.
(11) Pevsner, N., *Pioneers of Modern Design*, 1949 (1936)(邦訳＝『モダンデザインの展開』みすず書房一九五七年)、The Sources of Modern Architecture and Design, 1968.(邦訳＝『モダンデザインの源泉』美術出版社一九七六年).
(12) MacCarthy, F., *British Design since1880*, 1982.
(13) Bayley, S., *In Good Shape*, 1979.
(14) Design History Society, *Journal of Design History*, 1988–.
(15) The Society for the History of Technology, *Technology and Culture*, 1959–.
(16) Mackenzie, D. and Wajcman, J. (eds.), *The Social Shaping of Technology*, 1985.
(17) Bijeker, W. E. and others (eds.) , *The Social Construction of Technological Systems*, 1987.
(18) Cowan, R.S., *More Work For Mother, Basic Books*, 71, 1983(邦訳＝『お母さんは忙しくなるばかり』法政大学出版局、二〇一〇年)
(19) Davidson, C., *A Woman's Work is Never Done: A History of Housework in the British Isles 1650–1950*, 1982.
(20) Hardyment, C., *From Mangle to Microwave: The Mechanization of Household Work*, 1988.
(21) Yarwood, D., *The British Kitchen: Housewifery since Roman Times*, 1981.
(22) Seymour, J., *Forgotten Household Crafts*, 1987(邦訳＝『図説　イギリスの生活誌』原書房、一九八九年)

(23) Eveleigh, D. J., *Firegrates and Kitchen Ranges*, 1983.
(24) Eveleigh, D. J., *Old Cooking Utensils*, 1986.
(25) Gordon, B., *Early Electrical Appliances*, 1984.
(26) Medows, C. A., *The Victorian Ironmonger*, 1978.
(27) Bloom, S.S., *The Launderette: A History*, 1988.
(28) J. Hill, J., *The Cat's Whisker :50Years of Wireless Design*, 1978.
(29) Forty, A., *Wireless Style: Symbolic Design and the English Radio Cabinet 1928–1933*, Architectural Association Quarterly, Vol.4, spring 1977.
(30) George, W.F., *Antique Electric Waffle Irons 1900–1960*, 2003.
(31) Gantz, C., *The Vacuum Cleaner, 2012*, Refrigeration, 2015.
(32) Lifshey, E., *The Housewares Story*, 1973.

付録2　関連博物館・資料館

本書に関わる資料調査の中で訪れた代表的な製品コレクション、一九〜二〇世紀の量産型製品の実物資料、文書資料コレクションの所在を、イギリスを中心に記す。ただし展示構成の改変等により、現在ではこの記述とおりには見られないものも含まれている（閉館などの情報はわかる範囲で付記した）。

●イギリス

〈LONDON〉

・Science Museum（「domestic science gallery」には、イギリスにおける家庭用機器の近代的変遷がたどれる最も包括的なコレクションがある。ビクトリア時代のキッチン、一九四〇年代のプレハブ式キッチン・バスルームの再現などを含む。また「food gallery」にも歴史的キッチンの再現がなされていた。付属図書館には家庭機器関連文献が多く所蔵されている）

・Victoria & Albert Museum（「20th century study collection」には、初期のラジオやテレビがあった。「British Art and Design 1900–1960」の部屋には、電気ストーブなどいくつかの電気機器が展示されていた。また多くの企画展においても量産型の家庭用製品がよく見られた。製品カタログなどは館内の文書資料館 National Archive of Art and Design ではなく、同館分館に収蔵されていた）

・Design Museum（企画展はもちろんのこと、スタディコレクションにも、歴史的に興味深い広範な量産型製品が含まれる）

・Geffrye Museum（時代別の部屋〔period rooms〕には一九三〇年代、一九五〇年代の居間の再現展示があった。また真空掃除機やラジオなどを含む家庭用機器のスタディコレクションがある）

・Gas Museum（ガス器具のコレクションを所蔵。現在は閉館。コレクションは Lester の National Gas Museum に移管された模様）

上記五館がロンドン地区において最も有用な製品資料コレクションだった。地域の博物館、テーマを絞ったコレクション、保存公開住宅などに以下がある。

・Bethnal Green Museum of Childhood（ドールハウス、おもちゃのキッチン用品など。現在はV& A Museum of Childhoodと改称）
・Carlyle's House（室内の復元展示）
・Church Farm House Museum（一九世紀のキッチンとキッチン用品。現在閉館）
・Dickens House Museum（室内の再現のほか洗濯用小屋あり）
・Gunnersbury Park Museum（衣料や洗濯産業に関連した製品、例えば洗濯機やアイロンのコレクションあり）
・Hackney Museum（家庭用品や家庭機器あり）
・Imperial War Museum（戦時中の市民生活に関連する日用品のコレクションあり）
・Linley Sambourne House（居室内の再現、浴室、トイレも含む。現在は**18 Stafford Tellace**と改称）
・London Transport Museum（庶民の「日用品」としての公共交通の車両等）
・Museum of London（「**20th century gallery**」にはいくつかの家庭用機器あり。商店の再現も。現在は「**Modern London**」展示として改編されている模様）
・National Sound Archive（蓄音機のコレクションあり）
・Telecom Technology Showcase（歴史的な電話機と電話ボックスのコレクションがあったが現在は閉館）
・Vestry House Museum（家庭用品あり）

〈SOUTHERN ENGLAND〉

TOMBRIDGE, KENT

・The Milne Museum（地域の電力会社が所管し、電気製品に関する包括的なコレクションがあったが、現在は閉館。コレクションはサウスダウンズ国立公園内の**Amberley Museum**に移管された）

READING

・Museum of English Rural Life（農機具のほか、農家で使われていた日用品のコレクション、また家庭用ミシンのコレクションを所蔵）

GLOUCESTER

・The Robert Opie Collection（二〇世紀の商品パッケージのコレクション。それに関連する範囲で、洗濯機などの家庭用機器も収集。

現在はMuseum of Brands, Packaging & Advertisingとしてロンドンに開館している）
・The National Waterways Museum（運河交通に関係した製品および運河で暮らしていた船上生活者の居住船（narrow boats）等）

EXETER

・Exeter Maritime Museum（小型船のコレクション。現在閉館）

〈MIDLAND & NORTHERN ENGLAND〉

BIRMINGHAM

・National Motorcycle Museum（イギリス製オートバイの包括的コレクション）
・Birmingham Museum of Science and Industry（この地域の金属・機械産業に関わる歴史的コレクションがあった。現在は別のところに'Thinktank'の名で開館）

LEICESTER

・John Doran Museum (East Midland Gas Museum)（ガス器具のコレクション。現在はNational Gas Museum）

BURTON ON TRENT

・Bass Museum of Brewing（ビールの製造、流通、消費に関わる製品のコレクション。現在はNational Brewery Center Museum）

IRON BRIDGE, TELFORD

・The Coalbrookdale Museum of Iron（無数の鉄製品のほか、二〇世紀初期の住居の再現。浴室も含む）
・Blists Hill Open Air Museum（商店、工場の再現を含む屋外博物館。現在はBlists Hill Victorian Townと改称）
・Coalport China Works Museum（古い製陶所の保存・公開）

STOKE ON TRENT

・Chatterley Whitfield Mining Museum（古い炭鉱の保存・公開。現在閉館）
・Gladstone Pottery Museum（古い製陶所。バスタブとWCのコレクションあり）

MANCHESTER

・Greater Manchester Museum of Science and Industry（「electricity gallery」に家電製品コレクションあり）

STYAL, CHESHIRE

・Quarry Bank Mill（古い綿紡績工場と労働者住宅の保存・公開）

LIVERPOOL
・Merseyside Maritime Museum（海洋貿易と船着場に関連する製品）
・Large Object Collection（大型トラックや大型機械等。現在閉館）

ST, HELEN
・The Pilkington Glass Museum（ピルキントン社と地域のガラス産業に関連する製品。現在 World of Glass として新たに開館）

WIGAN
・Wigan Pier Visitor Centre（労働者階級の生活の再現。住宅、商店、遊技場など。現在は地区全体の観光開発が進んでおり詳細不明）

HALIFAX
・Shibden Hall（West Yorkshire 地方の民俗を対象とした博物館。居室内再現と家庭で行っていた工芸関連の用具等）
・Piece Hall（Caiderdale Industrial Museum）（この地域で製造されていた洗濯機のコレクションあり）

YORK
・York Castle Museum（キッチンレンジとキッチン器具の包括的コレクション、電気製品のコレクションあり）
・National Railway Museum（機関車や汽車のほか、鉄道旅行に関わる製品のコレクションも）

DURHAM
・Beamish Open Air Museum（ビクトリア時代の住宅、労働者の小住宅、往時の日用品の並ぶ生活協同組合の店等を含む屋外博物館）

SHEFFIELD
・Sheffield Industrial Museum Kelham Island（この地域の金属産業に関する歴史的製品のコレクション）
・Abbeydale Industrial Hamlet（大型鎌等を製造していた工場と労働者小住宅の保存・公開）

〈WALES〉
CARDIFF
・Welsh Folk Museum（移築再建された農家と工場群。Rhyd-y-car と呼ばれる炭鉱夫の小住宅は一八〇五年から一九八五年までの六つの異なる時代ごとに内部が再現されている。また「material culture gallery」にはキッチン用品や洗濯機などの家庭用機器を展示）

〈SCOTLAND〉

GLASGOW

・Peoples' Palace（労働者の生活に関係する物の展示、キッチンと浴室の再現）
・Springburn Museum（鉄道車両製造業と労働者生活についての展示。家庭用機器のコレクションあり。現在閉館）
・The Tenement House（下宿人用アパート。一九六〇年代までここに住んでいた裁縫業の女性の住戸を保存・再現。ベッドルーム、パーラー、浴室、キッチン）

CLYDEBANK

・Clydebank Museum（シンガー社製ミシンのコレクションあり）

HELENSBUROUGH

・The Hill House（C・R・マッキントッシュの建築作品として有名だが、その質素な浴室も公開）

EDINBURGH

・The Georgian House（裕福な家族が住んでいた保存住宅。居室内の再現と階下のキッチンが見られる）
・Huntly House（一八八〇年頃の労働者階級のキッチンが見られる。現在 **Museum of Edinburgh**）
・Museum of Childhood（さまざまなおもちゃとドールハウス等）

最後に、上記したイギリスほど網羅的ではないが、本書に関わる資料調査に活用したアメリカと日本の製品および関連文書コレクション名を記しておく。

●アメリカ

・National Museum of American History, Smithsonian Institution（ワシントンDC）および同館ライブラリー、ビジネス文書アーカイブ、Domestic 部門スタディコレクション
・Henry Ford Museum and Springfield Village（ミシガン州）および同館ライブラリー
・Detroit City Museum（ミシガン州）
・Old Sturbridge Village（マサチューセッツ州）

・Cooper-Hewitt National Design Museum, Smithsonian Institution（ニューヨーク市）および同館ライブラリー

●日本

・江戸東京博物館
・東芝科学館（二〇一四年に東芝未来科学館としてリニューアルオープン）
・川崎市民ミュージアム（二〇一九年の東日本台風による浸水被害で現在休館中）
・北名古屋市歴史民俗資料館
・武蔵野美術大学美術資料図書館（二〇一〇年に武蔵野美術大学美術館・図書館へ名称変更）
・東京ガス都市生活研究所
・大阪ガス総務部資料センター
・大阪市立住まいのミュージアム
・象印（株）まほうびん記念館
・ＴＯＴＯミュージアム

索　引

【著者紹介】
面矢 慎介（おもや しんすけ）
1954年群馬県生まれ。千葉大学大学院工業意匠学専攻修了。GKインダストリアルデザイン研究所、GK道具学研究所に勤務し、英国ロイヤル・カレッジ・オブ・アート（RCA）文化史学科修了。博士（千葉大学）。道具と人間の関係をテーマとした新たな研究領域を模索し、栄久庵憲司氏、山口昌伴氏らとともに1996年道具学会を設立。現在、滋賀県立大学名誉教授、道具学会副会長。
主な共著書に『都市とデザイン』（電通 1992）、『暮らしの中のガラスびん』（東洋ガラス 1994）、『道具学への招待』（ラトルズ 2007）、『まるごと日本の道具』（学研 2012）など。

近代家庭機器のデザイン史
イギリス・アメリカ・日本

2020年5月20日　初版第1刷発行

著　者——面矢 慎介
発行所——美学出版合同会社
〒113-0033 東京都文京区本郷2-16-10 ヒルトップ壱岐坂701
Tel 03(5937)5466　Fax 03(5937)5469

装　丁————右澤康之
印刷・製本——創栄図書印刷株式会社

ISBN978-4-902078-59-6 C0070